ChatGPT

교육·미디어·업무 혁신 교과서

ChatGPT 교육·미디어·업무 혁신 교과서

발행일	2025년 2월 18일		
지은이	김환		
펴낸이	손형국		
펴낸곳	(주)북랩		
편집인	선일영	편집	김현아, 배진용, 김다빈, 김부경
디자인	이현수, 김민하, 임진형, 안유경	제작	박기성, 구성우, 이창영, 배상진
마케팅	김회란, 박진관		
출판등록	2004. 12. 1(제2012-000051호)		
주소	서울특별시 금천구 가산디지털 1로 168, 우림라이온스밸리 B동 B111호, B113~115호		
홈페이지	www.book.co.kr		
전화번호	(02)2026-5777	팩스	(02)3159-9637

ISBN   979-11-7224-497-2 03560 (종이책)   979-11-7224-498-9 05560 (전자책)

(주)북랩 성공출판의 파트너

북랩 홈페이지와 패밀리 사이트에서 다양한 출판 솔루션을 만나 보세요!

홈페이지 book.co.kr • **블로그** blog.naver.com/essaybook • **출판문의** text@book.co.kr

작가 연락처 문의 ▶ ask.book.co.kr

작가 연락처는 개인정보이므로 북랩에서 알려드릴 수 없습니다.

개인과 기업의 경쟁력을 극대화하는 ChatGPT 실전 가이드

ChatGPT
교육·미디어·업무 혁신 교과서

김환 지음

프롬프트 하나로 미래를 여는 법
ChatGPT로 더 빠르고 스마트하게 일하라!

북랩

들어가는 글

TO CHATGPT

INTRODUCTION

AI

해당 이미지는 ChatGPT 4o에서 해당 챕터의 주요내용을
프롬프트로 사용하여 제작하였습니다.

1.
책의 기획 의도와 개요

인공지능(AI)은 이제 TV 속 먼 미래 기술이 아니라, 우리 일상과 업무 속에서 실질적인 변화를 일으키고 있습니다. 그중에서도 가장 화제가 되는 도구가 ChatGPT입니다. ChatGPT는 사람처럼 대화하고 글을 쓰는 능력을 갖춘 AI 모델로, 단순히 질문에 답해 주는 것을 넘어 교육과 실무 전반에서 새로운 업무 방식을 제시하고 있습니다.

그러나 막상 ChatGPT를 어떻게 써야 할지 막막하게 느끼는 분들이 많습니다. "무엇을 물어봐야 제대로 된 답을 받을 수 있을까?", "교실에서 활용할 때 문제가 되지는 않을까?", "내 업무 프로세스에 어떻게 적용하면 좋을까?" 그리고 "미디어 콘텐츠 제작에 어떻게 활용하면 독창적이고 효과적인 결과를 낼 수 있을까?" 등의 실제적인 고민이 뒤따르기 마련입니다.

이 책은 이러한 고민들을 하나하나 풀어 주기 위해 기획되었습니다. 교육 현장에서는 교사나 강사가 학생들과 함께 ChatGPT를 활용하여 더욱 흥미롭고 창의적인 학습 활동을 이끌어 낼 수 있고, 실무 현장에서는 반복 업무를 간소화하거나 기발한 아이디어를 얻어 생산성을 높일 수 있습니다. 또한, 미디어 콘텐츠 분야에서는 ChatGPT를 통해 창작 과정의 효율성을 높이고, 독창적인 콘텐츠 아이디어를 발굴하거나 빠르게 시안을 제작하는 데 큰 도움을 줄 수 있습니다. 즉, 누구든 ChatGPT를 조금만 익히면 학습과 업무 그리고 콘텐츠 제작 효율을 동시에 끌어올릴 수 있다는 사실을 알리고, 실제 적용할 수 있는 방법을 자세히 알려 주는 것이 이 책의 목표입니다.

이 책은 크게 두 가지 축을 중심으로 구성됩니다. 먼저 ChatGPT가 무엇이고, 어떤 작동 원리를 가지고 있으며, 어떤 특장점이 있는지 차근차근 알아봅니다. 그다음에는 교육, 실무, 그리고 미디어 콘텐츠 분야 각각에 특화된 활용 사례, 구체적인 방법, 그리고 실수하기 쉬운 부분과 개선 방안에 대해 설명합니다. 아울러 올바르고 책임감 있는 AI 활용이 무엇인지 함께 고민하여 독자들이 오해나 불안 없이 ChatGPT를 활용할 수 있도록 돕고자 합니다.

결국 이 책은, "ChatGPT는 막연히 대단한 AI 도구다"라는 인식에서 벗어나 구체적으로 언제, 어떻게 쓰면 도움을 받을 수 있는지를 체계적으로 알려 주는 실용 가이드입니다. 복잡한 기술 용어보다는 쉽고 친절한 설명에 집중했으며, 직접 따라 해 볼 수 있는 예시와 팁도 풍부하게 담았습니다. 이 책을 통해 교육자와 학생, 회사원과 프리랜서뿐 아니라, 미디어 콘텐츠 창작자들까지 ChatGPT를 활용하여 더 나은 학습, 더 효율적인 업무 그리고 더욱 창의적인 콘텐츠 제작을 경험하시길 바랍니다.

참고로, 본서는 AI 시대의 협업 모델을 시도한 결과물입니다. 저자가 ChatGPT를 비롯한 LLM 기반 인공지능(AI) 도구의 도움을 얻어 자료를 검색, 분석하고 초안을 다듬었으며, 모든 최종 문맥과 해석은 인간 고유의 비판과 창의 과정을 통해 완성되었습니다. 이에 대한 책임과 최종 판단은 전적으로 저자에게 있으며, AI가 생성한 텍스트는 필요한 경우 사실 검증과 추가 보완을 거쳤습니다.

2.

AI 시대의 도래와
ChatGPT의 등장 배경

　　우리는 이미 인공지능(AI)이라는 단어를 뉴스나 인터넷에서 자주 접하고 있습니다. 그러나 과거에는 "미래의 기술" 정도로만 여겨지던 AI가 이제는 우리 삶에 실질적인 변화를 가져오고 있습니다. 예를 들어 집에서 음성비서를 부르면 날씨나 교통 정보를 알려 주고, 스마트폰 사진 앱이 알아서 사람 얼굴을 인식하고 분류해 주며, 동영상 플랫폼은 개인 취향에 맞춰 콘텐츠를 추천해 줍니다. 이처럼 AI는 이미 우리 주변에서 일상적이고도 중요한 역할을 하고 있습니다.

　　AI가 급속도로 발전할 수 있었던 배경에는 크게 빅데이터와 고성능 컴퓨팅 기술의 발전이 있습니다. 인터넷의 발달로 인해 전 세계인의 정보가 온라인에 쌓이게 되었고, 이를 처리·분석할 수 있는 강력한 서버와 클라우드 컴퓨팅 기술이 등장했습니다. 연구자들은 이렇게 모인 방대한 데이터와 고성능 하드웨어를 활용해 딥러닝(Deep Learning) 기법을 발전시켰고, 이로써 컴퓨터가 복잡한 패턴을 스스로 학습하고 예측할 수 있게 된 것입니다.

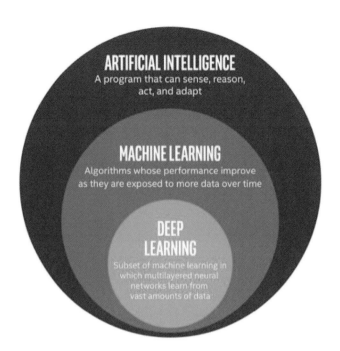

인공지능, 머신러닝, 딥러닝

출처: https://steemit.com/mbl/@mbl/mbl-gpu

특히 자연어 처리(NLP, Natural Language Processing) 분야는 "컴퓨터가 인간의 언어를 이해하고 생성하는 것"에 초점을 맞춥니다. 처음에는 단순한 번역이나 텍스트 분류부터 시작했지만, 점차 기술이 진화하면서 사람과 대화하는 AI가 등장하게 되었습니다. 그 대표적 예가 바로 ChatGPT입니다. 'GPT'는 "Generative Pre-trained Transformer"의 약자로, 인터넷에 존재하는 엄청난 양의 텍스트를 미리 학습(Pre-training)한 뒤, 사용자가 입력하는 문맥에 맞춰 자연스럽고 유창한 글을 생성할 수 있는 모델입니다.

ChatGPT의 가장 큰 특징은 크게 두 가지입니다.

1. **풍부한 언어 이해 능력**: 방대한 데이터로 사전 학습을 거쳤기에, 특정 분야의 전문 용어부터 일상적인 대화까지 폭넓게 이해하고 답변할 수 있습니다.
2. **맥락 기반 대화**: 사용자가 대화를 이어 갈수록, 이전에 주어진 정보를 반영하여 더욱 세밀하고 맞춤형 답변을 제공합니다.

이렇듯 ChatGPT는 한 번 배우고 나서 멈추는 것이 아니라, 대화 과정에서 정보를 보강하며 사용자의 의도를 점점 더 정확하게 파악합니다. 이 과정이 반복될수록 우리는 마치 "사람과 이야기하는 것 같은" 경험을 얻게 됩니다.

이처럼 AI 기술이 확산되면서, 교육과 실무 현장에서도 그 활용 가치가 빠르게 부각되고 있습니다. 교육자는 ChatGPT를 활용해 학생들의 질문에 즉각적으로 답변하거나, 과제의 초안을 잡아 주는 데 도움을 줄 수 있습니다. 실무 현장에서는 보고서 작성, 이메일 초안, 시장 조사, 코딩 등 다양한 업무를 ChatGPT와 함께 협업하듯 진행할 수 있습니다. 이러한 기능들은 우리의 일과 학습을 효율적으로 돕는 도구가 될 뿐 아니라, 새로운 아이디어와 영감을 얻는 통로가 되기도 합니다.

정리하자면, AI 시대는 더 이상 먼 미래가 아니라 이미 우리 곁에 와 있으며, ChatGPT는 그 흐름을 대표하는 핵심 기술로 자리 잡았습니다. 과거에는 상상조차 어려웠던 "사람처럼 대화하는 인공지능"이 실현된 만큼, 이제 이 기술을 어떻게 활용하느냐가 개인과 조직 그리고 교육의 새로운 경쟁력이 될 것입니다. 앞으로 우리는 ChatGPT가 보여 줄 무궁무진한 가능성을 적극적으로 탐색하고, 그것을 학습과 업무에 실질적인 이점으로 연결해 나가야 할 것입니다.

3.

교과서의 활용 대상
: 교육자, 학생, 직장인 모두를 위한 안내서

이 책은 인공지능 ChatGPT를 처음 접하거나, 더 깊이 활용하고 싶은 모든 사람에게 도움을 주기 위해 기획되었습니다. 특히 교육자, 학생, 직장인뿐 아니라 미디어 콘텐츠 창작자들까지, 각각의 현장에서 ChatGPT를 다양하게 활용함으로써 학습, 업무 효율 그리고 창작 과정의 생산성을 크게 높일 수 있습니다.

1) 교육자를 위한 활용 안내

수업 준비 및 자료 제작
강의 자료, 퀴즈, 추가 학습 자료 등 교육 콘텐츠를 빠르고 효율적으로 준비할 수 있습니다. ChatGPT를 통해 주제어(키워드)나 핵심 개념을 빠르게 정리하고, 학생들이 흥미를 가질 만한 실생활 예시도 손쉽게 얻을 수 있습니다.

학생 학습 지원
교사가 받는 반복적인 질문(예: '이 개념은 무엇인가요?')에 대한 답변 자료를 신속하게 작성할 수 있습니다. 맞춤형 피드백, 보충 설명 등을 제공받아 각 학생 수준에 맞는 개별 학습 지도가 가능해집니다.

수업 혁신 및 창의적 아이디어 발굴

토론 주제나 프로젝트 아이디어 등 새롭고 창의적인 수업 활동을 구상할 때, ChatGPT가 다양한 각도에서 힌트를 제시해 줍니다. 여러 교과 융합 수업(PBL 등)에서 참신한 시나리오나 사례를 발견하고, 수업 흐름을 유연하게 설계할 수 있습니다.

2) 학생을 위한 활용 안내

자기 주도 학습 강화

궁금한 점이 생길 때마다 ChatGPT에 질문하여 즉각적인 피드백을 얻을 수 있습니다. 어렵게 느껴지는 개념을 쉽게 풀어 달라고 요청하거나, 복습용 요약본을 받아 보는 등 학습 효율을 높이는 데 유용합니다.

과제 및 프로젝트 보조

에세이나 발표 자료를 기획할 때, 초안 작성부터 구체적인 내용 보강까지 도와줍니다. 참고해야 할 자료(논문, 기사 등)의 핵심 요점을 빠르게 찾아 정리할 수 있어 리서치 시간을 크게 줄일 수 있습니다.

창의적 사고와 실전 경험

아이디어가 막힐 때, ChatGPT와의 대화를 통해 다양한 관점을 고민해 볼 수 있습니다. 스스로 생각하고 재질문하며 개념을 확장해 가는 과정을 통해, 자기주도적 문제 해결 능력을 기를 수 있습니다.

3) 직장인을 위한 활용 안내

업무 효율화

이메일, 보고서, 기획안 등 반복적으로 작성해야 하는 문서의 초안을 ChatGPT가 빠르게 만들어 줍니다. 시장 조사나 정보 수집 등이 필요할 때, 간단한 질문만으로도 방대한 자료를 요약·분석하여 시간과 노력을 절약할 수 있습니다.

창의적 브레인스토밍

마케팅 캠페인 아이디어, 제품 개발 방향 등 다양한 프로젝트에서 새롭고 참신한 인사이트를 얻을 수 있습니다. 여러 사람의 생각을 ChatGPT가 '요약-재정리-추가 확장'하는 과정을 통해 팀 협업이 한층 수월해집니다.

전문성 보강 및 자기계발

특정 기술 용어 정리, 업무 관련 규정 파악 등 실무 지식을 ChatGPT에게 신속하게 문의할 수 있습니다. 재직 중 자기 계발을 위해 학습할 때, 언제든 모르는 개념을 정확히 설명해 주는 맞춤형 학습 도우미로 활용할 수 있습니다.

4) 미디어 콘텐츠 창작자를 위한 활용 안내

창작 효율 향상

ChatGPT를 활용하여 시나리오, 스토리보드, 영상 콘셉트 등 콘텐츠 제작 초기 단계에서 아이디어를 얻고 빠르게 초안을 작성할 수 있습니다. 특히 반복적인 작업(예: 자막 작성, 간단한 설명 문구 생성 등)을 자동화하여 제작 과정의 시간을 단축할 수 있습니다.

콘텐츠 품질 향상

창작 중 막히는 부분에 대해 ChatGPT의 다양한 관점을 참고하여 새로운 아이디어를 도출할 수 있습니다. 콘텐츠 기획의 구조적 문제점을 분석하거나, 목표 대상에 맞춘 적합한 표현 방식을 제안받아 콘텐츠의 품질을 향상시킬 수 있습니다.

효과적인 마케팅 콘텐츠 제작

소셜 미디어 게시물, 광고 문구 등 마케팅용 콘텐츠 제작에서 ChatGPT를 활용해 다양한 스타일과 톤으로 메시지를 생성할 수 있습니다. 캠페인 방향성을 정할 때 ChatGPT의 피드백을 활용하여 목표와 일치하는 메시지를 전달할 수 있습니다.

모두를 위한 실용 가이드

- 교육자는 수업 설계와 학생 지도를, 학생은 학습과 과제 수행을, 직장인은 업무 효율화와 전문성 향상을 위해 각각 ChatGPT를 적극 활용할 수 있습니다.
- 이 책에서는 각 대상별로 활용 가능한 구체적인 전략과 실전 예시를 제시하여, 일상 속에서 ChatGPT가 실제로 어떻게 도움을 줄 수 있는지 보여 주고자 합니다.
- 결국, 이 책이 목표하는 바는 누구든 AI를 이해하고 자유롭게 활용하도록 돕는 것입니다. 전문가가 아니어도 충분히 따라 할 수 있는 단계별 가이드를 통해, 독자들은 ChatGPT로부터 실질적 가치를 얻고 더욱 풍부한 학습·업무 환경을 만들어 나갈 수 있을 것입니다.

▶▶▶▶ 차례

ChatGPT란 무엇인가

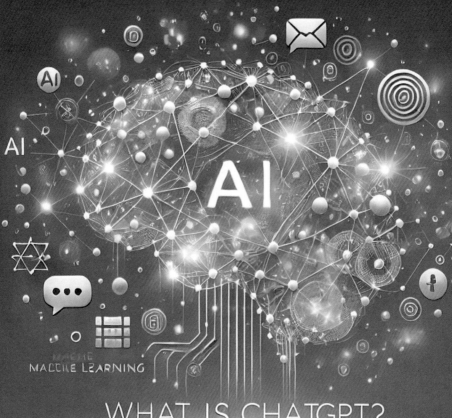

AI

AI

MACHINE LEARNING

WHAT IS CHATGPT?

CHAPTER 2?

해당 이미지는 ChatGPT 4o에서 해당 챕터의 주요내용을
프롬프트로 사용하여 제작하였습니다.

1.
ChatGPT의
원리와 특징

ChatGPT는 인공지능(AI) 기술 중에서도 자연어 처리(NLP, Natural Language Processing) 분야에서 가장 주목받는 모델 중 하나입니다. 'GPT(Generative Pre-trained Transformer)'라는 이름에서 드러나듯, 대량의 텍스트 데이터를 미리 학습(Pre-training)한 뒤, 이를 기반으로 사용자가 입력한 문맥(Context)에 맞춰 자연스럽고 유창한 문장을 생성해 내는 것이 가장 큰 특징입니다. 이 장에서는 ChatGPT가 어떻게 작동하고, 어떤 장점과 특성이 있는지 단계별로 살펴보겠습니다.

1) ChatGPT의 기본 원리

대규모 사전 학습(Pre-training)
ChatGPT는 인터넷 상에 존재하는 수많은 텍스트(뉴스 기사, 블로그 글, 책, 위키백과 등)를 학습 데이터로 사용합니다. 이렇게 광범위한 자료를 통해 문장 구조, 어휘, 맥락을 이해하고, 다양한 주제에 대해 일정 수준 이상의 지식을 습득합니다. 이 과정을 통해 ChatGPT는 "사람이 말을 하고 글을 쓸 때 어떻게 언어를 조직하는지"를 컴퓨터가 통계적으로 배우게 됩니다.

Transformer 구조의 활용

GPT 모델은 Transformer라는 딥러닝 아키텍처를 사용합니다. Transformer의 핵심은 어텐션 메커니즘(Attention Mechanism)인데, 이는 문장 내 각 단어 간의 관계, 그리고 문맥을 이해하는 데 매우 효과적입니다. 기존의 순차적(Recurrent) 구조에 비해 병렬 처리가 가능해 학습 효율이 높으며, 장기 의존성(Long-range dependency)을 처리하기 용이합니다.

문맥 기반 대화 생성

ChatGPT는 단순히 '입력 → 출력' 방식으로 동작하는 것이 아니라, 이전 대화 내용이나 추가 정보를 기억하고 반영합니다. 한두 번의 질문·답변을 거듭하면서 대화가 계속될수록, 점차 정교한 내용을 생성하고 사용자의 의도를 더 정확히 파악합니다.

2) ChatGPT의 주요 특징

자연스럽고 유창한 언어 표현

ChatGPT가 생성하는 문장은 사람이 작성한 것처럼 자연스럽고, 맥락을 잘 반영합니다. 단순 지식 전달을 넘어, 예시나 비유, 상황 설명 등 다양한 어휘와 표현을 적절히 구사할 수 있습니다.

다양한 주제·분야에 대한 대응 능력

ChatGPT는 대규모 텍스트를 학습한 덕분에, 일상 대화부터 전문 분야까지 폭넓은 주제에 대해 기본적인 이해도를 갖추고 있습니다. 예를 들어, "역사적인 사건 요약"부터 "프로그래밍 관련 코드 디버깅"까지 다양한 요청에 대해 답변을 시도할 수 있습니다.

학습자가 주도하는 대화 방식

사용자가 어떤 프롬프트(질문, 명령)를 주느냐에 따라 ChatGPT의 답변이 달라집니다. 추가적으로 "이 부분을 더 자세히 알려 달라"거나 "이 단계를 예시와 함께 설명해 달라"와 같이 후속 질문을 하면, ChatGPT는 새로운 정보를 반영해 더 깊이 있고 구체적인 답변을 제공합니다.

지속적 진화와 개선 가능성

ChatGPT는 모델 자체가 한 번 완성되고 끝나는 것이 아니라 추가 데이터 학습, 모델 업그레이드, 피드백 반영 등을 통해 꾸준히 개선될 수 있습니다. 사용자들이 제공하는 질문과 피드백도 모델의 품질 향상에 기여할 수 있습니다(단, 실제 제품화된 ChatGPT에서는 개인정보 보호를 위해 특정 제약이 적용될 수 있음).

오류 및 편향 가능성

주의할 점은 ChatGPT가 항상 정답만 제시하는 것은 아니라는 것입니다. 모델이 학습한 데이터에 따라, 특정 주제에 대해 잘못된 정보를 제공하거나 편향된 견해를 반영할 수도 있습니다. 따라서 ChatGPT를 활용할 때는 답변 내용을 검토하고, 필요하다면 추가 확인 및 외부 자료(출처) 점검 과정을 거치는 것이 중요합니다.

3) ChatGPT를 제대로 활용하기 위한 관점

"AI 파트너"로서의 인식

ChatGPT를 단순한 '질문 → 답변' 기계가 아닌, 조언하고 함께 논의하는 파트너로 바라보면 활용도가 훨씬 높아집니다. 정보 제공뿐 아니라, 아이디어 확장, 비판적 사고 훈련, 창작 작업 등의 도우미로 활용할 수 있습니다.

프롬프트 설계의 중요성

원하는 답변을 얻으려면, 어떤 질문을 어떻게 던지느냐가 핵심입니다. 질문이 명확하지 않으면 모호한 답변이 나오기 쉽고, 질문이 구체적일수록 정확하고 풍부한 답변을 얻을 수 있습니다.

주어진 답변에 대한 평가와 재질문

ChatGPT가 준 답변이 완벽하지 않을 수 있으므로 사용자가 그 답변을 읽고, 상황에 맞는지 평가한 뒤 부족한 부분을 재질문하며 점차 완성도를 높이는 것이 좋습니다. 이 과정을 통해 자연스럽게 수정 → 보완 → 개선을 거듭하면서 최종 결과물의 수준을 높일 수 있습니다.

정리

ChatGPT는 방대한 텍스트 사전 학습, Transformer 아키텍처 기반의 문맥 이해 그리고 사용자의 질의에 따라 끊임없이 개선되는 대화 방식이 결합되어 탄생한 혁신적인 AI 모델입니다. 방대한 지식 바탕과 유연한 언어 생성 능력으로 인해, 교육과 실무는 물론 일상 생활 전반에서도 다양하고 실질적인 도움을 줄 수 있습니다.

그러나 '만능 해결사'가 아님을 인지하고, 적절한 검증과 후속 질문, 필요 시 출처 확인을 함께 수행한다면 ChatGPT의 이점을 극대화할 수 있습니다. 이러한 이해를 바탕으로 다음 장에서는 ChatGPT를 실제로 어떻게 사용하고, 우리의 학습 및 업무 환경에 적용할 수 있는지 구체적으로 알아보겠습니다.

2.

GPT 모델 계보와 버전별 특징
(GPT-3.5, GPT-4 등)

ChatGPT가 활용하는 GPT(Generative Pre-trained Transformer) 계열 모델은 2018년 이후 꾸준히 발전하며 자연어 처리(NLP) 분야의 판도를 바꿔 놓았습니다. GPT 시리즈는 모두 Transformer 구조를 기반으로 하되, 버전이 거듭될 때마다 파라미터 수, 학습 데이터 규모, 모델 아키텍처가 개선되면서 언어 이해 능력과 응답 품질이 크게 향상되었습니다. 여기서는 GPT 모델이 어떻게 발전해 왔는지 간략히 살펴보고, 특히 우리가 흔히 접하는 GPT-3.5와 GPT-4의 특장점이 무엇인지 살펴보겠습니다.

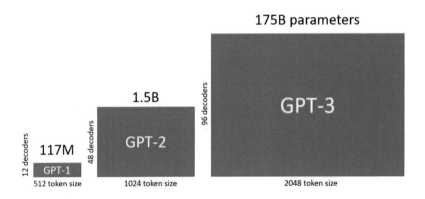

GPT-1, GPT-2, GPT-3 파라미터 수 차이

1) GPT 시리즈의 계보

GPT-1 (2018년 발표)

처음으로 "Generative Pre-trained Transformer"라는 이름을 달고 등장한 모델입니다. 당시에는 상대적으로 규모가 작았고, 주로 언어 모델 자체의 가능성과 성능을 보여 주는 연구적 성격이 강했습니다. 자연어 이해와 생성 능력 모두 주목받았지만, 활용 범위는 아직 제한적이었습니다.

GPT-2 (2019년 발표)

파라미터 수가 대폭 늘어나면서 언어 생성 능력이 이전 버전보다 크게 향상되었습니다. 대규모 텍스트 데이터로 학습되었고, 긴 문맥을 처리하는 능력이 발전하여 더 자연스럽고 길이가 긴 글을 생성할 수 있게 되었습니다. GPT-2는 뛰어난 문장 생성 능력 때문에 "가짜 뉴스"나 "유해 콘텐츠"가 생성될 수 있다는 우려를 불러일으키기도 했습니다.

GPT-3 (2020년 발표)

파라미터 수가 수천억 개에 달하는, 당시까지 가장 거대한 언어 모델 중 하나였습니다. 엄청난 규모의 파라미터와 학습 데이터 덕분에 번역, 작문, 질의응답, 코드 생성 등 다양한 작업에서 인간에 가까운 성능을 보였습니다. GPT-3부터는 비정형 입력에 대해서도 어느 정도 이해하고, 문맥에 맞춰 자유롭게 답변을 생성할 수 있다는 점이 큰 변화였습니다.

2) GPT-3.5: ChatGPT의 기반

GPT-3의 업그레이드 버전

GPT-3.5는 GPT-3에 다양한 실전 피드백과 추가 학습(Instruction Tuning 등)을 거쳐, 대화형으로 최적화된 버전입니다. ChatGPT가 가장 처음 공개될 때 사용된 모델(예: GPT-3.5)이 바로 이 버전이며, 대화 맥락을 이해하는 능력이 GPT-3보다 한층 향상되었습니다.

대화형 응답의 강화

GPT-3.5는 사람과 실제로 대화를 주고받는 상황을 중점적으로 학습하며, 문맥 추적과 추가 질의에 대한 유연한 대응 능력을 크게 높였습니다. 사용자가 이전에 한 질문이나 답변을 기억하고, 계속 이어서 대화를 발전시킬 수 있습니다.

실용적 기능 개선

GPT-3 대비 문법·어휘 정확도와 응답 속도가 향상되었고, 특정 주제나 상황에서 더 적절한 예시를 생성하도록 조정되었습니다. 개발 초기에는 중복 생성, 맥락에서 벗어난 답변 등의 이슈가 있었지만, 점차 업데이트를 거치면서 안정성을 높여 갔습니다.

3) GPT-4: 차세대 대화형 AI 모델

더 큰 규모와 정교한 아키텍처

GPT-4는 GPT-3.5보다 훨씬 더 많은 파라미터를 갖추고 있다고 알려져 있습니다(정확한 파라미터 수는 공개되지 않음). 학습 데이터 역시 이전보다 방대하며, 더 긴 문맥을 이해하고 처리할 수 있는 능력이 강화되었습니다.

다중 모달 입력 가능성

일부 버전에서 이미지나 음성 등 다양한 입력(멀티모달, Multi-modal)을 처리할 수 있는 기능이 시험적으로 언급되었습니다. 텍스트뿐 아니라 다른 형식의 데이터를 이해하고 연계해 더 풍부한 답변을 제공할 수 있다는 점에서 기대를 모읍니다. 다만, 일반 사용자 버전에서 해당 기능이 제한될 수도 있고, 상업 서비스 형태에 따라 별도로 구현될 가능성도 있습니다.

추론 능력과 신뢰도 향상

GPT-4에서는 논리적 추론이나 사실 검증과 관련된 알고리즘이 더욱 개선되었다고 전해집니다. 이전 모델에서 가끔 보이던 "논리 오류"나 "사실 왜곡" 문제가 상대적으로 줄어들 가능성이 높습니다. 물론, 여전히 사용자가 답변 검증을 병행해야 하지만, 자기 점검 기능이 강화되면서 단순 오류 발생 빈도가 점차 낮아지고 있습니다.

더욱 강화된 대화 맥락 이해

GPT-4는 긴 대화 흐름 속에서도 사용자의 의도를 더욱 정확히 파악해, 지속적이고 일관된 답변을 제공할 수 있습니다. 예컨대, 복잡한 시나리오를 주고, 그 안에서 다단계 의사결정 과정을 질문해도 GPT-4는 비교적 논리적인 전개를 유지합니다.

4) 버전별 활용 시 고려 사항

사용 목적과 모델 버전의 선택

GPT-3.5는 안정성과 속도 면에서 장점이 있고, 상대적으로 가벼운 규모여서 응답도 신속합니다. GPT-4는 더 정교한 답변을 기대할 수 있지만 자원 소모가 크고, 서비스 운영 측에서 요청 속도를 제약할 수도 있습니다.

판단 근거와 사실 확인

최신 모델일수록 오류율이 낮아지고 편향이 줄어드는 추세지만, AI 모델 자체가 "전문가"가 아니라는 점을 인지해야 합니다. 따라서 중요한 정보를 얻거나 의사결정을 할 때는 추가 자료나 별도 검증 과정을 병행하여 신뢰도를 높여야 합니다.

업데이트와 개선에 대한 유연성

GPT 모델들은 계속해서 업데이트되고 개선되며, 사용자 피드백도 반영됩니다. 따라서 버전에 따라 지원 기능이나 응답의 품질 그리고 사용 요건이 달라질 수 있으므로 해당 서비스의 최신 정보를 수시로 확인하는 것이 좋습니다.

정리

GPT 시리즈는 언어 모델의 발전 계보 중에서도 가장 빠르게 성장하며 상용화가 이뤄지고 있는 대표적인 사례입니다. GPT-1, GPT-2, GPT-3를 지나 GPT-3.5와 GPT-4에 이르면서 인간과의 대화 경험이 점차 자연스럽고 정교해지고 있습니다.

- GPT-3.5는 ChatGPT가 대중적으로 널리 알려지게 만든 핵심 엔진

으로, 이미 많은 사람들이 실무와 교육 현장에서 활발히 활용하고 있습니다.

- **GPT-4**는 그보다 한 단계 더 발전된 모델로, 더 큰 규모와 더 깊은 이해 능력을 갖추어, 다양한 응용 가능성에 대한 기대를 모으고 있습니다.

이처럼 GPT 모델들은 매 버전마다 학습 데이터와 알고리즘을 개선하며, 언어 이해와 생성 능력의 새로운 지평을 열고 있습니다. 이 책에서는 주로 GPT-3.5 또는 GPT-4 버전을 사용한 ChatGPT를 예시로 들게 되며, 이를 통해 독자들이 실제로 어떻게 질문하고 답변을 받아 교육·실무 환경에서 활용할 수 있는지 체계적으로 안내하겠습니다.

3.
ChatGPT와 유사 서비스 비교,
장단점 분석

　　인공지능(AI) 기술이 발전하면서 자연어 처리(NLP) 분야에
는 ChatGPT 외에도 다수의 대화형 AI 서비스가 등장했습니다. 이 장에
서는 ChatGPT와 유사한 모델 혹은 서비스들을 간단히 살펴보고, 장단
점을 비교해 보겠습니다. 이를 통해 사용자가 어떤 서비스를 어떤 목적으
로 선택하면 좋을지 판단하는 데 도움이 될 것입니다.

1) ChatGPT와 유사 서비스 간 비교

Google의 Gemini
서비스 특징: 구글이 보유한 방대한 검색 데이터를 바탕으로 질의응답
과 대화를 제공하는 AI 모델입니다.

장점: 구글 검색 엔진과의 연계가 강점이어서 최신 검색 결과나 트렌드
정보를 반영할 수 있다는 기대가 있습니다. 구글 계정과 통합되어 있어 다
양한 구글 생태계(지메일, 드라이브 등)와 연동될 가능성이 큽니다.

단점: 아직은 베타 단계가 많아 데이터 해석과 응답 품질이 안정적으로
검증되지 않은 면이 있습니다. 서비스가 정식 런칭되지 않았거나 지역별로
제한이 있어, 사용자가 제한적일 수 있습니다.

Microsoft의 Bing Chat

서비스 특징: 마이크로소프트(MS)가 Bing 검색 엔진에 GPT 계열 모델을 접목해 만든 대화형 검색 서비스입니다.

장점: 실시간 웹 검색 기능을 통합하여 최신 정보를 반영할 수 있다는 점이 크게 부각됩니다. MS 계정과 연동되어, 오피스 제품군(Word, Excel, PowerPoint 등) 및 Windows 환경과 시너지를 낼 수 있을 것으로 기대됩니다.

단점: 일부 사용자는 접속 지역이나 버전(데브, 프리뷰 등)에 따라 기능 이용이 제한될 수 있습니다. 사용자가 원하는 수준의 깊이 있는 대화나 전문 정보 제공이 아직은 ChatGPT만큼 원활하지 않을 수 있습니다(업데이트 상황에 따라 변동).

Meta의 Llama 계열 모델

서비스 특징: 페이스북(메타)에서 연구한 대규모 언어 모델로, 공개된 소스 코드를 기반으로 다양한 파생 모델들이 만들어지고 있습니다.

장점: 오픈소스 접근성이 높아 연구 목적이나 특정 조직의 맞춤형 모델 훈련 등에 활용할 수 있습니다. "폐쇄형 모델"에 비해 투명성이 높고, 다양한 연구 커뮤니티가 활발하게 기여하고 있습니다.

단점: 일반 사용자가 편리하게 접속해 대화형으로 사용하기엔 아직 UI/UX 측면이 미흡한 경우가 많습니다. 순수한 연구 목적으로 주로 이용되고 있어 ChatGPT만큼 친숙한 대화 경험이나 안정적 서비스를 보장하기는 어렵습니다.

DeepSeek 계열 모델

서비스 특징: 중국에서 연구 개발한 오픈 웨이트(Open-Weights) 언어 모델 제품군의 모델명으로 서구권에서 개발된 대규모 언어 모델(LLM) 모델과 경쟁할 수 있을 정도의 성능을 보여 주목받고 있습니다.

장점: 오픈소스 접근성이 높아 연구 목적이나 특정 조직의 맞춤형 모델 훈련 등에 활용할 수 있습니다. 매우 저렴한 모델 구축 및 운용비용으로 만든 오픈소스 인공지능이 기성 유료 모델에 버금가는 성능을 보여 주고 있습니다.

단점: 중국에서 훈련된 모델의 특성상 중국 관련 정보에 대해 부정적 답변을 회피하거나 특정 질문에 답변하지 못하는 편향적인 모습을 보입니다. 단, 공식 홈페이지가 아닌 로컬 환경에서 모델을 직접 다운로드하여 사용하는 경우 검열을 회피한 결과를 얻을 수 있습니다.

기타 전문 특화 모델

예: 의료 특화 모델, 법률 특화 모델, 코딩 특화 모델 등

장점: 특정 분야의 전문 지식을 집중 학습했기 때문에 일반 모델보다 정확하고 세밀한 응답을 기대할 수 있습니다.

단점: 범용성은 떨어지고, 해당 분야 외의 질문에 대해서는 거의 답변이 불가능하거나 오류율이 높습니다. 구축 비용과 유지 보수가 커서, 일반 사용자 대상의 무료 공개 서비스가 적은 편입니다.

2) ChatGPT의 장단점

(1) ChatGPT의 장점
우수한 자연어 생성 능력

방대한 양의 텍스트 데이터로 미리 학습된 GPT 계열 모델을 기반으로 하여 매우 자연스러운 문장을 생성합니다. 단순 지식 제공을 넘어 설명, 예시, 시나리오, 창의적 아이디어 등의 형태로 폭넓게 활용할 수 있습니다.

대화 맥락 추적 및 연속 대화

이전의 질문, 답변 내용을 기억하고, 추가 질문을 던지면 맥락을 이어 더욱 세밀한 답변을 제공할 수 있습니다. 여러 번의 교환을 통해 점차 완성도를 높이는 협업 형태의 질의응답이 가능합니다.

사용이 간편한 웹 인터페이스

별도의 프로그램 설치 없이 브라우저에서 바로 이용할 수 있어 접근성이 높습니다. 초기에는 누구나 무료로 이용할 수 있는 버전이 존재했고, 현재도 일정 수준 제한이 있긴 하지만 가볍게 체험해 볼 수 있습니다.

폭넓은 사용자 및 커뮤니티

이미 전 세계적으로 인기를 얻은 덕분에 사용 사례와 팁을 공유하는 커뮤니티가 매우 활발합니다. 문제 해결 방법이나 응용 아이디어를 유튜브나 블로그 등에서 손쉽게 찾아볼 수 있습니다.

(2) ChatGPT의 단점

최신 정보 반영의 한계

GPT 모델은 학습 시점 이후에 발생한 최신 정보를 제대로 반영하지 못할 수 있습니다(버전에 따라 일부 검색 연동이 있지만, 한계가 존재). 즉, 사용자에게 실시간 뉴스나 최신 사건에 대한 정확한 정보를 제공하기엔 부족함이 있을 수 있습니다.

오류 및 편향 가능성

방대한 텍스트 데이터를 학습하는 과정에서 사실과 다른 정보 또는 왜곡된 시각이 섞여 들어 갈 수 있습니다. ChatGPT가 제시한 답변을 맹신하기보다 추가 검증이 필요하며 출처를 확인하는 습관이 중요합니다.

규정 및 정책에 따른 제한

사용자 문의 중 민감한 주제나 유해 정보(불법 콘텐츠, 극단적 발언 등)에 대해서는 ChatGPT가 답변을 회피하거나 거부하도록 제한이 설정되어 있습니다. 이는 윤리적·법률적 문제를 방지하기 위함이지만, 사용자가 구체적 정보를 얻고자 할 때 답답함을 느낄 수도 있습니다.

동시 사용자 증가 시 응답 지연

매우 많은 사용자가 접속할 경우, 응답 속도가 느려지거나 대기 시간이 길어질 수 있습니다. GPT-4와 같은 고급 모델은 더 많은 자원이 필요해 때때로 유료 계정이나 제한된 접근이 요구될 수 있습니다.

3) 어떤 서비스를 선택할까?

일반 사용·학습 목적:

ChatGPT는 이미 풍부한 사용 예시와 안정된 인터페이스를 갖추고 있어, 가장 쉽고 범용적으로 활용 가능합니다. Bing Chat은 최신 검색 자료 반영 측면에서 강점이 있으므로 시의성 있는 정보를 자주 활용해야 한다면 주목할 만합니다.

전문 분야 지식 활용:

일반 모델보다는 특화된 전문 모델(예: 의료, 법률)이 혹은 학습 범위가 조정된 커스텀 모델이 필요할 수 있습니다. 다만, 구축과 검증 과정이 까다로울 수 있으므로 상용화된 전문 서비스가 있는지 찾아보거나 오픈소스 모델(Llama 등)을 직접 커스터마이징할 수도 있습니다.

기업 환경·협업 도구 연동:

MS 생태계를 많이 쓰는 기업이라면 Bing Chat이나 Microsoft Copilot 기능에 관심을 가져 볼 만합니다. 구글 제품군을 주로 사용하는 경우, Gemini의 향후 발전과 서비스 통합을 지켜볼 필요가 있습니다.

연구 및 개발 목적:

오픈소스나 API 접근성이 중요한 경우, GPT 계열 오픈소스 모델 또는 Llama, DeepSeek와 같은 연구용 모델을 고려할 수 있습니다. 커스터마이징 가능성, 기술적 유연성 등을 기준으로 선택합니다.

정리

ChatGPT는 자연어 생성·이해 능력과 사용자 친화적 인터페이스로 인해 대중적 인지도가 가장 높고 활용 사례도 풍부합니다. 이와 유사한 서비스들은 검색 연동을 통해 최신 정보를 제공하거나 특정 분야에 특화된 기능을 갖추는 식으로 차별화를 시도하고 있습니다. 각 서비스마다 강점과 단점이 뚜렷하기 때문에 사용 목적과 기능 요구사항을 명확히 한 뒤 선택하는 것이 좋습니다.

- **ChatGPT**: 범용성과 커뮤니티 지원이 뛰어나며, 교육, 실무, 개인 학습 등 전 영역에 적용 가능
- **Gemini, Bing Chat**: 검색 엔진과의 연계로 최신 정보를 빠르게 얻을 수 있는 점이 강점
- **Meta Llama**: 오픈소스 특성을 살려 연구·개발 목적에 최적화 가능
- **DeepSeek**: 제한적인 컴퓨팅 환경에서 낮은 운용 비용으로 오픈소스 특성을 살려 연구·개발 목적에 최적화 가능

- **전문 모델**: 특정 분야(의료, 법률 등)나 업무 프로세스에 최적화되어 정확한 전문 지식을 제공

앞으로도 대화형 AI 시장에서는 더 다양한 모델과 서비스가 등장할 것입니다. 이 책에서는 ChatGPT를 중심으로 실제 교육·업무 환경에서 가장 손쉽게 적용할 수 있는 전략과 예시를 보여 드리겠지만, 필요에 따라 다른 서비스와 장단점을 비교하여 최적의 솔루션을 도입하는 것도 좋은 방법입니다. 만능 AI 모델은 없으므로, 목적에 부합하는 모델 선택과 안정적 운영이 무엇보다 중요하다는 점을 기억해 두면 좋겠습니다.

ChatGPT 시작하기

Chapter 3

해당 이미지는 ChatGPT 4o 에서 해당 챕터의 주요내용을
프롬프트로 사용하여 제작하였습니다.

1.

회원가입과
인터페이스 기본 사용법

       ChatGPT를 활용하기 위해서는 먼저 회원가입 과정을 거치고, 웹 브라우저나 공식 앱(서비스가 제공되는 경우)을 통해 인터페이스에 접속해야 합니다. 이 장에서는 회원가입 절차를 간단히 살펴보고, ChatGPT 대화창을 어떻게 조작하면 좋을지 기본 인터페이스 사용법을 안내하겠습니다.

1) 회원가입 및 로그인 절차

ChatGPT 시작 화면

공식 웹사이트 접속

보통 구글 검색창에 'ChatGPT'라고 검색하거나, OpenAI 공식 웹사이트(https://openai.com)에 방문하여 ChatGPT 페이지로 이동할 수 있습니다. 접속 시, 가입(Login/Sign up) 버튼을 찾을 수 있습니다.

계정 생성

이메일, 비밀번호, 혹은 소셜 계정(구글, 마이크로소프트 등)으로 가입할 수 있습니다. 구글 계정을 연동하면 별도의 이메일 인증 과정 없이 바로 가입이 가능합니다. 일반적으로 무료 버전(베이직 플랜)과 유료 버전(Pro, Plus 혹은 ChatGPT 플러스) 중 선택할 수 있습니다.

무료 버전: 기본적인 기능과 제한된 쿼리(질의) 횟수를 제공.

유료 버전: GPT-4 모델에 우선 접근, 추가 기능, 더 빠른 응답 등을 제공(단, 정책은 변경될 수 있으므로 최신 정보를 확인).

본인 인증(선택/필수 사항)

국가별 정책에 따라 휴대전화 번호 인증이 필요할 수 있습니다. 스팸이나 악성 사용자 방지를 위해 인증 절차가 도입되는 경우가 있으므로 화면 안내에 따라 휴대폰 번호를 입력하고 인증 코드를 받아 입력합니다.

약관 동의 및 개인 정보 보호 설정

개인정보 취급방침과 이용 약관에 동의해야 가입이 완료됩니다. ChatGPT가 사용자의 대화 내용을 어떻게 처리하는지, 저장하는지 등 프라이버시 관련 정책을 확인하고 동의해야 합니다.

로그인 후 대화 화면으로 이동

가입 완료 후, 로그인하면 바로 대화창(챗 인터페이스)으로 연결됩니다. 아직 사용량 제한이나 서버 혼잡으로 인해 대기열이 발생할 수 있으니 화면 안내에 유의하여야 합니다.

2) 인터페이스 구성 요소

ChatGPT의 기본 인터페이스는 매우 직관적으로 설계되어 있습니다. 크게 대화창, 사이드바, 입력 창(프롬프트 입력란)으로 구분할 수 있습니다.

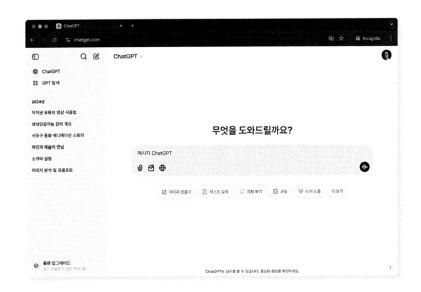

ChatGPT 기본 인터페이스

대화창(Main Conversation Area)

사용자의 질문(프롬프트)과 ChatGPT의 답변이 순차적으로 표시되는 공간입니다. 가장 최근 질문과 답변이 맨 아래 쌓이며, 이전의 대화를 위로 스크롤하여 확인할 수 있습니다. 대화에서 특정 부분을 복사하고 싶다면 블록 지정 후 복사(Copy) 하면 됩니다.

프롬프트 입력란(Input Box)

화면 하단에 위치하는 텍스트 입력 창으로, 여기서 질문이나 명령을 입력할 수 있습니다. 작성이 끝나면 Enter 키 또는 전송 버튼(화살표 아이콘 등)을 누르면 ChatGPT가 답변을 생성하기 시작합니다. 길고 복잡한 질문을 할 때는 줄 바꿈(Shift+Enter) 등을 활용해 쉽게 입력할 수 있습니다.

사이드바(Sidebar) 또는 메뉴

화면 왼쪽(또는 오른쪽)에 보통 배치되며, 대화 목록(History), 새로운 대화 시작(New Chat) 버튼, 설정(Settings) 등이 표시됩니다. 이전에 진행했던 대화를 클릭하여 다시 확인하거나 이어서 대화할 수 있습니다. 설정 메뉴에서 언어, 테마(다크/라이트 모드), 알림, 계정 정보 등을 조정할 수 있습니다.

상태 표시줄 및 기타 아이콘

일부 버전에서는 모델 선택(GPT-3.5 또는 GPT-4 등)을 할 수 있는 드롭다운 메뉴가 나타날 수 있습니다(유료 플랜 가입 시). 오른쪽 상단이나 하단에, 사용량이나 토큰(token) 제한, 대화 지우기(Clear Conversation) 버튼이 있을 수 있습니다. 도움말/FAQ 메뉴도 함께 제공되어 ChatGPT 사용 중 문제가 있을 때 쉽게 참고 가능합니다.

3) 기본 대화 흐름

프롬프트 작성

ChatGPT에게 할 질문이나 요청을 간결하고 명확하게 적습니다.

예: "마케팅 전략 아이디어 좀 제안해 줘."

또는 구체적으로 작성하여, 보다 정확한 답변을 유도할 수 있습니다.

예: "소규모 IT 스타트업을 위한 SNS 마케팅 전략 3가지를 구체적 예시와 함께 알려 줘."

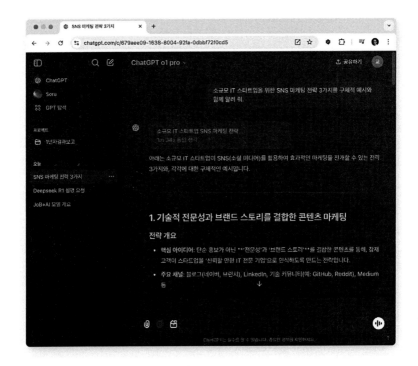

ChatGPT o1 pro 모드

답변 생성 대기

전송하면, ChatGPT가 답변을 작성하기 시작합니다. 복잡한 질문일수록 시간이 조금 더 걸릴 수 있으며, ChatGPT o1 pro 모델의 경우 5분 이상의 시간이 소요되기도 합니다. 답변 중에 오류가 있다면 중간에 정지하고 다시 시도할 수 있습니다.

후속 질문 및 맥락 유지

ChatGPT가 답변을 마친 뒤 부족한 점이나 더 알고 싶은 부분이 있다면 이어지는 대화로 질문할 수 있습니다.

예: "그 아이디어 중에서 비용 효율이 가장 높은 방법은 무엇인지 자세히 설명해 줄 수 있어?"

이렇게 후속 질문을 하면 ChatGPT는 이전 대화에서 제공된 정보를 바탕으로 더욱 구체적이고 맞춤형 답변을 생성합니다.

답변 검토 및 활용

ChatGPT가 제시한 답변을 실제 문서 작성, 학습 자료, 업무 보고서 등에 활용할 수 있습니다. 필요한 부분만 복사해서 사용하거나, 새로운 도큐먼트로 정리해도 좋습니다.

4) 가입 후 주의사항 및 팁

사용량 제한

무료 버전은 하루 또는 일정 기간 안에 입력할 수 있는 질의(쿼리) 횟수가 제한될 수 있습니다. 유료 버전(플러스, 프로 등)에 가입하면 더 넉넉한 제한이 주어지고, 더 빠른 응답 및 고급 모델(GPT-4) 사용이 가능합니다.

개인 정보 보호

ChatGPT 대화 내용을 서버에서 학습용으로 사용할 수 있다는 정책이 있을 수 있으니 민감한 정보나 개인 정보 입력을 자제해야 합니다. 기업 내부 자료나 기밀 정보를 다룰 때는 사내 정책을 준수하고, 필요시 온프레미스(사내 서버) 버전 또는 보안 설정을 고려해야 합니다.

로그아웃과 보안

공유 컴퓨터나 공용 네트워크를 사용하는 경우, 사용 후 반드시 로그아웃해야 계정이 노출되는 것을 방지할 수 있습니다. 보안이 필요한 상황이라면 이중 인증(2FA) 설정을 해 두면 훨씬 안전합니다.

서비스 업데이트 체크

ChatGPT는 베타 혹은 진행형 서비스로, 인터페이스, 기능, 정책이 수시로 변경될 수 있습니다. 가입 후에는 공식 블로그나 공지 사항을 주기적으로 확인해 최신 정보를 습득하는 것이 좋습니다.

정리

ChatGPT에 처음 접근하려면 회원가입부터 시작해서, 인터페이스를 익히고, 프롬프트(질의) → 응답 → 후속 질문으로 이어지는 대화 구조를 체득해야 합니다.

- 가입 과정은 간단하지만, 본인 인증이나 약관 동의, 유료/무료 플랜 선택 등 세부 절차를 확인해야 합니다.
- 인터페이스는 대화창과 프롬프트 입력란, 사이드바 정도로 단순하여 직관적으로 사용할 수 있습니다.
- 간단한 질문이라도 구체적으로 작성하면 훨씬 유용한 답변을 얻을

수 있으며, 회차를 거듭할수록 대화의 맥락이 축적되면서 정밀한 조언을 받을 수 있습니다.

이 장에서 설명한 가입 및 기본 사용법을 숙지했다면, 이제 ChatGPT와의 소통을 시작할 만반의 준비가 된 것입니다. 다음 장에서는 대화를 더욱 생산적으로 만들 수 있는 구체적인 프롬프트 작성 기술과 활용 사례를 다루며, 실전 응용 방법을 더욱 폭넓게 살펴보겠습니다.

2.
프롬프트 입력 및
설정 기능 살펴보기

ChatGPT를 충분히 활용하기 위해서는 어떻게 질문을 작성하고(프롬프트 입력) 어떤 설정 값을 조정해야 원하는 답변을 얻을 수 있는지 잘 이해해야 합니다. 이 장에서는 프롬프트를 작성하는 방법 그리고 ChatGPT 화면에서 제공되는 설정 기능들이 무엇인지 구체적으로 살펴보겠습니다.

1) 프롬프트 입력의 기본 개념

프롬프트(Prompt)란?
사용자가 ChatGPT에게 던지는 질문 또는 명령을 의미합니다.
예: "신제품 마케팅 전략 아이디어를 3가지 제안해 줘.", "이 문장을 영어로 번역해 줘."
ChatGPT가 어떤 맥락에서 어떤 방식으로 응답해야 하는지를 가장 직접적으로 알려 주는 요소입니다.

프롬프트 작성 시 주의점
명확하고 구체적으로: 질문이 모호하거나 범위가 너무 넓으면

ChatGPT 역시 모호하거나 지나치게 일반적인 답변을 할 수 있습니다.

예: "좋은 마케팅 아이디어" → 모호함

수정 예: "스타트업이 3개월 이내에 SNS 채널을 활용해 저비용으로 캠페인을 진행할 수 있는 구체적 아이디어 3가지" → 구체적

맥락 전달: 이미 앞선 대화에서 특정 주제를 다뤘다면, "앞서 말한 아이디어 중", "이전에 말했던 기술을 적용해 봤을 때" 같은 식으로 맥락을 이어 질문을 하면 더욱 정교한 답변을 얻을 수 있습니다.

희망하는 답변 형식을 미리 제시: 예를 들어, "표 형식으로 정리해 줘" 또는 "1번, 2번, 3번 순서대로 나눠서 써 줘."와 같이 요청하면, ChatGPT가 해당 형식에 맞춰 답변하도록 유도할 수 있습니다.

프롬프트의 진화: 재질문과 수정

ChatGPT가 준 답변이 만족스럽지 않을 때, 바로 다음 대화에서 "좀 더 상세하게 설명해 줘.", "다른 관점도 제시해 줘."라고 요청할 수 있습니다.

이를 통해 점진적으로 답변을 보완하고 원하는 정보를 더 깊이 얻을 수 있습니다.

2) 인터페이스 내 주요 설정 기능

모델 선택(버전 설정)

ChatGPT 서비스 상단 또는 사이드바에서 GPT-3.5 또는 GPT-4 등 모델을 선택할 수 있는 메뉴가 제공되기도 합니다. GPT-4 모델이 더 높은 정확도와 맥락 이해를 제공하지만 사용 제한(쿼리 횟수, 속도 등)이 있을 수 있고, 유료 가입이 필요할 수도 있습니다.

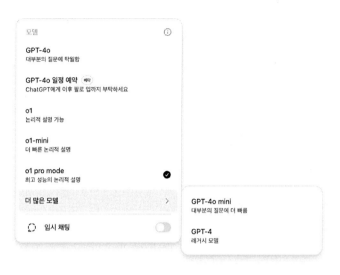

ChatGPT 의 다양한 모델 (2025년 2월 기준)

언어 설정(Language Options)

일부 인터페이스에서 언어(예: 영어, 한국어, 일본어 등)를 기본으로 선택할 수 있습니다. 보통 ChatGPT는 다국어를 이해하고 생성할 수 있으므로 별도로 언어 설정을 바꾸지 않아도 한국어, 영어 등을 혼용하며 사용할 수 있습니다.

대화 이력 관리(History)

사이드바 혹은 설정 메뉴에서, 대화 이력(Conversation History) 관리가 가능합니다. "새로운 대화(New Chat)" 버튼을 눌러 깨끗한 상태에서 새로운 주제를 시작할 수도 있고, 이전 대화를 클릭해 이어 가기도 할 수 있습니다.

화면 표시 및 테마

다크 모드, 라이트 모드와 같이 화면 테마를 바꿀 수 있는 기능이 제공됩니다. 글자 크기나 인터페이스 언어를 조정해 개인 편의에 맞출 수 있습니다.

사용 제한 및 유료 옵션

무료 사용자의 경우 일정 횟수 이상의 프롬프트 입력 시 대기 시간이 늘어나거나 GPT-4 모델 사용이 제한될 수 있습니다. 유료 플랜(예: ChatGPT Plus) 가입 시 더 빠른 응답, 더 높은 우선순위, 확장된 사용량을 제공받을 수 있습니다. 결제 및 관련 정책은 공식 안내를 참고하시고, 기업이나 교육기관 차원에서 라이선스를 별도로 구매하는 경우 맞춤형 정책이 적용될 수도 있습니다.

개인 플랜 종류 (2025년 2월 기준)

프라이버시 및 보안 설정

일부 버전에서는 "대화 내용 저장 끄기(On/Off)" 기능이나 "프라이버시 모드"를 제공하기도 합니다. 민감한 정보를 주고받아야 한다면 어떤 정책으로 대화 내용이 서버에 저장·분석되는지 확인하는 것이 좋습니다.

3) 프롬프트 작성 예시와 활용 팁

구체적인 질문으로 답변의 수준 높이기

"4차 산업혁명 시대에 유망한 직업이 뭐야?" → 일반적이고 방대한 답변
수정: "내가 컴퓨터공학 전공 3학년이라면, 4차 산업혁명 트렌드를 고려할 때 어떤 직무 스킬을 중점적으로 학습해야 할까?"

이처럼 사용자의 배경과 상세 요구를 담아서 질문하면 훨씬 유의미한 답변을 얻을 수 있습니다.

답변 형식 명시하기

"다음 내용을 표로 정리해 줘: 카테고리, 예시 기술, 필요 역량, 취업 전망"

ChatGPT가 표 형식, 순서 목록, 단계별 지시문 등으로 답변하게 하여 가독성을 높입니다.

맥락 이어 가기

ChatGPT는 이전에 한 이야기(맥락)를 기억하므로, "이전 내용 중 OO에 대해 더 자세히 설명해 줘."같이 연속적인 질문이 가능합니다. 학습이나 업무 리서치 시, 한 번의 대화가 길어지더라도 맥락이 이어지므로 점점 깊이 있는 정보를 얻을 수 있습니다.

잘못된 답변 교정

ChatGPT의 답변에 오류가 있음을 인지했다면, "이 답변의 사실 여부를 다시 한번 검토해 줘." 혹은 "출처 근거를 제시해 줘." 등으로 재질문해 볼 수 있습니다. ChatGPT가 자기검토를 통해 오류를 수정하는 경우도 있으니, 적극적으로 교정 과정에 활용하시면 좋습니다.

4) 프롬프트 결과 해석과 후속 조치

결과물 활용

ChatGPT가 생성한 답변이 기본 '초안'이나 '아이디어' 수준이라면, 사용자가 후속 편집을 진행해 정확성을 높이고 문체를 다듬을 수 있습니다. 보고서, 에세이, 코드 등 다양한 형태로 활용할 때는 최종 검증을 거쳐야 하며, 필요시 '동료 검토(Peer Review)'도 받으면 좋습니다.

추가 설정 고려

대화창에서 "이전 대화 초기화"를 하면 새로운 주제로 넘어가면서 맥락이 초기화됩니다. 한 대화 내에서 매우 방대한 주제를 다루면 ChatGPT가 혼동할 수 있으므로 가급적 하나의 대화는 하나의 큰 맥락에 집중하는 것이 좋습니다.

템플릿 구축

자주 묻는 형태의 질문이 있다면, 프롬프트 템플릿을 만들어 놓고 반복 사용할 수 있습니다.

예: "OO업계 시장 조사 형식", "수업용 퀴즈 제작 가이드", "주요 인사이트 요약 형식" 등

이를 통해 매번 같은 질문을 새로 작성하지 않고, 효율적으로 ChatGPT를 운영할 수 있습니다.

정리

프롬프트 입력과 설정 기능을 제대로 파악하면 ChatGPT와 보다 생산적이고 정밀한 대화를 이어 갈 수 있습니다.

- 프롬프트 작성 시 구체성, 맥락, 형식 지시 등을 충분히 활용하면 원하는 수준의 답변을 얻기 쉬워집니다.
- 모델 선택, 언어 설정, 대화 이력 관리 같은 설정 기능을 숙지해 두면 나만의 최적화된 대화 환경을 만들어 갈 수 있습니다.

이제 기본적인 인터페이스와 설정 방법을 이해했으니 다음 장에서는 실제 교육 현장이나 업무 환경에서 ChatGPT를 어떻게 적용할 수 있는지, 구체적인 사례와 스킬을 살펴보겠습니다.

3.

대화 이력 관리와
효율적 기록 방법

ChatGPT를 적극 활용하다 보면, 짧게는 한두 번의 질문과 답변으로 끝나지 않고 여러 차례의 대화를 거치며 결과물을 발전시키게 됩니다. 이때 '대화 이력(History)'을 어떻게 관리하느냐가 업무 효율과 학습 편의성을 크게 좌우합니다. 또한 대화 중간에 나온 중요 아이디어나 참고 자료를 어떻게 기록해 두느냐에 따라 재활용 가능성이 달라질 수 있습니다. 이 장에서는 ChatGPT가 제공하는 기본적인 대화 이력 관리 기능과, 이를 효율적으로 기록하고 재활용하는 방법을 알아보겠습니다.

1) 대화 이력(History) 기본 이해

대화 이력이란?

사용자가 ChatGPT와 주고받은 모든 질문(프롬프트) 및 답변이 순서대로 저장된 목록을 말합니다. 보통 사이드바나 상단 메뉴를 통해 이전 대화 목록을 볼 수 있으며, 클릭하면 해당 대화를 다시 확인하거나 이어서 진행할 수 있습니다.

대화 이력이 중요한 이유

맥락 유지: 이전에 무슨 말을 했는지, 어떤 맥락에서 질문했는지 기억할 수 있어 연속 대화에 큰 도움이 됩니다.

재사용 및 참고: 자주 쓰는 질문이나 자주 나오는 답변(코드 스니펫, 문구 등)을 복사하여 다른 프로젝트나 과제에 활용할 수 있습니다.

피드백 추적: 오류가 있었거나 더 나은 아이디어가 떠올랐다면, 과거 대화를 보며 어떤 과정을 거쳤는지 피드백 루프를 추적해 볼 수 있습니다.

주의할 점

프라이버시: 대화 내용이 서버에 저장되므로 개인 정보나 회사 기밀이 포함된 내용은 관리에 주의해야 합니다.

버전 변경: GPT 모델이 업데이트되거나 사용자가 다른 모델 버전으로 변경해 대화를 계속하는 경우, 이전 대화와 결과 품질이 달라질 수 있습니다.

2) 효율적 대화 이력 관리 방법

주제별 대화 분류

ChatGPT를 여러 목적(교육, 업무, 개인 취미 등)으로 동시에 사용한다면, 주제별로 대화를 구분해 두는 것이 좋습니다.

예: "프로젝트X마케팅전략", "논문요약", "수업용퀴즈제작" 등

주제명이나 키워드를 대화 제목에 명확히 붙여 놓으면 나중에 목록에서 찾기가 훨씬 쉽습니다.

세부 단계별 대화 저장

한 프로젝트 안에서 아이디어 구상, 자료 정리, 최종 문서 작성 등 여러 단계를 거치게 됩니다. 단계별로 대화를 나누면, 각 대화에 맥락이 응집되어 있어 "어떤 과정에서 어떤 답변을 받았는지" 쉽게 추적할 수 있습니다. 작업 도중에 방대한 대화를 한 번에 너무 길게 이어 가기보다는 중요 체크포인트마다 "새로운 대화"를 시작하는 방식도 권장됩니다.

중요 대화 '핀(Pin)' 혹은 '즐겨찾기(Favorite)'

일부 ChatGPT 인터페이스나 확장 기능에서 중요 대화를 상단 고정하거나 즐겨찾기로 설정해 놓을 수 있습니다. 프로젝트가 끝난 뒤에도 참고 가치가 있는 대화라면 잊지 않도록 미리 표시해 두는 습관을 들이세요.

개인 문서나 협업 툴로의 내보내기

채팅 내용이 많아지면 ChatGPT 인터페이스 안에만 의존하기보다 노션(Notion), 에버노트(Evernote), 구글 독스(Google Docs) 같은 협업 툴이나 개인 문서로 복사하여 보관하는 방법도 있습니다. 텍스트 혹은 PDF로 내보낼 수 있는 기능(또는 수동 복사·붙여넣기)을 활용하면, 오프라인 백업이나 팀원 공유가 수월해집니다.

3) 대화 기록의 재활용 방안

필요한 답변만 발췌하여 템플릿화

반복적으로 쓰게 되는 문장 템플릿, 코드 스니핏, 마케팅 문구 등을 별도 파일이나 메모 앱에 저장해 두면, 이후 유사 작업에 재활용하기 좋습니다.

예: "Email 시작 문구 템플릿", "보고서 요약 양식" 등

답변을 인사이트로 전환

단순 답변 외에 대화 중에 나온 아이디어나 통계 자료는 다른 자료와 결합하여 보고서, 수업 자료 등으로 발전시킬 수 있습니다. ChatGPT가 준 예시에 개인적 경험이나 추가 리서치 결과를 더하면 더욱 풍부한 컨텐츠가 만들어집니다.

에러 교정·피드백 기록

ChatGPT가 잘못된 정보를 제시했거나 부정확한 표현을 사용했을 때, 이를 교정하거나 재질문하는 과정을 기록해 두면 이후 비슷한 상황에서 빠른 해결책을 찾는 데 큰 도움이 됩니다.

예: "지난번 질문에서 나온 오류 지점은 OO이었고, 재질문 시 해결되었다"라는 학습 노트를 남겨 둘 수 있습니다.

협업 시, 대화 기록 공유

팀 프로젝트나 연구 과제에서 ChatGPT가 생성한 아이디어를 함께 검토하려면 팀원들에게 대화 기록을 공유할 수 있어야 합니다. 따라서 초기부터 "어떤 대화를 어느 시점에 공유할 것인지" 방식을 마련하면, 팀 커뮤니케이션이 한결 매끄러워집니다.

4) 개인정보 및 기밀 보호 주의사항

민감 정보 삽입 자제

대화 내용이 오픈AI 서버에 저장될 수 있으므로, 개인 식별 정보(이름,

전화번호, 주민등록번호 등)나 기업·기관의 중요 기밀을 직접 입력하지 않도록 주의해야 합니다. 부득이하게 기밀을 다루어야 한다면, 익명 처리(가명, 코드네임)나 필수 부분만 요약하는 방식을 활용하세요.

회사/조직 정책 준수

기업이나 조직마다, 클라우드 기반 AI 도구 사용을 제한하거나 허용 범위를 정해 둔 경우가 있습니다. 대화 이력을 어느 정도까지 저장해도 괜찮은지, 어떤 자료는 절대 외부에 공개하면 안 되는지 등을 미리 파악하고 준수해야 합니다.

대화 삭제와 백업

ChatGPT 설정 메뉴에서, 과거 대화를 영구 삭제하거나 내보내기하는 기능이 제공될 수 있습니다. 필요 없는 대화는 지워서 복잡함을 줄이고, 중요 대화는 백업을 통해 오랫동안 보존할 수 있습니다.

정리

대화 이력을 잘 관리하면 중요한 아이디어나 유용한 텍스트, 전문 지식 등을 효율적으로 찾아 재활용할 수 있습니다.

- 주제별로 나누어 관리하고, 필요하다면 단계별 대화를 구분하면 맥락 파악이 쉬워지며, 작업 효율이 올라갑니다.
- 중요 대화는 협업 툴이나 개인 문서로 백업해 놓으면 나중에 다시 참고하거나 팀원과 공유하기 수월해집니다.
- 개인정보나 민감 정보를 다룰 때는 보안 정책을 반드시 확인하고, 익명 처리 및 삭제·백업 절차를 잘 지켜야 합니다.

이로써 기본적인 ChatGPT 대화 이력 관리 방안을 익혔습니다. 다음 단계에서는 이러한 이력 관리를 토대로 실무와 교육 현장에서 ChatGPT 를 더욱 폭넓고 체계적으로 활용하는 실전 사례들을 알아보도록 하겠습니다.

4.

유료 버전(프리미엄)
또는 API 연동 고려하기

ChatGPT를 적극적으로 활용하다 보면 더 높은 성능이나 확장된 기능을 원하는 상황이 생길 수 있습니다. 기본적으로 제공되는 무료 버전은 입문과 간단한 사용에 적합하지만, 고급 기능이나 더 많은 사용량이 필요한 경우 '유료 버전(Pro, Plus 등)'이나 API 연동을 고려해 볼 수 있습니다. 이 장에서는 유료 버전을 사용할 때 얻을 수 있는 이점과 ChatGPT API를 통해 맞춤형 AI 솔루션을 구현하는 방법 그리고 각 방식을 선택할 때 고려해야 할 사항들을 살펴보겠습니다.

1) 유료 버전(Pro, Plus 등) 개요

더 높은 사용량과 우선순위

무료 버전은 일정 시간당 입력(쿼리) 횟수가 제한될 수 있고, 사용자 폭주 시 응답 지연이나 대기열이 발생할 수 있습니다. 유료 버전(예: ChatGPT Plus)은 더 넉넉한 쿼리 제한, 우선순위 서버 할당을 통해 원활하고 빠른 응답이 보장됩니다.

고급 모델(GPT-4 등) 접근 가능

무료 사용자에게는 GPT-3.5가 기본 제공되는 반면, 유료 플랜 사용자는 GPT-4 같은 최신·고급 모델에 보다 자유롭게 접근할 수 있습니다. GPT-4 모델은 논리적 추론이나 맥락 이해 면에서 한층 향상된 성능을 보여 복잡한 작업이나 중요한 의사결정 시 더 정확한 정보를 기대할 수 있습니다.

추가 기능 & 개선된 기능

일부 프리미엄 버전은 플러그인 지원, 대용량 파일 업로드, 추가 분석 기능 등 특별한 기능을 제공하기도 합니다. 운영사(예: OpenAI)가 모델을 업그레이드할 때 유료 사용자가 해당 기능을 가장 먼저 시험해 볼 수 있는 베타 프로그램 참여 기회를 얻기도 합니다.

비용 구조

유료 버전 비용은 보통 월 단위 구독료(Subscription) 형태가 많고, 국가나 지역마다 금액이 다를 수 있습니다. 개인 사용자는 부담을 느낄 수도 있으나, 교육 기관이나 기업이라면 공동 구독을 통해 비용을 분담하거나 맞춤형 라이선스를 구매할 수 있습니다.

2) API 연동의 장점과 활용 사례

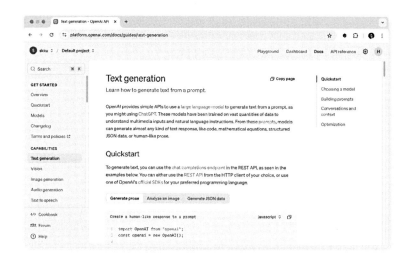

OpenAI 개발자 플랫폼

API(Application Programming Interface)란?

API는 ChatGPT의 언어 생성 기능을 외부 프로그램이나 웹서비스에서 호출해 사용할 수 있도록 해 주는 접속 통로입니다.

예: 회사 홈페이지나 모바일 앱에서, 사용자가 입력한 질문에 실시간으로 ChatGPT가 답변하도록 하는 식의 구현이 가능합니다.

맞춤형 서비스 구축

교육 플랫폼, 사내 인트라넷, 고객 지원(Chatbot) 시스템 등에 ChatGPT API를 연동하면 AI 비서나 질의응답 봇 등을 쉽고 빠르게 개발할 수 있습니다.

예: FAQ 자동 응답 시스템을 만들거나 전문 지식을 AI와 연동하여 사용자 맞춤형 학습 지원 기능을 제공할 수도 있습니다.

사용량 기반 과금(Usage-based Pricing)

API는 보통 호출 횟수 또는 토큰(문자 단위) 사용량에 따라 비용이 부과됩니다. 일정 범위 내에서만 활용한다면 가격이 저렴하지만, 대량 트래픽이 발생하는 경우 비용이 크게 늘어날 수 있으므로 예산 관리가 필요합니다.

커스터마이징(Customizing) 가능

일부 API에서는 '파인튜닝(Fine-Tuning)'을 통해 특정 도메인 데이터(예: 회사 매뉴얼, 특허 문서 등)를 추가 학습시켜서 맞춤형 모델을 구축할 수 있습니다. 이를 통해 ChatGPT가 회사 내부 정보나 전문화된 지식을 학습, 더 특화된 응답을 제공할 수 있게 됩니다(단, 보안·저작권 문제에 유의).

3) 어떤 상황에서 유료 버전과 API 연동을 고려해야 할까?

반복적이고 대량의 질의가 필요한 경우

마케팅이나 고객센터처럼 수많은 질의가 발생하는 부서에서는 무료 버전으로 대응하기 어려우므로 유료 플랜이나 API를 통한 자동화가 필수적일 수 있습니다.

정밀한 분석과 고급 모델 활용이 필요한 경우

섬세한 언어 분석, 복잡한 논리 추론, 긴 맥락을 요구하는 작업은 GPT-3.5보다 GPT-4를 쓰는 것이 적합합니다. 특히 보고서 작성, 전문 연구, 핵심 의사 결정 등 오류 발생을 최소화해야 하는 중요한 업무에서는 고급 모델이 더 유리합니다.

기업·기관 차원의 통합 서비스 개발

기업이나 교육 기관에서 다수의 사용자에게 AI 기능을 제공하려면, 웹/앱과 ChatGPT를 연결해야 합니다. 이때 API 연동을 통해 맞춤형 UI를 개발하고, 사용자 인증(SSO), 데이터베이스 연결, 분석 대시보드 등의 기능을 추가할 수 있습니다.

반복 수작업 축소 및 업무 효율화

문서 검토, 번역, 코드 리뷰 등 반복적 업무가 많은 환경에서 ChatGPT API를 사용하면, 자동화 스크립트를 구성해 비용과 시간을 절약할 수 있습니다.

예: 매일 들어오는 이메일 문의를 실시간 분류, 요약, 답변 초안 생성하는 자동화 프로세스 구축.

4) 선택 시 고려해야 할 사항

비용-효익 분석

유료 버전 사용료나 API 사용 비용을 지불했을 때 얼마나 시간과 인건비, 리소스를 절감할 수 있는지 가늠해 봐야 합니다. 작은 규모에서는 무료 버전으로도 충분할 수 있지만, 대규모 환경에서는 장기적으로 유료 플랜이 더 경제적일 수 있습니다.

기술 역량 및 보안 정책

API 연동을 하려면 개발자 혹은 기술 담당자가 필요합니다. 회사 정책상 외부 클라우드 사용이 제한되는 경우, 온프레미스 혹은 별도 보안 솔루션을 고려해야 할 수도 있습니다. 교육 현장에서도 학생 정보나 시험 문제와 같은 민감 데이터가 포함될 수 있으므로 데이터 처리를 어떻게 할지 사전 계획이 필요합니다.

유지 보수와 업데이트

ChatGPT 모델은 지속적으로 개선되고 버전이 바뀔 수 있습니다. 유료 플랜이나 API 연동 사용 시, 계속된 호환성 체크와 버전 업데이트가 필요합니다. 연동 중인 서비스가 많다면 ChatGPT 측 업데이트가 전체 시스템에 영향을 줄 수 있으므로 버전 관리에 신경 써야 합니다.

도입 단계별 시험 운영

처음부터 모든 기능을 유료 버전으로 전환하거나 대규모 API 연동을 하는 것보다는 파일럿 프로젝트나 일부 부서·팀에서 먼저 시험해 보고, 결과를 토대로 확장 적용하는 방식이 안전합니다. 해당 시점에 사용자 피드백을 적극 반영해, 효율성과 비용을 균형 있게 맞출 수 있습니다.

정리

ChatGPT를 보다 전문적이고 대규모로 활용하고자 한다면 '유료 버전(Pro, Plus)'을 고려하거나 API 연동을 통해 맞춤형 서비스를 구축하는 방법이 매우 효과적일 수 있습니다.

- 유료 버전은 빠르고 안정적인 서비스, 고급 모델(GPT-4) 사용, 추가 기능 등을 제공해 개인 또는 소규모 팀에도 유용합니다.

- API 연동은 기업·교육 기관처럼 다수 사용자에게 서비스를 제공하거나 자동화 및 특화 기능이 필요한 환경에서 필수적으로 고려해야 합니다.

다만, 비용과 보안, 기술 역량을 종합적으로 검토하고, 장기적 확장성까지 내다본 뒤에 도입 규모와 방법을 결정하는 것이 좋습니다. 다음 장에서는 이러한 ChatGPT 활용 모델을 기반으로 교육 현장과 실무 현장에서 구체적으로 적용할 수 있는 사례들을 살펴보겠습니다.

교육 현장에서의 ChatGPT 활용

Using

4

AI

1.

교사·교수진을 위한
수업 준비 및 자료 제작

인공지능(AI) 기술이 교육 현장에 도입되면서, 교사나 교수진이 수업을 기획·준비하고 학습 자료를 제작하는 방식에도 큰 변화가 일어나고 있습니다. 그중에서도 ChatGPT는 기존의 정보 검색을 한 단계 뛰어넘어 수업에 직접 활용할 수 있는 아이디어와 콘텐츠를 빠르게 얻을 수 있게 해 주는 강력한 도구입니다. 이 장에서는 교사·교수진이 ChatGPT를 효과적으로 활용해 수업 자료를 준비하고 강의 품질을 높이는 방법을 구체적으로 살펴보겠습니다.

1) 학습 주제 선정과 아이디어 발굴

새로운 수업 아이디어 브레인스토밍

특정 교과나 전공 과목에서 새로운 주제를 다루고 싶을 때, ChatGPT에 "OO 단원을 재미있게 가르칠 수 있는 활동"이나 "학생 참여를 이끌어 낼 프로젝트 아이디어" 등을 질문하면, 다양한 아이디어 목록을 제시해 줍니다.

예: "중학생 대상 환경 교육을 위한 프로젝트 수업 아이디어 다섯 가지를 구체적으로 추천해 줘."

교과 간 융합 주제 탐색

요즘 교육 트렌드 중 하나인 '융합 수업(STEAM 등)'을 기획할 때, ChatGPT에 "과학, 수학, 예술을 결합한 그룹 프로젝트" 등을 제안해 달라고 할 수 있습니다. 이렇게 범교과적인 아이디어를 발굴하면 학생들의 흥미를 높이고 창의적 사고를 자극하는 수업을 설계할 수 있습니다.

최신 이슈·트렌드 반영

ChatGPT는 이미 학습된 데이터를 바탕으로 답변을 주지만, 추가적인 힌트나 키워드를 주고 "최근 사건"이나 "최신 트렌드"와 연결해 달라고 하면 적절한 예시를 제공해 줍니다. 이를 바탕으로 학생들과 함께 시사 토론, 연구 과제를 진행할 수도 있습니다.

2) 강의 자료 제작: 개요부터 세부 콘텐츠까지

개념 정리 및 요약

교사나 교수진이 설명하고자 하는 핵심 개념을 ChatGPT에 간단한 문장으로 물어보거나, "이 개념을 학생 수준(초등, 중등, 고등 등)에 맞춰서 설명해 달라"고 요청하면, 눈높이에 맞춘 설명을 얻을 수 있습니다.

예: "중학교 2학년이 이해할 수 있도록 광합성 과정을 단순화하여 설명해 줘."

슬라이드용 텍스트 및 예시 자료

파워포인트(PPT)나 키노트(Keynote) 등의 슬라이드를 만들 때, ChatGPT를 이용해 슬라이드 제목이나 주요 포인트를 미리 구상할 수 있습니다.

예: "고대 그리스 역사 개론 슬라이드 5장 분량의 핵심 문구와 간단한 예시를 제시해 줘."

만들어진 초안에서 불필요한 내용을 정리·추가하여 최종 버전으로 발전시키면 됩니다.

수업 자료(프린트, 핸드아웃) 구상

학생들에게 배포할 학습지나 핸드아웃 형식의 자료 초안을 ChatGPT가 생성하도록 할 수 있습니다.

예: "'삼각함수의 실생활 적용 사례'를 다룰 1차시 분량의 핸드아웃 초안을 작성해 줘. 문제 3개와 함께 제시해 줘."

이후 내용을 교사 본인이 직접 재검토하여 정확성을 확인하고, 수정해 최종 교재로 만듭니다.

이미지, 도표, 그래프 활용 아이디어

ChatGPT는 텍스트 기반이지만, "어떤 그래프를 사용해야 할지" 혹은 "이미지를 어떻게 구성하면 효과적일지"에 대한 아이디어도 제시해 줄 수 있습니다.

예: "이 자료에 사용할 수 있는 간단한 시각 자료(이미지 or 그래프) 아이디어를 추천해 줘."

해당 아이디어를 바탕으로 별도의 그래픽 툴(파워포인트, 캔바 등)로 이미지 제작을 진행하면 됩니다.

3) 퀴즈·문제 출제와 피드백 자동화

퀴즈·문항 제작

ChatGPT를 사용하면 간단한 문제(퀴즈), OX 퀴즈, 선택형 문제 등을 신속히 작성할 수 있습니다.

예: "영어 독해용 지문과 5개의 객관식 문제를 만들어 줘. 정답과 해설도 포함해 줘."

생성된 문제는 교사가 수정·보완하여 실제 시험지나 과제로 활용할 수 있습니다.

문제 난이도 및 영역별 분류

"난이도를 초급/중급/고급으로 나누어서" 문제를 만들라고 지시하거나, "이 문제에서 중점적으로 평가할 역량(사고력, 문제 해결력 등)을 지정해 달라"는 식의 지시를 통해 다양한 수준의 문제를 얻을 수 있습니다.

자동 피드백 및 해설 문구

학생들이 문제를 풀었을 때, 어떤 내용을 놓쳤는지 자동화된 피드백 문장을 ChatGPT가 제시하도록 할 수도 있습니다.

예: "이 문제 틀린 학생들에게 제공할 수 있는 추가 설명, 예시, 연결 학습 자료를 안내해 줘."

4) 팀 프로젝트·발표 수업 구성

프로젝트 기반 학습(PBL) 시나리오 구상

ChatGPT를 이용해 프로젝트 기반 학습을 위한 시나리오를 구체적으로 제안받을 수 있습니다.

예: "고등학생 팀 프로젝트로 진행할 수 있는 지역사회 문제 해결 과제를 만들어 줘. 2주간 진행 가능하고, 발표 평가 방식을 제안해 줘."

역할 분담 및 일정표 제시

"팀 발표 수업 시, 어떤 역할(리더, 자료 조사, PPT 제작 등)을 배분하면 좋을까?" 같은 질문에 대해 ChatGPT가 역할 분담과 활동 일정표를 제시해 줄 수 있습니다. 교사는 이를 바탕으로 학생 그룹별 진행 상황을 체계적으로 관리할 수 있습니다.

발표 평가 Rubric(평가지표) 작성

팀 프로젝트 발표 후 평가 기준을 어떻게 설정해야 할지 고민될 때, ChatGPT가 평가 요소(내용, 논리력, 태도, 창의성 등)를 구조화해 줄 수 있습니다.

예: "대학생 프레젠테이션 평가에 적합한 루브릭 항목 4가지와 각 항목별 5단계 평가 기준을 만들어 줘."

5) 주의 사항과 최종 점검

정확성 검증

ChatGPT가 제시하는 자료와 내용이 100% 정확하다고 보장할 수는 없습니다. 교사·교수진이 최종 검토하여 사실 오류나 개념적 착오가 없는지 확인해야 합니다. 특히 역사적 사실, 과학적 수치 등은 추가 출처를 통해 재확인하길 권장합니다.

학습 수준 맞춤

ChatGPT 답변은 때로 지나치게 어렵거나, 반대로 너무 단순화되어 있을 수 있습니다. 학생들의 학년이나 수준에 적합하도록 난이도를 교사가 재조절해 주어야 합니다.

표절·저작권 이슈

ChatGPT가 제시한 텍스트를 그대로 복사·붙여넣기만 하면 표절이나 저작권 문제가 생길 여지가 있습니다. 꼭 출처를 확인하고, 인용이나 '요약·재작성(Paraphrasing)'을 통해 학생들에게 올바른 저작권 인식을 심어 줄 필요가 있습니다.

교육 목표 연계

무엇보다도 ChatGPT가 제안하는 아이디어나 자료가 실제로 교육 목표에 부합하는지 검토해야 합니다. 기술 도구의 제안에만 의존하기보다, 교사의 전문적 판단과 교육 철학을 반영하여 최적의 수업을 설계하는 것이 핵심입니다.

정리

교사·교수진이 ChatGPT를 활용하면 수업 기획에서부터 핸드아웃 제작, 퀴즈 출제, 평가 Rubric 작성까지 여러 면에서 시간과 노력을 절감하면서도 창의적인 수업 자료를 손쉽게 얻을 수 있습니다.

- **학습 주제 선정**: 브레인스토밍 및 융합 과목 아이디어 발굴
- **강의 자료 제작**: 개념 정리, 슬라이드 문구 초안, 학습지 작성
- **퀴즈 출제 및 피드백**: 문제 생성, 난이도 분류, 자동 해설 작성
- **프로젝트 구성**: 팀 활동 시나리오, 역할 분담, 평가 기준 마련

다만, 최종 결정권은 교사·교수진에게 있으며, ChatGPT가 제시한 정보를 검증하고 재구성하여 학생 수준과 교육 목표에 맞게 조정하는 과정이 필수적입니다. 적절히 활용한다면, ChatGPT는 강의 준비 과정에서 획기적인 효율성과 창의적 아이디어를 동시에 제공해 줄 수 있는 든든한 조력자가 될 것입니다.

2.

학생들의 학습 보조 도구로서의
ChatGPT 활용법

      ChatGPT는 교사나 교수진만이 아니라 학생들에게도 다양한 학습 지원 기능을 제공합니다. 학생들은 이 도구를 통해 개념 이해를 보충하고, 과제 및 프로젝트에 활용하며, 학습 전략을 개선할 수 있습니다. 다만, AI를 맹신하기보다 비판적 사고와 자기주도 학습 능력을 키우기 위한 보조 수단으로 적절히 활용하는 것이 중요합니다. 이 장에서는 학생들이 ChatGPT를 활용해 학업 효율을 높이는 방법을 구체적으로 살펴보겠습니다.

1) 개념 학습과 이해도 향상

질문-답변(Q&A) 방식으로 즉각적인 피드백

학생들은 모르는 개념이 있을 때 ChatGPT에 즉시 질문하여 빠른 피드백을 받을 수 있습니다.

예: "광합성이란 무엇이며, 식물에 왜 중요한가요?"라는 질문에 대해 ChatGPT가 답변을 제공하고, 추가 질의를 통해 궁금증을 깊이 해결할 수 있습니다.

이러한 즉시 피드백은 학습 내용을 빠르게 보충하고, 교사나 친구에게 물어볼 수 없는 상황에서 즉각적 해결책을 얻는 데 유용합니다.

어려운 개념 쉽게 재설명하기

ChatGPT는 같은 주제를 다른 표현 방식으로 설명하도록 요청할 수 있어, 학생 수준에 맞는 맞춤형 설명을 얻을 수 있습니다.

예: "이 개념을 초등학교 5학년 수준으로 설명해 줘."라거나, "더 구체적인 예시를 들어 줘."라고 요청하면, 다양한 방식의 설명을 통해 **이해도**가 높아집니다.

확장 학습 및 호기심 자극

수업 시간에 다루지 못한 관련 주제나 배경지식을 ChatGPT를 통해 탐색할 수 있습니다.

예: "이 이론과 유사한 다른 이론도 있는지 알려 줘."라고 하여 학습 범위를 자연스럽게 넓혀 가는 탐구 학습이 가능합니다.

2) 과제·프로젝트 지원

주제 선정 및 아이디어 브레인스토밍

에세이, 보고서, 포트폴리오 등 다양한 형태의 과제를 준비할 때, ChatGPT에 "주제 아이디어 몇 가지를 제시해 달라"고 하면 새롭고 창의적인 주제를 발굴할 수 있습니다.

예: "AI와 윤리에 관한 토론 에세이를 쓰고 싶은데, 세부 토픽 3가지를 제안해 줘."

자료 조사 및 요약

ChatGPT에 특정 논문 제목, 역사적 사건, 사회 현상을 입력하면 주요 내용이나 배경을 간단히 요약해 주어 리서치 시간을 단축할 수 있습니다.

검색이나 도서관 조사를 대신할 수는 없지만, 전반적인 개요를 잡는 데에는 매우 효과적입니다.

글쓰기 초안 및 피드백

장문의 글을 쓰기 전, ChatGPT에게 초안 작성을 부탁하거나 문단별 구조를 제안하도록 할 수 있습니다. 이미 작성한 글이 있다면 ChatGPT에게 어색한 표현이나 문장 구조 개선을 요청해 피드백을 받는 방법도 있습니다.

예: "이 에세이 문단 구조를 조금 더 논리적으로 개선해 줄 수 있어?"

인용 및 참고 문헌 형식 조언

ChatGPT에게 "APA 스타일"이나 "MLA 스타일" 등 인용 형식을 물어보고, 자료를 어떻게 표기하면 좋을지 안내받을 수 있습니다. 다만, 최종적으로는 학생 본인이 해당 스타일 가이드를 직접 확인하여 정확히 적용해야 합니다.

3) 학습 전략 및 자기 주도 학습 강화

학습 계획 수립

시험 대비나 장기 프로젝트를 위한 공부 계획을 ChatGPT에 물어볼 수 있습니다.

예: "2주 안에 중간고사 국어, 영어, 수학을 효율적으로 공부할 수 있는

일정표를 짜 줘."라고 하면, 과목별 우선순위와 일별 공부 분량 등의 기초 안을 제시합니다.

오답 분석 및 공부 방법 가이드

틀린 문제나 이해가 안 되는 개념을 ChatGPT에게 설명하면, 오답 원인과 개선책을 제안해 줄 수 있습니다.

예: "내가 함수 문제를 자주 틀리는데, 어떤 부분을 중점적으로 공부해야 할까?"

이 과정을 통해 학생은 스스로 약점을 파악하고, 구체적인 해결 방안을 알게 됩니다.

시험 대비 요약본 제작

방대한 교재나 필기 노트를 압축해 "핵심 개념 요약"을 부탁할 수 있습니다.

예: "이 교과서 3장 내용을 5개 핵심 개념으로 요약해 줘."라고 하면, 다시 한번 내용 정리가 가능해 복습에 효과적입니다.

다만, 내용이 정확한지 검증하고, 외울 부분은 스스로 체크하여 학습 효과를 극대화해야 합니다.

4) 토론·발표 역량 강화

발표 스크립트 구성

학생들이 발표 수업을 준비할 때, ChatGPT에 발표 스크립트 초안 혹은 말할 순서를 구체적으로 요청할 수 있습니다.

예: "환경 오염에 대한 5분짜리 발표 스크립트를 만들어 줘. 간단한 예

시와 결론 포함."

질문 예측 및 답변 연습

발표나 토론을 앞둔 상황에서, 예상 질문을 ChatGPT가 미리 던져 주도록 요청할 수 있습니다.

예: "이 발표 주제에 대해 청중이 질문할 만한 5가지 포인트를 뽑아 줘. 그리고 각 질문에 대한 간단한 답변 예시를 작성해 줘."

이를 통해 발표 리허설이나 토론 대비 연습을 할 수 있습니다.

의견 교환으로 논리력 향상

토론 과제 등에서 ChatGPT에게 반대 의견을 제시하도록 해서 논리적 반박 연습을 해 볼 수도 있습니다.

예: "내 주장을 반박할 수 있는 근거를 제시해 줘. 그리고 그 반박에 대해 내가 어떻게 대응할 수 있을지 알려 줘."

5) 올바른 학습 태도와 주의사항

비판적 사고 유도

ChatGPT는 편향되거나 오류가 섞인 정보를 제시할 가능성이 있으므로, 학생들은 답변을 그대로 믿지 말고 스스로 근거를 찾아보고 검증해야 합니다. 이는 학생들의 비판적 사고력과 정보 검증 능력을 기르는 기회가 될 수 있습니다.

표절과 윤리적 이슈

ChatGPT가 작성해 준 내용을 그대로 복사해 과제로 제출하거나, 시험 답안으로 사용하면 표절 문제가 생길 수 있습니다. 반드시 자신의 언어로 재작성하고, 참고 자료로 활용하는 것이 학습 윤리와 학업 성취 면에서 바람직합니다.

시간 관리

ChatGPT가 빠르고 간편한 도움을 주는 것은 사실이지만 무분별하게 의존하면 자기 주도 학습 능력이 저하될 위험이 있습니다. 자신의 공부 시간을 먼저 투자한 뒤, 필요한 부분에서 보조 도구로 활용하는 균형 잡힌 태도가 중요합니다.

교사·교수진과의 소통

과제나 프로젝트에서 ChatGPT를 활용할 때, 해당 기관이나 교사의 가이드라인이 있는지 미리 확인해야 합니다. 일부 교육기관에서는 AI 도구 활용 범위를 제한하기도 하고, 특정 방식으로만 허용하기도 하므로, 사전에 안내를 잘 따르는 것이 좋습니다.

정리

학생들은 ChatGPT를 통해 실시간 Q&A, 자료 정리, 과제, 프로젝트 도움 등 다양한 학습 지원을 받을 수 있습니다. 올바르게 활용한다면, 학습 효율을 높이고 자기 주도 학습 역량을 강화하는 훌륭한 보조 도구가 될 것입니다.

- **개념 학습**: 모르는 개념을 여러 방식으로 재설명받아 이해도 향상
- **과제 및 프로젝트**: 아이디어 브레인스토밍, 자료 조사, 글쓰기 초안 보완
- **학습 전략**: 공부 계획 수립, 오답 분석, 핵심 요약 등

- **토론·발표** 지원: 발표 스크립트, 예상 질의응답, 논리 훈련

단, 이 모든 과정에서 비판적 사고와 윤리 의식을 잃지 않고, ChatGPT가 제시하는 정보를 본인만의 언어와 사고로 재정립하는 습관이 중요합니다. 이를 통해 학생들은 디지털 시대에 요구되는 AI 활용 능력과 창의적 문제 해결력을 고루 갖출 수 있을 것입니다.

3.

AI를 활용한 학습 동기 부여 및
질의응답

학습 동기를 높이는 것은 교육 현장에서 늘 중요한 과제입니다. 과거에는 교사의 지식 전달과 학생의 수동적 학습 방식에 치우쳐 있었다면, 이제는 AI 기술을 적극적으로 활용해 학생의 학습 욕구를 자극하고, '질의응답(Q&A)'을 혁신적으로 개선하는 시도가 늘고 있습니다. 이 장에서는 학습 동기 부여를 위해 대화형 AI를 어떻게 활용할 수 있는지 그리고 질의응답 방식을 어떻게 개선할 수 있는지를 구체적으로 살펴보겠습니다.

1) AI 기반 학습 동기 부여 전략

흥미로운 학습 환경 조성

ChatGPT와 같은 대화형 AI를 도입하면 학생들은 마치 "가상 과외 교사"와 대화하듯 상시 질문과 즉각 피드백을 받을 수 있습니다. 학생들이 실시간으로 자신의 생각을 확인받고, 즉각적인 응답을 얻는 과정을 통해 학습 흥미와 몰입도가 올라갑니다.

개인 맞춤형 지원

AI는 학생마다 다른 수준과 관심사에 맞춰 개별화된 학습 콘텐츠를 제시할 수 있습니다.

예: ChatGPT에게 "중학교 2학년 수준의 산수 개념을 조금 더 심화해 달라"거나 "이 문제를 초등학교 6학년 눈높이로 다시 설명해 달라"고 지시하면, 학생별 맞춤 해설이 가능합니다.

각자의 속도와 수준에 맞춰 학습하다 보면 자신에게 필요한 부분만 집중 보충할 수 있어 학습 효율이 크게 높아지고, 그로 인해 학습 동기도 상승합니다.

재미있는 학습 활동 제안

특정 주제를 어렵다고 느끼는 학생도 AI가 제안하는 게임형 문제나 퀴즈, 시뮬레이션을 활용하면 보다 재미를 느낄 수 있습니다.

예: "역사적 사건을 RPG 게임 스토리처럼 각색해 달라"는 부탁을 하면, 스토리텔링 기반으로 학습하는 방안을 얻을 수 있습니다.

스스로 학습자료를 생성해 보는 과정에서 창의적 사고가 길러지고, 결과물에 대한 성과감이 학습 동기로 이어집니다.

목표 설정과 피드백 루프

AI를 통해 주간·월간 학습 목표를 설정하고, 일정 기간 후에 달성도를 점검하도록 유도할 수 있습니다.

예: "이번 주에 단어 50개를 외우겠다고 했는데, 얼마나 달성했는지 체크해 줘."라고 하면, ChatGPT가 단어 테스트를 제공하거나 누락된 부분을 알려 줄 수도 있습니다.

지속적인 피드백 루프가 형성되면 학생들은 구체적이고 실현 가능한 작은 목표를 세우고 달성하면서 자기 효능감을 키울 수 있습니다.

2) 대화형 AI로 질의응답 방식을 혁신하기

무제한 Q&A의 이점

학급 인원이 많거나 교사와의 1:1 질의응답이 어려운 환경에서도, ChatGPT를 활용하면 학생들이 언제든지 질문을 할 수 있습니다. 복잡한 질문에도 짧은 시간 안에 기본 방향을 제시해 줄 수 있어 실험 보고서 작성, 수학 문제 풀이, 작문 등 다양한 과제에서 불확실성을 줄여 줍니다.

메타인지와 후속 질문 유도

ChatGPT의 답변이 단순히 "정답 제공"에 머물지 않도록, 교사나 학생 스스로가 ChatGPT에게 추가 질문을 던지거나, 답변을 검증하는 과정을 거치면 좋습니다.

예: "네가 알려준 공식을 왜 이 문제에 적용해야 하는지 설명해 줘."

이렇게 메타인지적 접근(스스로 사고 과정을 인지)을 거치면서, 학생들은 "왜"와 "어떻게"를 고민하게 되고, 이는 심층 학습과 논리적 사고력 강화에 큰 도움이 됩니다.

다각도 답변으로 폭넓은 이해

학생이 하나의 문제에 대해서도, 다른 관점 또는 다른 풀이법을 물어볼 수 있습니다.

예: "이 문학 작품을 사회·문화적 배경 측면에서 분석해 줘.", "이번에는 심리학적 측면에서 캐릭터를 해석해 줘."

이러한 질문을 반복하면서 학생들은 단편적 지식에서 벗어나 더 폭넓은 시야로 문제를 바라보게 됩니다.

교실 내 교사 - 학생 간 협업

질의응답 과정에서 ChatGPT가 제공한 내용을 교사가 재검토하여 잘못된 정보나 비약을 즉시 바로잡아 주는 방식을 병행하면 실시간 코멘터리(주석) 효과를 낼 수 있습니다. 이로써 학생은 AI + 교사가 함께 주는 피드백을 통해, 보다 정확한 지식과 깊이 있는 이해를 동시에 얻을 수 있습니다.

3) 학습 성취도 제고를 위한 AI 활용 사례

팀 활동에서의 AI 역할

프로젝트나 토론 수업에서 ChatGPT가 아이디어 생성·자료 정리 담당으로 투입될 수 있습니다.

예: "우리 팀이 기후 변화 방지 캠페인을 기획 중인데, 저비용 고효율 전략 3가지를 제안해 줘."라고 요청한 뒤, 그 자료를 바탕으로 팀원들과 **토론**을 거쳐 확정안을 도출하는 식입니다.

학생들은 "AI가 제안한 아이디어 vs 인간 고유의 관점"을 비교·비판하는 과정에서 의사소통 능력과 비판적 사고 능력을 함께 훈련하게 됩니다.

실습·실험 지원

과학 실험이나 수학적 계산이 필요한 과제에서도 ChatGPT가 예상 결과나 단계별 절차를 제안할 수 있어 학생들이 실험에 대한 사전 이해를 높일 수 있습니다.

예: "산성·염기성 지표 실험을 어떻게 설계하면 좋을까?"라고 물으면, 필요한 준비물과 안전 주의 사항 등을 간단히 안내받을 수 있습니다.

결과 분석과 오답 노트 자동화

시험 결과나 퀴즈 풀이 결과를 ChatGPT에게 요약·분석해 달라고 하면 오답 원인과 개선 방향 등을 간단히 확인할 수 있습니다.

예: "내가 최근 수학 시험에서 많이 틀린 문제 유형과 관련 개념을 정리해 줘."라고 하면 ChatGPT가 주요 개념이나 빈번한 실수 요인을 분석하여 알려줄 수 있습니다.

4) 유의 사항: 학습 동기와 자기주도성의 균형 유지

AI 의존도 관리

ChatGPT를 활용하는 과정이 주입식 정답 제공으로 변질되지 않도록 주의해야 합니다. 학생들이 생각 없이 "챗봇에 다 맡기면 되겠다"고 여기면 학습 자율성이 약화되고, 수동적 태도가 생길 수 있습니다. 교사는 ChatGPT를 "조언자"나 "가상 파트너"로 활용하도록 유도하되, 최종 해답이나 판단은 학생 스스로가 이끌어 내게 해야 합니다.

잘못된 정보와 편향성 확인

ChatGPT도 학습 데이터에 따라 편향된 정보를 제공하거나, 경우에 따라 오답을 제시할 수 있습니다. 학생들은 답변을 맹신하지 않고, 필요할 때마다 다른 자료나 공식 교과서를 참조하도록 지도해야 합니다. 이는 학생들의 정보 검증 역량을 강화하는 기회가 되기도 합니다.

동기 부여와 성취감 연결

단순히 AI가 준 정보를 익히는 것만으로는 학습 만족감이 오래가지 않을 수 있습니다. AI가 안내한 학습 목표를 학생들이 달성함으로써, 작은 성공 경험을 쌓고 자기효능감을 높여 가는 과정을 교사가 옆에서 응원해 주는 것이 중요합니다.

학업 윤리와 가치관 형성

AI가 제시해 준 아이디어나 답변을 표절·복사하는 행위는 엄격히 금지되어야 합니다. ChatGPT를 올바르게 활용하는 과정을 통해 학업 윤리와 창의적 문제 해결 능력을 동시에 기르는 기회로 삼아야 합니다.

정리

AI를 활용하여 학습 동기를 높이고, 질의응답 과정을 혁신하면, 학생들은 몰입도와 자기주도성을 동시에 향상시킬 수 있습니다.

- **학습 동기 부여**: 맞춤형 피드백과 흥미로운 과제 제안으로, 학생들의 학습 의욕을 고취
- **질의응답 혁신**: 무제한 Q&A와 다각도 답변, 메타인지적 사고를 통해 심층적 이해와 논리력 강화
- **학습 성취도 개선**: 팀 활동, 실험, 오답 노트 등 실질적 학습 경험에서 AI의 조언을 적극 수용
- **주의 사항**: 맹신이나 무분별한 표절을 경계하고, 학생들의 비판적 사고와 학습 윤리를 동시에 육성

ChatGPT는 매력적인 학습 파트너가 될 수 있지만, 궁극적으로는 학생 스스로가 학습 과정을 주도하고, 교사가 전문적인 안내자로서 방향을 제시할 때 가장 큰 시너지 효과가 발휘될 것입니다.

4.
보고서·과제 작성 지도 및
표절 방지

대학생 과제나 중·고등학교 보고서 작성 과정에서 ChatGPT 같은 AI 도구가 큰 도움이 될 수 있습니다. 학생들은 자료 조사, 초안 작성, 문장 교정 등을 ChatGPT를 통해 빠르게 진행할 수 있기 때문입니다. 하지만 표절이나 저작권 침해 문제가 발생할 수 있으므로 교사·교수진은 학생들이 윤리적이고 책임 있는 방법으로 AI를 활용하도록 지도해야 합니다. 이 장에서는 보고서·과제 작성을 지도할 때 ChatGPT를 어떻게 활용하고, 표절 방지를 위해 어떤 교육이 필요한지 구체적으로 살펴봅니다.

1) 보고서·과제 작성 시 ChatGPT 활용 전략

자료 조사 및 아이디어 확장
학생이 특정 주제에 대한 개요를 ChatGPT에 물어볼 수 있습니다.
예: "제2차 세계대전의 원인을 3가지로 요약해 달라."
이렇게 해서 나온 정보를 개인적 해석과 추가 조사를 통해 확장해 가면 글의 방향을 잡는 데 큰 도움이 됩니다. 교사는 이 과정을 지도하면서 "ChatGPT가 제시한 내용을 그대로 옮기는 것이 아니라 '왜 이런 원인이 있었는가?'를 더 깊이 탐구해 보라"는 식으로 구체적 피드백을 제공합니다.

논리 구조 설계와 초안 작성

글의 논리적 흐름이나 목차가 떠오르지 않을 때, ChatGPT에 "이 주제를 다룰 때 필요한 주요 논점과 적절한 목차 구조를 추천해 달라"고 요청할 수 있습니다. 학생들은 AI가 제공한 목차를 참고해 자신만의 글 구조를 설계한 뒤 초안을 작성해 나갑니다. 초안 작성 과정에서 ChatGPT가 문장 표현이나 단계별 전개를 보완해 줄 수 있지만, 교사는 학생이 직접 생각하고 작성하는 부분이 충분히 확보되었는지 지도해야 합니다.

문장 교정 및 표현 개선

초안이 완성된 뒤, ChatGPT를 통해 오탈자, 어색한 표현, 논리적 비약 등을 점검받을 수 있습니다.

예: "내가 쓴 두 번째 단락이 좀 어색한데, 더 자연스럽게 다듬어 줘."

학생들은 수정된 결과물을 비교하면서, 어떤 부분이 잘못되었는지 인식하고 글쓰기 실력을 늘릴 수 있습니다.

2) 표절 방지와 올바른 인용·참고 문화 확립

표절이란 무엇인가?

'표절(Plagiarism)'은 타인의 아이디어나 글을 출처 표기 없이 사용하거나, 자신의 것처럼 제출하는 행위를 말합니다. ChatGPT가 생성한 텍스트 역시 엄밀히 말하면 사용자가 직접 쓴 문장이 아니므로 출처 표기 또는 재작성을 통해 자기 언어로 바꿔 쓰는 과정이 필요할 수 있습니다.

AI 활용 시 표절 위험 요소

학생이 AI가 제시한 내용을 그대로 복사해 붙이는 행위는 대표적인 표절 사례가 될 수 있습니다. 일부 경우, ChatGPT가 이미 온라인에 존재하는 문구를 매우 유사하게 재생성할 수 있어 무의식적 표절이 일어날 수도 있습니다. 또한, 학생들이 ChatGPT를 검색 엔진 대용으로 사용해 얻은 정보가 원래 어떤 저작물에서 왔는지 모르는 상태라면 출처 표기가 누락될 위험이 큽니다.

인용·참고 문헌 교육

교사나 교수진은 과제 지침을 통해 올바른 인용 방식(예: APA, MLA, 시카고 스타일 등)을 명확히 안내해야 합니다. ChatGPT가 제시한 정보를 활용했다면 "ChatGPT (연도), 대화 내용, ChatGPT 사이트"와 같이 간단한 출처 표기를 첨부하거나, 최소한 "AI 도구 참고"와 같은 문구를 사용할 수 있습니다. 어떤 방식이든 AI 활용 사실을 숨기지 않고 투명하게 드러내는 것이 윤리적입니다.

재작성(Paraphrasing) 훈련

ChatGPT가 제공한 내용을 참고만 하고, 최종적으로는 학생이 자신의 언어로 풀어 쓰는 능력을 기르는 것이 중요합니다. 이를 위해 교사는 "ChatGPT 답변의 키워드를 뽑아 요약해 보고, 본인만의 예시나 시각을 덧붙여서 재작성해 보라"며 재작성 훈련을 권장할 수 있습니다. 이 과정을 통해 표현력과 비판적 사고가 함께 향상됩니다.

표절 검사 도구 활용

학교나 기관에서 표절 검사 도구(예: Copy Killer 등)를 도입했다면, 학생들에게 과제 제출 전 스스로 검사해 보게 하여 표절 요소를 미리 수정할 수 있도록 지도합니다. ChatGPT가 작성한 문장을 활용했더라도 출처 표기나 재작성이 제대로 이뤄지면 표절률이 낮아집니다.

3) 교사·교수진의 지도 포인트

표절 방지 교육의 중요성 강조

AI 시대에 표절의 형태가 더 교묘해질 수 있음을 인식시키고, 학생이 스스로 책임감을 갖도록 꾸준히 교육합니다. 단순히 "걸리면 벌점" 식이 아니라, 창의적 사고와 지식 재구성이 학습의 핵심 가치임을 강조해야 합니다.

작성 과정 점검

학생들이 보고서나 과제를 제출할 때 작업 과정을 기록하도록 해 보세요. (예: 초안 작성, 추가 조사, ChatGPT 활용, 최종 편집 등) 이를 통해 교사·교수진은 어떤 순서로 정보가 수집·활용되었는지 확인할 수 있고, 학생의 학습 과정에 적극적으로 피드백을 제공할 수 있습니다.

개별 면담 및 구두 발표

필요하다면 학생에게 구두 발표나 작업 과정 설명을 요청해, 과제 내용을 얼마나 이해하고 있는지 점검합니다. ChatGPT가 제공한 텍스트를 단순히 붙여 넣은 경우, 학생은 실질적인 이해가 부족할 가능성이 높으므로 면담을 통해 파악이 가능합니다.

긍정 사례 함께 제시

과제를 잘 수행한 사례나 ChatGPT 활용을 통해 창의적인 결과물을 만든 학생의 예시를 공유하면, 적극적이면서도 윤리적인 AI 활용 문화가 자리 잡을 수 있습니다. 이를 통해 학생들은 ChatGPT가 단순히 표절을 위한 도구가 아니라, 학습 도우미이자 개인 역량 개발 수단임을 깨닫게 됩니다.

정리

ChatGPT는 보고서·과제 작성에 있어 아이디어 발굴, 논리 구조 설계, 문장 교정 등 여러 면에서 강력한 보조 도구가 될 수 있습니다. 동시에, 교사·교수진은 표절 방지와 윤리 의식을 강조하면서 학생들이 AI를 올바르게 활용하도록 안내해야 합니다.

- **AI 활용 가이드**: 학생에게 초안·구조·교정 단계에서 ChatGPT를 "참고"하는 방식으로 활용하게 하되, 최종 작성은 스스로 하도록 지도
- **올바른 인용·재작성**: AI가 제공한 문장을 원본 출처와 함께 인용하거나, 자기 언어로 재구성하여 사용하게 함
- **표절 검사와 자기점검**: 제출 전에 표절 검사 도구를 활용하거나 면담·발표를 통해 학생 이해도를 점검
- **학습 과정 기록**: 학생이 과제 작성 과정을 투명하게 공유하도록 하여 주입식 AI 활용을 방지하고 자기주도 학습을 유도

이를 통해 성실한 보고서·과제 문화를 조성하고, 더 나아가 AI 시대에 필요한 윤리적 감수성과 창의적 활용 역량을 함께 길러 낼 수 있을 것입니다.

실무 환경에서의 ChatGPT 활용

1.
비즈니스 커뮤니케이션
(이메일, 보고서, 제안서 작성)

비즈니스 현장에서 가장 기본이 되는 업무 커뮤니케이션 수단으로는 이메일, 보고서, 제안서 등이 있습니다. ChatGPT를 활용하면 이러한 문서 작성 과정을 빠르게 진행하면서도, 품질과 가독성을 높일 수 있습니다. 이 장에서는 비즈니스 맥락에서 ChatGPT를 사용하는 핵심 스킬과 구체적 방법을 살펴보겠습니다.

1) 이메일 작성 자동화·반자동화

간단한 이메일 자동 생성
일상적인 공지, 안내, 팀원 간 협업 요청 등 반복적인 이메일을 ChatGPT가 초안으로 생성해 줄 수 있습니다.
예: "팀 회의 일정 안내 이메일 작성해 줘. 날짜와 시간, 회의 주제, 준비 사항을 포함해 줘."
자동 생성된 이메일을 개인적 문체나 회사 스타일에 맞춰 약간의 수정만 하면 시간 절약과 일관된 톤 유지가 가능합니다.

공식·비공식 톤 조절

ChatGPT에게 "공식 어조" 혹은 "친근한 어조"로 작성 스타일을 지시할 수 있습니다.

예: "더 격식 있는 톤으로 작성해 줘.", "조금 더 캐주얼한 표현으로 바꿔 줘."

이를 통해 국내외 파트너, 내부 직원, 외부 고객 등 대상에 맞는 톤 앤 매너를 손쉽게 조정할 수 있습니다.

상황별 이메일 템플릿 생성

업무 환경에서 자주 쓰이는 승인 요청 메일, 지연 안내 메일, 감사 메일 등의 템플릿을 ChatGPT가 만들어 줄 수 있습니다. 한 번 만든 템플릿은 다른 유사 상황에도 활용 가능하므로 커뮤니케이션 표준화 및 업무 효율성을 높이는 데 큰 도움이 됩니다.

2) 보고서 작성 보조 및 요약

보고서 전체 구조 설계

새로운 프로젝트에 대한 보고서 작성을 앞둔 상황에서 ChatGPT에게 제목, 목차, 핵심 항목을 제안받을 수 있습니다.

예: "'A사와의 협업 프로젝트' 보고서를 작성해야 해. 개요, 목표, 수행 내용, 기대 효과, 결론으로 구분했으면 좋겠는데, 구체적인 목차를 제안해 줄래?"

ChatGPT가 제시한 목차 초안을 바탕으로 필요한 세부 내용을 추가해 가면 논리적 흐름을 빠르게 잡을 수 있습니다.

데이터 요약 및 분석 방향 제안

업무상 수집된 데이터(매출, 시장 조사 결과 등)를 개략적으로 ChatGPT에게 설명하고, 분석 관점이나 주요 지표를 물어볼 수 있습니다.

예: "최근 6개월간 제품 A 매출 추이와 고객 만족도 조사 결과를 기반으로 보고서에 포함시킬 만한 핵심 지표 3가지를 제안해 줘."

이 과정을 통해 보고서에 포함할 통계, 그래프, 결론 도출 아이디어 등을 얻어, 분석의 방향성을 잡는 데 활용합니다.

문장 교정 및 가독성 향상

이미 작성한 문서가 있다면, ChatGPT에게 맞춤법 검사, 문장 간결화, 가독성 높이기 등을 요구할 수 있습니다.

예: "내가 쓴 보고서의 결론 부분이 너무 장황해. 이를 3~4문장으로 요약하고, 좀 더 명확하게 표현해 줄래?"

이러한 교정 작업을 거치면 보고서가 정돈된 느낌을 주어 독자의 이해도가 높아집니다.

3) 제안서(Proposal) 작성 보조

핵심 가치와 솔루션 명확화

제안서 작성에서 중요한 것은 "고객(또는 상사)가 원하는 가치를 어떻게 전달하느냐입니다. ChatGPT는 "이 문제를 해결하기 위한 핵심 솔루션"을 여러 관점에서 제시하거나, "차별화 포인트"를 문장으로 구체화하도록 도와줄 수 있습니다.

예: "고객사의 물류 비용 절감 방안 제안서에 우리가 제공할 수 있는 특별한 솔루션과 그 효과를 요약해 줘."

구성 요소별 세부 내용 작성

제안서는 보통 배경, 목표, 전략, 기대 효과, 예산, 일정 등의 구성을 갖춥니다. ChatGPT에게 각 파트에 필요한 핵심 질문을 던지면 "프로젝트 일정은 어떤 단계로 구성하는 것이 합리적인지"나 "예산 추산 시 고려해야 할 리스크는 무엇인지" 등을 간단히 제시해 줄 수 있습니다. 이를 토대로 회사 내 정보나 구체적 수치를 추가 반영해 최종 제안서를 완성합니다.

프레젠테이션 자료 초안

제안서를 기반으로 'PT(프레젠테이션)'를 만들 때, ChatGPT가 슬라이드 구조나 키 포인트를 제안해 줄 수도 있습니다.

예: "10분 이내 발표용으로, 개요-현황-해결책-결론 순으로 5장 슬라이드를 구성할 템플릿을 만들어 줘."

이후 적절한 시각 자료(그래프, 아이콘, 표)로 보강하면 보다 완성도 높은 제안 발표 자료가 탄생합니다.

4) 협업과 검토 프로세스

팀원 간 검토 과정

ChatGPT가 작성해 준 이메일·보고서·제안서 초안을 내부 협업 툴(예: Notion, Google Docs)에 공유하면, 팀원들이 실시간 코멘트를 달며 보완할 수 있습니다. 초안에 담긴 아이디어를 토대로 팀원들이 현실적인 수치, 추가 자료, 리스크 등을 제시하면, 고도화된 문서가 만들어집니다.

상사·고객 피드백 반영

상사나 고객에게 초안을 보여주고 받은 피드백을 ChatGPT에게 입력해, 추가 수정 방향을 제안받을 수 있습니다.

예: "고객이 디자인 시안을 좀 더 혁신적으로 바꿔 달라고 했어. 어떤 요소를 어떻게 변경하면 좋을지 아이디어를 주겠어?"

이를 통해 수정 과정을 한 번 더 체계적으로 정리할 수 있으며, 빠른 시간 안에 최종안으로 발전시킬 수 있습니다.

최종 검토: 사실 관계와 형식

ChatGPT가 만든 문서라 하더라도 사실 관계, 수치 데이터, 법적 이슈 등은 최종적으로 사람이 직접 검증해야 합니다. 또한, 회사 내 규정이나 브랜드 가이드(CI, BI)가 있는지 확인하여, 회사 표준 형식에 맞춰 최종 문서를 다듬으면 신뢰도가 더욱 높아집니다.

5) 비즈니스 문서 작성 시 주의사항

기밀 정보 보호

회사 프로젝트명, 고객사 자료, 미공개 제품 정보 등 중요·기밀 정보를 ChatGPT에 과도하게 공유하지 않도록 주의해야 합니다. AI 시스템에 입력된 텍스트는 서버에 저장될 수 있으므로, 개인 정보 보호와 비밀 유지가 필요한 문서는 간접적·요약적으로 제시하는 것이 안전합니다.

저작권과 표절

ChatGPT가 생성해 준 텍스트를 외부 문서나 홍보 자료로 공개할 때 저작권 문제가 없는지 검토해야 합니다. 문서 일부를 표절로 간주할 수 있는 여지가 없는지, 자료의 출처를 어떻게 밝힐 것인지 미리 정해 둡니다.

맹신 금지

ChatGPT는 언어 생성에 탁월하지만, 사실 관계나 정확한 수치가 중요한 문서에서는 별도 검증이 필수입니다. 회사 정책, 법령 준수, 최신 시장 통계 등은 반드시 공식 자료를 교차 확인한 뒤 반영해야 합니다.

기업 문화·톤 앤 매너

회사마다 고유의 말투, 브랜딩, 지침이 있을 수 있습니다. ChatGPT 초안을 쓸 때는 해당 기업의 스타일에 맞춰 수정·보완해야 합니다.

예: "우리 회사는 고객에게 존댓말보다 조금 더 친근한 반말 톤을 쓰는 편이야." → ChatGPT가 작성한 문서도 같은 톤으로 변환해야 함.

정리

비즈니스 커뮤니케이션에서 이메일, 보고서, 제안서는 핵심적인 문서이며, 이를 효율적으로 작성하는 능력은 곧 업무 성과와 직결됩니다. ChatGPT를 통해 초안 작성, 스타일 조정, 검토를 빠르게 처리하면 생산성과 문서 완성도를 동시에 높일 수 있습니다.

- **이메일**: 반복적 업무, 톤 조절, 상황별 템플릿 자동화
- **보고서**: 목차 구성, 데이터 분석 아이디어, 교정 및 간결화
- **제안서**: 가치, 솔루션 명확화, 구성 요소별 세부 내용, 프레젠테이션 초안

단, 최종적인 책임과 검증은 인간에게 있음을 잊지 말아야 합니다. 기밀 정보 보호, 정확한 사실 관계 확인, 기업 문화 반영 등의 과정을 충실히 수행한다면 ChatGPT는 비즈니스 문서 작성에서 강력한 동반자가 되어 줄 것입니다.

2.
마케팅 & 세일즈 아이디어 도출, 콘텐츠 기획

마케팅과 세일즈에서는 창의적이고 차별화된 아이디어가 곧 성과로 직결됩니다. ChatGPT를 활용하면 브레인스토밍부터 캠페인 기획, 세일즈 전략 수립까지 여러 단계에서 새로운 관점과 핵심 인사이트를 얻을 수 있습니다. 이 장에서는 마케팅 & 세일즈 업무에 ChatGPT를 어떻게 적용할 수 있는지 구체적으로 살펴보겠습니다.

1) 마케팅 아이디어 브레인스토밍

다양한 관점의 아이디어 발굴

"직접적인 영감을 얻기 힘들다" 싶을 때, ChatGPT에 가상의 상황을 설명하고 아이디어를 요청할 수 있습니다.

예: "20대 대학생 대상의 신제품 SNS 캠페인 아이디어를 몇 가지 제안해 줘. 참여 유도 방안과 해시태그도 포함해 줘."

ChatGPT는 여러 관점(트렌드, 고객 심리, 소셜미디어 활용 등)에서 각기 다른 아이디어를 제시해, 브레인스토밍의 출발점을 풍부하게 만들어 줍니다.

니치 마켓(Niche Market) 파악

특정 시장(니치 마켓)을 공략해야 할 때 ChatGPT가 소규모·특정 타깃을 위한 프로모션 전략이나 콘텐츠 아이디어를 제안할 수 있습니다.

예: "반려동물 전문 쇼핑몰의 고객 충성도 확보를 위한 이벤트를 어떤 식으로 기획하면 좋을까?"

이를 통해 판매 상품, 고객 특징, 경쟁사 분석 같은 맥락을 ChatGPT에 설명하면 맞춤형 아이디어를 받을 수 있습니다.

경쟁사 벤치마킹 아이디어

ChatGPT에게 "현재 시장에서 유사 제품의 마케팅 방식을 분석해 달라"고 요청하고, "우리가 차별화할 수 있는 요소"를 묻는 방식으로 경쟁사 벤치마킹을 할 수 있습니다. 물론, 세부 정보(데이터, 사실관계)는 별도 검증이 필요하지만, ChatGPT가 제시하는 벤치마킹 포인트를 기반으로 신선한 전략을 도출할 수 있습니다.

2) 세일즈 전략 수립 보조

고객 세분화(Segmentation)와 타깃팅

제품 또는 서비스를 판매할 때, 어떤 고객군을 우선적으로 공략해야 할지 ChatGPT와 함께 고민해 볼 수 있습니다.

예: "우리 회사의 중·고가 여성 가방 라인을 구매할 가능성이 높은 고객층은 누구이며, 어떤 프로모션이 적합할까?"

ChatGPT가 나이, 소득, 라이프스타일 등을 가정해 시나리오를 제시해 주면 고객 세분화를 보다 효율적으로 정리할 수 있습니다.

세일즈 대본(콜 스크립트) 작성

전화 영업(Call)이나 대면 상담 시, '세일즈 대본(스크립트)'을 ChatGPT가 초안 형태로 생성해 줄 수 있습니다.

에: "보험 상품을 전화로 판매할 때 고객에게 신뢰감을 주고 관심을 끌 수 있는 대화 스크립트를 작성해 줘."

이를 바탕으로 회사의 정책과 제품 특징을 추가해 완성하면 표준화된 세일즈 대본을 빠르게 확보할 수 있습니다.

크로스셀(Cross-sell), 업셀(Upsell) 아이디어

기존 고객에게 추가 상품을 권장하거나 상위 모델로 전환을 유도하는 업셀·크로스셀 전략도 ChatGPT에게 제안받을 수 있습니다.

에: "가전제품을 구매한 고객에게 어떻게 크로스셀을 제안하면 좋을까? 예시 이메일 문구를 만들어 줘."

이때 제품 간 연관성, 가격대, 혜택 등을 구체적으로 입력하면 실질적인 전략 초안을 뽑아낼 수 있습니다.

3) 콘텐츠 기획과 제작 지원

SNS·블로그 콘텐츠 주제

기업 공식 SNS나 블로그에 게시할 콘텐츠 아이디어를 ChatGPT에 요청할 수 있습니다.

에: "Z세대를 위한 헬스·피트니스 브랜드 SNS용 짧은 콘텐츠 주제를 5개 제안해 줘. 트렌디한 해시태그도 포함해 줘."

ChatGPT가 트렌디한 요소나 밈(meme), 키워드를 제시해 줄 수 있어 발행 주제를 쉽게 다채롭게 구성할 수 있습니다.

카피라이팅 & 슬로건 생성

제품 광고 문구, 슬로건, 한 문장 소개 등을 짧고 임팩트 있는 형태로 만들어 달라고 요청하면 ChatGPT가 다양한 버전을 빠르게 생성합니다.

예: "스마트폰 배터리 수명이 오래간다는 점을 강조하는 10자 이내의 광고 문구를 제안해 줘."

여러 후보 중에서 가장 적절한 것을 골라 쓰거나, 조금씩 수정해 브랜드 톤에 맞출 수 있습니다.

블로그 포스트·기사 초안 작성

제품 리뷰, 사용자 인터뷰, Q&A 등 콘텐츠 초안을 ChatGPT가 작성하도록 부탁할 수 있습니다.

"키워드와 주제어"를 미리 제공해 두면 해당 키워드 SEO(Search Engine Optimization) 최적화를 염두에 둔 글 구성을 일정 수준 자동으로 만들어 줍니다.

단, 최종적으로는 사실관계 확인과 브랜드 이미지에 맞는 편집이 필수입니다.

4) 캠페인·프로모션 기획

이벤트 테마 및 기획안

신규 상품 출시나 기존 상품 재활성화를 위한 이벤트 아이디어를 ChatGPT에 브레인스토밍해 달라고 하면 기간, 대상, 혜택, 홍보 채널 등 구체적 아이디어가 나올 수 있습니다.

예: "겨울맞이 스키용품 할인 이벤트를 기획 중이야. 20~30대 젊은 고객이 참여할 만한 재미 요소를 포함한 기획안을 제안해 줘."

채널별 홍보 전략

ChatGPT는 온라인·오프라인 등 다양한 채널에 맞는 홍보 전략을 요약해 줄 수 있습니다.

예: "SNS, 블로그, 전자상거래 플랫폼, 오프라인 매장에서 동시에 진행할 수 있는 통합 프로모션 전략을 알려 줘. 예산 범위는 중소기업 수준이야."

이처럼 조건(예산, 인력, 마케팅 목표)을 넣어 주면, 제한된 자원 안에서의 실행안을 제안받을 수 있습니다.

성과 지표(KPI) 설정

캠페인 기획을 할 때 '핵심 성과 지표(KPI)'를 어떻게 설정할지 고민되면, ChatGPT가 매출액, 전환율(Conversion Rate), SNS 팔로워 증가율 등 다양한 KPI를 예시로 들어 설명해 줄 수 있습니다. 이를 바탕으로 회사나 팀 내에서 최종 지표를 선정해 목표 달성 계획을 수립하면 됩니다.

5) 주의 사항과 검증 절차

사실관계 및 트렌드 확인

ChatGPT는 학습 데이터가 시점에 따라 한계가 있으므로 실제 최신 트렌드나 시장 동향은 반드시 별도의 자료(시장 보고서, 내부 데이터)로 검증해야 합니다.

예: "이 행사 아이디어가 정말 최근 고객 트렌드와 부합하는지"는 현장 조사나 업계 리서치로 확인 필요.

브랜드 이미지 및 정책 고려

기업·브랜드마다 특유의 가치관, 정책, 가이드라인이 있을 수 있습니다. ChatGPT가 제공한 아이디어가 브랜드 정체성에 어긋나지 않는지, 법적·윤리적 문제는 없는지 최종 점검해야 합니다.

지식재산권 및 저작권

광고 이미지, 슬로건, 영상 등에 ChatGPT가 제안한 소재를 사용할 때 저작권 및 상표권에 저촉될 소지가 없는지 세심하게 살펴봐야 합니다. 낯선 문구나 디자인 콘셉트라면 별도 전문가(디자이너, 법무팀 등)에게 검토받는 절차가 필요합니다.

지나친 의존 금지

ChatGPT는 창의적 아이디어 생성에 도움을 주지만, 결정권은 마케터·세일즈 담당자가 가져야 합니다. 시장 피드백이나 팀원 의견을 충분히 수렴해, AI가 제시하지 못한 독창적인 변주를 만들어 내는 것이 경쟁 우위를 확보하는 길입니다.

정리

ChatGPT는 마케팅 & 세일즈 전반에서 아이디어 브레인스토밍, 전략 수립, 콘텐츠 기획 등의 단계를 효율적이고 다양하게 지원해 줄 수 있는 훌륭한 도구입니다.

- **마케팅 아이디어**: 니치 마켓, 캠페인 테마, 경쟁사 벤치마킹 등
- **세일즈 전략**: 고객 세분화, 세일즈 대본 작성, 업셀·크로스셀 제안
- **콘텐츠 기획**: SNS·블로그 주제, 카피라이팅, 블로그 포스트 초안
- **캠페인·프로모션**: 이벤트 테마, 채널별 전략, KPI 설정

다만, 최신 트렌드 반영, 브랜드 정체성, 법적·윤리적 이슈를 고려하는 것은 인간 전문가의 몫입니다. ChatGPT가 제시하는 내용을 토대로 전문 지식과 현장 감각을 덧붙인다면, 한층 더 성공적인 마케팅 & 세일즈 활동을 전개할 수 있을 것입니다.

3.

데이터 분석·리서치 보조 및
인사이트 추출

비즈니스 현장에서 데이터 분석과 시장·사용자 리서치는 의사 결정의 핵심 기반을 제공합니다. 하지만 방대한 자료를 일일이 정리하고 해석하는 과정은 시간과 노력이 많이 들고, 전문 지식이 없으면 효율적으로 진행하기 어렵습니다. 이때 ChatGPT를 활용하면 핵심 포인트를 빠르게 뽑아내고 분석 관점을 확장하며 인사이트를 도출하는 과정을 돕는 유용한 보조 도구가 될 수 있습니다.

1) 데이터 분석 프로세스에서의 ChatGPT 활용

분석 아이디어 및 가설 생성

새로운 데이터셋을 마주했을 때, "어떤 분석 기법을 적용해야 하는지", "가설은 어떻게 설정할지" 고민이 될 수 있습니다. ChatGPT는 데이터 형태(숫자, 범주형, 텍스트 등)나 조사 목적(사용자 만족도, 제품 매출 등)을 미리 알려 주면 거기에 맞는 분석 방법이나 가설 시나리오를 제안해 줄 수 있습니다.

예: "우리 웹사이트의 월간 방문자 로그 데이터를 가지고 이탈률이 높은 지점을 분석하고 싶어. 어떤 방법이 좋을까?"

분석 용어·개념 설명

통계나 머신러닝 분야의 전문 용어를 쉽게 이해하기 어려울 때, ChatGPT가 용어 정의나 적용 사례를 풀어서 설명해 줍니다.

예: "ANOVA가 무엇이며, 어떤 상황에서 사용하는지 알려 줄래?"

이를 통해 비전문가도 빠르게 핵심 개념을 파악해 분석 과정 전반의 이해도를 높일 수 있습니다.

분석 과정 계획 및 단계별 확인

ChatGPT에게 "분석 과정을 단계별로 설명해 달라"고 요청하면, 데이터 전 처리 → 모델 선택 → 성능 평가 → 시각화 등 일반적 단계를 제시해 줄 수 있습니다. 이러한 체크리스트를 통해, 분석 프로젝트의 전체 흐름을 잡고, 누락된 단계가 없는지 점검할 수 있습니다.

2) 리서치 보조와 자료 요약

리서치 보고서·논문 요약

방대한 보고서나 논문을 전부 읽기 전에 ChatGPT에게 핵심 주제나 결론을 간단히 요약해 달라고 할 수 있습니다.

예: "이 보고서의 주요 내용과 결론을 200자 이내로 요약해 줘."

다만, 중요한 의사 결정을 위해서는 원문을 직접 확인하고, 사실관계를 다시 한번 검증해야 합니다.

시장·산업 트렌드 조사

특정 산업(예: 금융, 의료, IT 등)의 최근 동향을 ChatGPT가 텍스트 형태로 정리해 주도록 하여, 개괄적 인사이트를 얻을 수 있습니다.

예: "최근 1~2년간 전기차 배터리 시장 트렌드와 주요 플레이어들을 간단히 정리해 줘."

ChatGPT가 학습한 데이터 시점에 따라 제한이 있을 수 있으므로 최신 정보는 별도 검색이나 전문 보고서로 보강하는 게 좋습니다.

가설 검증 아이디어

리서치 과정에서 "우리 고객층이 온라인 구매를 선호한다." 같은 가설을 세웠다면, ChatGPT에게 "이 가설을 검증하기 위해 어떤 자료와 방법이 필요한가?"를 물을 수 있습니다. ChatGPT가 제시하는 데이터 수집 방법, 질문 항목 등을 토대로 설문 설계나 추가 데이터 수집 계획을 구체화할 수 있습니다.

3) 인사이트 추출 및 보고서 작성 보조

데이터 시각화 제안

데이터 분석 결과를 보고서나 프레젠테이션에 담을 때, ChatGPT에게 "어떤 차트나 그래프로 표현하면 좋을까?" 물어볼 수 있습니다.

예: "우리 매출 변동 요인을 보여 주기 위해 어떤 시각화가 효과적일까?"

ChatGPT가 바 차트, 라인 차트, 파이 차트, 히트맵 등 각 시각화 방식의 장단점을 간단히 설명해 줄 수 있으므로 의사결정자가 쉽게 이해할 방안을 고를 수 있습니다.

결과 해석 및 결론 제안

분석 결과의 주요 지표(예: 회귀분석의 결정계수 R^2, 분산분석의 p값 등)를 ChatGPT에게 설명하고, "이 수치가 의미하는 바"에 대해 의견을 구할 수 있습니다.

예: "우리 모델의 정확도가 85% 정도인데, 이것이 현업에서 유의미한 수준인지, 추가 개선 방안이 무엇인지 알려 줘."

ChatGPT가 준 아이디어를 토대로 추가 실험이나 모델 튜닝을 계획해 볼 수 있습니다.

보고서 초안 작성

분석 배경, 방법론, 결과, 시사점 등의 구성을 ChatGPT가 미리 잡아 주도록 할 수 있습니다.

예: "우리의 데이터 분석 결과를 요약한 보고서 초안을 만들어 줘. 1. 연구 목적 2. 분석 방법 3. 분석 결과 4. 결론 순으로 정리해 줘."

이후 분석자가 직접 해석한 내용이나 수치를 반영해 최종안을 완성하면 됩니다.

4) 정량·정성 데이터 혼합 분석 시 도움

설문 응답(정량) + 인터뷰(정성) 통합 시각

설문 결과(수치 데이터)와 참여자 인터뷰(텍스트 데이터)를 함께 해석해야 할 때, ChatGPT는 인터뷰 텍스트에서 주요 키워드와 공통 주제를 빠르게 정리해 줄 수 있습니다.

예: "이 인터뷰 스크립트를 요약해 주고, 구매 결정을 좌우하는 핵심 요인을 3가지 정도로 뽑아 줘."

정성적 의견이 다소 분산돼 있어도 ChatGPT가 간단한 요약을 제공해 결론 도출을 수월하게 해 줍니다.

소셜 미디어·커뮤니티 분석

특정 브랜드나 제품에 대한 소셜 미디어 반응(댓글, 리뷰 등)을 요약하고 분류하는 작업에도 ChatGPT를 활용할 수 있습니다.

예: "이 50개 리뷰를 긍정, 중립, 부정으로 분류하고, 각 리뷰의 주요 의견을 한 문장으로 정리해 줘."

다만, 대규모 텍스트를 직접 입력하기에는 한계가 있으므로, 요약본 혹은 샘플링된 자료를 ChatGPT에 입력하는 방식이 현실적입니다.

추가 가설 도출

정량·정성 분석을 거치면서 데이터 안에서 예상치 못한 패턴이나 의견을 발견했다면, ChatGPT에게 "이런 결과가 나온 이유가 무엇일까?"라고 물어볼 수 있습니다. ChatGPT가 추가 가설을 제시하면 그중 합리적 시나리오를 찾아 다시 데이터를 검토하거나 추가 실험을 설계할 수 있습니다.

5) 데이터·리서치 활용 시 주의 사항

민감 데이터 취급 주의

개인 정보나 기업 내 기밀 정보가 포함된 원본 데이터를 ChatGPT에 직접 입력하면 보안 위험이 발생할 수 있습니다. 필요한 경우, 익명화 또는 요약본 형태로 가공하여 ChatGPT가 민감 정보를 식별할 수 없도록 처리해야 합니다.

검증·교차 확인 필수

ChatGPT가 제시하는 분석 방법론이나 결론은 어디까지나 참고일 뿐입니다. 최종 의사 결정 전에는 전문가 검토나 공식 통계 자료 등을 통해 사실 관계와 수치를 검증해야 합니다.

학습 데이터 시점 한계

ChatGPT가 학습한 시점 이후에 나온 최신 연구나 신규 통계는 반영되지 않을 수 있으므로 본인이 최신 자료를 병행 조사해 갭을 메워야 합니다.

맥락·세부 정보 제공

ChatGPT가 제대로 된 분석 아이디어를 주려면 맥락(비즈니스 목표, 데이터 특성 등)을 상세히 알려 줘야 합니다. 가능한 한 구체적인 정보를 제공하면 맞춤형 조언을 받기 쉬워집니다.

정리

ChatGPT는 데이터 분석과 시장·사용자 리서치 현장에서,

- 분석 기법 선택과 가설 설정
- 자료 요약 및 리서치 보고서 작성
- 인사이트 도출과 의견 교환
  등 여러 측면에서 유용한 보조 도구 역할을 해낼 수 있습니다.

물론 최신 자료의 반영, 전문적 검증, 보안 문제는 반드시 숙지해야 할 사항입니다. 그러나 적절히 활용한다면, 많은 양의 데이터를 보다 효율적으로 다룰 수 있고, 창의적 시각을 추가하여 한층 더 가치 있는 인사이트를 발굴할 수 있을 것입니다.

4.
코딩, 디버깅,
기술 문서 작성 지원

소프트웨어 개발과 IT 업무에서는 코드 작성, 오류 수정(디버깅), 기술 문서화가 핵심 역량 중 하나입니다. ChatGPT를 활용하면 개발자의 사고 프로세스를 보완하고, 초안 코드나 개념 설명, 문서 작성 등에 대한 시간을 크게 단축할 수 있습니다. 이 장에서는 개발 및 기술 업무에서 ChatGPT를 어떻게 효율적으로 활용할 수 있는지 구체적으로 살펴보겠습니다.

1) 코딩 보조 및 예시 코드 생성

간단한 함수·코드 스니펫 생성
특정 기능을 구현하려고 할 때 ChatGPT에 "이 언어로 OO 기능을 하는 코드를 짜 달라"고 요청하면 예시 코드 스니펫을 만들어 줍니다.
예: "파이썬으로 간단한 웹 서버를 띄우는 코드를 작성해 줘."
제공된 코드를 참고하여 실제 개발 환경에 맞게 수정·보완하면, 개발 시간을 크게 절약할 수 있습니다.

언어·프레임워크별 변환

이미 작성된 코드를 다른 언어 또는 다른 프레임워크에 맞춰 변경해야 할 때, ChatGPT에 "언어 변환"을 요청할 수 있습니다.

예: "이 자바스크립트 코드를 파이썬 버전으로 바꿔 줘. 동등한 기능을 하는 함수가 필요해."

물론 변환된 코드의 호환성이나 성능은 직접 확인해야 하지만, 초안을 얻는 데는 효과적입니다.

API 사용 예시

외부 API(예: AWS, Google Maps, Stripe 등)를 처음 사용할 때 문서만 보고 구현하는 대신 ChatGPT에게 "이 API를 이런 식으로 호출해 달라"고 요청하여 샘플 코드를 받을 수 있습니다.

예: "REST API를 파이썬 requests 모듈로 호출해 응답을 처리하는 간단한 예시 코드를 작성해 줘."

이렇게 기본 뼈대를 빠르게 완성하면, 추가 기능이나 예외 처리를 구현하기가 훨씬 편해집니다.

2) 디버깅 및 오류 해결 지원

오류 메시지 분석

특정 오류 메시지를 복사해 "이 에러는 무엇을 의미하고, 어떻게 고칠 수 있는지 알려 줘."라고 물으면 ChatGPT가 일반적인 해결책을 설명해 줄 수 있습니다.

예: "Python에서 'ModuleNotFoundError: No module named x' 라는 오류가 발생했을 때 어떻게 해결하면 좋을까?"

ChatGPT가 제시하는 방법을 토대로 환경 설정이나 라이브러리 설치 등을 확인해 볼 수 있습니다.

의심 구문 확인

코드 일부를 보여 주고 "이 부분에 논리적 문제가 없는지 확인해 달라" 고 질문하면, ChatGPT가 코드를 분석해 보고 가능한 문제점을 지적해 줄 수 있습니다.

예: "이 알고리즘이 시간 복잡도 측면에서 효율적인가? 어떤 부분을 최적화해야 할까?"

다만, ChatGPT는 실행 환경을 정확히 이해하는 것은 아니므로 결과를 참조한 뒤 실행 테스트로 최종 검증을 거쳐야 합니다.

테스트 케이스 제안

소프트웨어 테스트가 필요할 때 "이 함수를 테스트하기 위한 단위 테스트 케이스 5개만 만들어 줘."라고 요청할 수 있습니다.

예: "사용자 로그인 기능을 테스트하기 위한 시나리오를 요약해 줘."

자동 생성된 테스트 아이디어를 바탕으로 실제 테스트 코드나 테스트 문서를 작성해 품질 확보에 활용합니다.

3) 기술 문서·가이드 작성

API 문서 초안 작성

새로운 라이브러리나 API를 개발하여 배포할 때 ChatGPT가 간단한 문서 초안을 만들도록 할 수 있습니다.

예: "이 함수들의 간단한 설명과 예시를 포함한 API 가이드 문서를 작

성해 줘. 함수 설명, 파라미터, 반환값, 예제 코드를 포함해 줘."

이후 실제 코드 구현과 일치하도록 내용을 검수 및 보완하여 최종화합니다.

기술 개념 설명

팀원이나 협업 파트너에게 특정 기술 개념을 설명해야 할 때 ChatGPT에 "이 개념을 초보자도 이해할 수 있게 풀어 써 달라"고 할 수 있습니다.

예: "서버리스(Serverless) 아키텍처의 장단점과 대표적인 서비스(예: AWS Lambda)를 간단히 소개하는 글을 써 줘."

문서화에 소요되는 시간을 줄이고, 가독성 높은 설명을 얻을 수 있지만, 내용의 정확도와 최신성은 반드시 확인해야 합니다.

릴리즈 노트, 업데이트 가이드

소프트웨어 버전을 업데이트할 때 변경된 기능이나 주의사항을 ChatGPT에게 간단히 알려 주고 "업데이트 가이드 문서 초안을 작성해 달라"고 할 수 있습니다.

예: "v2.0 릴리즈에서 추가된 기능과 버그 수정 사항을 토대로 사용자용 업데이트 가이드를 작성해 줘."

ChatGPT가 초안을 제시하면, 내부 QA 팀과 협업하여 내용을 검증하고 세부 설명을 추가합니다.

4) 협업과 생산성 극대화

코드 리뷰 보조

팀원들이 작성한 코드를 ChatGPT에 간단히 전달하고 "이 부분이 개선될 여지가 있는지, 코드 스타일은 적절한지" 등을 물어봄으로써 초기 리뷰를 가속화할 수 있습니다. 다만, 민감한 코드(회사 기밀)를 전부 공개하기보다는 부분 코드 또는 가명 처리된 예시를 활용하는 것이 보안 측면에서 안전합니다.

브레인스토밍

새로운 솔루션이나 설계 방안을 논의할 때 ChatGPT가 대안을 여러 개 제시하도록 하여 팀 내부 브레인스토밍을 촉진할 수 있습니다.

예: "이 기능을 구현하기 위해 A 아키텍처와 B 아키텍처 중 어떤 게 나을까? 각각 장단점을 알려 줘."

이를 토대로 팀 토론을 진행하면 의사 결정 과정을 명확하고 풍부하게 만들 수 있습니다.

다국어 문서화

국제 프로젝트나 해외 협업 시 ChatGPT가 영어 ⇄ 한국어, 영어 ⇄ 중국어 등 다양한 언어로 기술 문서를 번역하거나 요약해 줄 수 있습니다. 번역된 문서를 전문 번역가나 현지 팀이 한 번 더 검수해 주면 언어 장벽을 상당 부분 해소할 수 있습니다.

5) 주의사항 및 검증 방법

코드 보안 및 민감 정보 보호

회사의 중요 로직이나 개인 정보가 포함된 코드를 그대로 ChatGPT에 복사·붙여넣기 하면 보안 리스크가 커집니다. 반드시 익명화 또는 핵심 로직을 비공개로 처리한 상태로 질문하는 방식을 권장합니다.

정확도, 최신성 한계

ChatGPT가 제시하는 코드나 기술 정보가 항상 최신 표준을 반영하거나 최적화된 것은 아닙니다. 따라서 실행 테스트, 문서 교차 확인, 동료 개발자 리뷰를 통해 최종 검증을 거쳐야 합니다.

특정 언어·프레임워크 의존성 문제

특정 버전, 특정 환경에 한정된 코드를 ChatGPT가 제시할 수 있으므로 실제 환경과 맞지 않을 수 있습니다. 버전 차이나 호환성 문제는 공식 문서나 커뮤니티 포럼을 추가 참고하여 해결해야 합니다.

지나친 의존 금지

ChatGPT는 보조 수단으로 활용하는 것이 핵심입니다. 최종 결정권과 책임은 개발자에게 있으므로 알고리즘 이해와 코드 가독성, 장기 유지보수성 등을 종합적으로 고려해야 합니다.

정리

코딩, 디버깅 그리고 기술 문서 작성 등 소프트웨어 개발 프로세스 전반에서 ChatGPT는

- 코드 스니펫 생성과 언어 변환, API 예시 제공
- 오류 메시지 분석과 테스트 케이스 제안
- 기술 문서(API 가이드, 릴리즈 노트, 개념 설명) 작성 초안

  등을 지원함으로써 개발 효율을 크게 높일 수 있습니다.

그러나 ChatGPT의 보안 이슈, 정확도 한계, 최신성 부족 등을 인지하고, 인간 주도 검증과 팀 협업 과정을 통해 최종 품질을 보장해야 합니다.

이런 균형 잡힌 접근 방식을 취한다면 ChatGPT는 개발자와 IT 전문가들에게 획기적인 생산성 향상과 지식 확장 기회를 열어 줄 것입니다.

미디어 콘텐츠 분야에서의 ChatGPT 활용

CHAPTER

USING CHAT
IN MEDIA CON

해당 이미지는 ChatGPT 4o에서 해당 챕터의 주요내용을
프롬프트로 사용하여 제작하였습니다.

1.
콘텐츠 아이디어 발굴 및 트렌드 리서치

1) 콘텐츠 아이디어 발굴이 중요한 이유

미디어 콘텐츠 제작의 출발점은 무엇을 만들지에 대한 명확한 아이디어입니다. 특히 유튜브나 팟캐스트, SNS 채널 등은 콘텐츠가 넘쳐나기 때문에 차별화된 주제나 형식을 찾기가 쉽지 않습니다. 새롭고 흥미로운 아이디어는 시청자나 청취자가 콘텐츠를 클릭하고 끝까지 보도록 유인하는 핵심 동력입니다.

문제 해결: 교육·강의형 콘텐츠의 경우, 시청자가 궁금하거나 어려워하는 문제를 해결해 주는 주제여야 합니다.

정보·노하우 공유: "Top 5"나 "How-to" 같은 형태로 핵심 정보를 간결하게 정리해 주면 시청자의 만족도가 높습니다.

엔터테인먼트성: 일상 브이로그, 토크쇼, 패러디 영상 등은 재미 요소가 중요한 만큼, 독특한 아이디어가 필수입니다.

2) ChatGPT를 이용한 아이디어 브레인스토밍

ChatGPT를 활용하면 기존 지식·데이터를 기반으로 새로운 아이디어를 빠르게 생성할 수 있습니다.

주제 키워드 나열

먼저 "IT 분야," "헬스·운동," "음식·레시피" 등으로 관심 카테고리를 나눕니다. ChatGPT에게 특정 키워드를 입력하여, 유사한 주제나 확장 가능한 아이디어를 간단히 얻어 볼 수 있습니다.

예: "헬스 초보자를 위한 홈 트레이닝 주제 10가지를 제안해 주세요."

시즌별·시의성 있는 아이디어

명절, 연말연시, 신학기 등 특정 시기에 맞춰 시청자들의 관심이 높아지는 주제를 ChatGPT와 함께 브레인스토밍 합니다.

예: "크리스마스 시즌에 만들면 좋은 음식 레시피 콘텐츠 아이디어 5가지를 추천해 주세요."

형식·콘셉트 변형

같은 주제라도 토크쇼, 브이로그, 인포그래픽, 인터뷰 등 다양한 형식으로 재구성할 수 있습니다. ChatGPT에게 "이 주제를 인터뷰 형식으로 풀면 어떨까?" 같은 질문을 던져 다른 시나리오를 얻을 수 있습니다.

ChatGPT 활용 팁

- "애견 훈련 채널을 위한 재미있고 유익한 영상 아이디어를 10개 뽑아 주세요."
- "최근 트렌드를 반영해 20~30대가 관심 가질 만한 브이로그 주제를 제안해 주세요."

3) 트렌드 리서치: 최신 이슈와 인기 콘텐츠 분석

콘텐츠는 시간이 지남에 따라 관심도가 급격히 변동하기 때문에 최신 트렌드를 파악하고 재빠르게 대응하는 것이 중요합니다.

온라인 커뮤니티·SNS 모니터링

네이버 카페, DC인사이드, 레딧(Reddit), X(구 트위터) 등에서 특정 키워드가 얼마나 회자되는지, 어떤 논쟁이 있는지를 살펴봅니다. 좋아요, 리트윗 등 반응 수를 관찰해 현재 가장 '뜨거운' 이슈가 무엇인지 확인합니다.

검색 엔진·키워드 툴 활용

구글 트렌드(Google Trends)는 특정 키워드의 검색량 추이를 직관적으로 파악할 수 있는 대표 도구입니다. 유튜브, 네이버 블로그 검색 등 플랫폼 자체에서 제공하는 인기 키워드, 연관 검색어 기능을 참고해 주제를 찾습니다.

경쟁 채널·계정 벤치마킹

동종 분야의 인기 채널(또는 계정)이 최근 어떤 콘텐츠를 제작했는지 모니터링합니다. 조회 수, 좋아요, 댓글 수 등을 통해 어떤 포맷이 잘 먹히고 있는지 파악하고, 이를 바탕으로 차별화 포인트를 모색합니다.

ChatGPT 활용 팁

- "현재 유튜브 뷰티 분야에서 급부상 중인 키워드는 어떤 것들이 있나요? 상위 5개를 알려 주세요."
- "최근 3개월간 IT 업계 인공지능 관련 이슈를 정리해 줄 수 있나요? 트렌드 키워드도 함께 부탁드립니다."

4) 아이디어 확장·필터링 과정

아이디어를 많이 뽑는 것만큼이나 걸러내는 과정도 중요합니다.

1. **우선순위 결정**: 아이디어가 20~30개쯤 쌓였다면, 그중 시청자 반응이 좋을 것 같거나 제작 가능성이 높은 것을 상위에 둡니다.
2. **실행 난이도 평가**: 필요한 촬영 장비, 예산, 시간, 기술 역량 등을 고려해 실제로 실행 가능한가를 평가합니다.
3. **목표 시청자 적합성**: 내 채널 타깃층이 10대인데 너무 전문적이거나 반대로 너무 기초적인 주제일 경우, 반응이 저조할 수 있습니다.
4. **차별화 요소 점검**: 이미 다른 채널이 잘 다루고 있는 주제라면 내 채널만의 새로운 관점이나 포맷이 필요합니다.

ChatGPT 활용 팁

- "다음과 같은 아이디어 리스트가 있습니다. (10개 정도 나열) 이 중에서 채널 운영 목적(예: 초보 코더 교육)에 가장 잘 맞는 3개를 골라 우선순위를 제안해 주세요."

5) 아이디어 시나리오 구체화

선정된 아이디어는 간단한 시나리오까지 구성해보면 구체화가 쉬워집니다.

- **Hook(인트로)**: 시청자의 주목을 끌 질문, 상황, 문제 제시
- **Body(본론)**: 구체적인 설명, 예시, 데모 영상, 인터뷰, 그래픽 등을 통해 문제 해결 또는 정보 전달
- **Ending(결론)**: 핵심 요약, 시청자에게 행동 유도(구독, 좋아요, 공유), 후속 영상 예고

시나리오 기획 시 ChatGPT를 활용해 구체적인 문장, 장면 전개, 길이

조절 등에 대한 도움을 받을 수 있습니다.

6) 사례: ChatGPT로 아이디어 발굴부터 시나리오 구성까지

예시로, '초보자를 위한 홈 카페 만들기' 콘텐츠 기획을 해 보겠습니다.

1. **아이디어 브레인스토밍**: ChatGPT에게 "홈 카페" 관련 인기 키워드와 주제를 요청해 리스트 확보.

2. **트렌드 확인**: 구글 트렌드에서 "홈 카페" 검색량을 확인하고, SNS에 "#홈카페" 해시태그 게시물이 얼마나 있는지 모니터링.

3. **아이디어 확장**: ChatGPT에게 브이로그 형식, 레시피 소개 형식, 장비 리뷰 형식 등 다양한 형식으로 시나리오를 제안받음.

4. **필터링**: 너무 전문적인 머신(에스프레소 머신 등) 사용법은 예산, 기술 측면에서 부담이 크므로 초보자 대상 드립 커피 레시피로 범위 축소.

5. **시나리오 구체화**: 영상 구성을 도입(장비 소개) → 본론(드립 과정 시연) → 결론(맛 평가 및 추가 팁)으로 나눈 뒤, 대본 초안을 ChatGPT로 요청.

정리

1. **아이디어 발굴**: ChatGPT와 함께 다양한 주제·형식을 브레인스토밍하고, 시의성 있는 소재를 파악한다.

2. **트렌드 리서치**: 구글 트렌드, SNS, 경쟁 채널 분석 등을 통해 현재 인기 있는 이슈를 파악한다.

3. **아이디어 정리·필터링**: 채널 목표, 타깃 시청자, 제작 가능성 등을 고려해 우선순위를 결정한다.

4. **시나리오 구체화**: Hook-Body-Ending 구조로 콘텐츠를 구성하고,

ChatGPT로 대본 초안을 다듬어본다.

적절한 아이디어 + 시의성 있는 트렌드가 결합되면, 미디어 콘텐츠 제작에서 성공 확률이 크게 높아집니다. ChatGPT는 이 과정을 더 빠르고 풍성하게 만들어 줄 수 있는 강력한 파트너입니다.

위 단계를 따라가면서 콘텐츠 기획에 ChatGPT를 활용하면 아이디어의 폭과 깊이가 모두 확장될 것입니다. 동시에 시청자의 관심 흐름을 놓치지 않도록 트렌드 분석을 병행하고, 채널 특성에 맞게 아이디어를 구체화해 보세요. 그렇게 만들어진 탄탄한 아이디어는 곧바로 영상, 오디오, SNS 콘텐츠로 연결되어 미디어 콘텐츠 분야에서 차별화된 경쟁력을 갖추게 될 것입니다.

2.
영상 기획·대본(스크립트) 및
제작 보조

1) 영상 기획의 핵심 요소

영상을 기획할 때는 먼저 무엇을 왜 만들 것인지를 명확히 정의해야 합니다. 이는 학습·정보 전달을 위한 교육용 영상일 수도 있고, 엔터테인먼트 목적의 브이로그나 인터뷰 형식일 수도 있습니다. 기획 단계에서 고려할 핵심 요소는 다음과 같습니다.

목표(Goal)

영상을 통해 전달하고자 하는 메시지나 성취하려는 목적(정보 전달, 브랜드 홍보, 즐거움 등)을 확실히 합니다.

타깃 시청자(Target Audience)

영상을 시청할 사람들의 나이대, 관심 분야, 시청 플랫폼(모바일, PC 등)에 대한 정보를 파악합니다.

메인 컨셉(Main Concept)

브이로그, 강의형, 스토리텔링, 토크쇼, 튜토리얼 등 영상 형식을 정하고, 이에 맞춰 톤과 분위기를 잡습니다.

ChatGPT 활용 예시

"20대 대학생을 대상으로 할만한 공부 노하우 영상 기획 아이디어를 5개만 제안해 주세요."

"브이로그 형식 대신 인터뷰 형식으로 바꾸면 어떤 차별화를 줄 수 있을까요?"

2) 대본(스크립트) 작성 과정

영상을 찍는 데 있어서 가장 중요한 자료가 될 수 있는 대본은 전체 흐름부터 세부 멘트까지 체계적으로 정리해야 제작 과정에서 혼선을 줄이고, 영상 완성도를 높일 수 있습니다.

Hook(인트로) 구상

첫 5~10초 안에 시청자의 이목을 붙잡을 수 있는 강렬한 시작이 필요합니다. 호기심을 자극하는 질문, 궁금증을 유발하는 문제 제기, 짧은 티저 장면 등이 효과적입니다.

Body(본론) 구성

본론에서는 중심 메시지를 충분히 설명하고, 시청자가 이해하기 쉽도록 구체적인 사례나 시각 자료를 준비합니다. 강의 영상이라면 슬라이드나 자막으로 핵심 내용을 강조하고, 토크쇼 형식이라면 패널 간 대화 흐름과 주요 질문 리스트를 미리 정리합니다.

Ending(결론) 정리

영상에서 전달한 정보나 메시지를 간단히 요약해 주며, 시청자들에게 '다음 액션(구독, 좋아요, 댓글·공유)'을 유도합니다. 후속 영상 예고나 추가 자료(블로그, SNS 링크) 안내를 통해 시청자의 관심을 이어 갈 수 있습니다.

대본 형식·길이 설정

영상 길이에 따라 대본 역시 달라집니다. 예: 1~2분 숏폼, 5~10분 중간 길이, 10분 이상 심층 강의형 등. 플랫폼별 최적 길이를 고려하면 시청 유지율과 도달률(추천 알고리즘)이 높아집니다.

ChatGPT 활용 예시

"IT 강의형 영상을 위한 대본 구조를 Hook-Body-Ending 형태로 간단히 작성해 주세요. 분량은 A4 1장 정도로 요약 부탁드립니다."

"초반 10초에 사용할 강렬한 문구나 질문 아이디어를 제안해 주세요."

3) 스토리보드와 촬영 계획 수립

기획과 대본이 잡히면, 실제 영상 제작 전 스토리보드를 만들어 촬영 과정을 시각화하는 것이 좋습니다.

장면(Scene)별 구성

영상에서 보여 줄 장면을 순서대로 나누고, 각 장면에서 필요한 인물, 소품, 배경 등을 구체화합니다.

예: 장면 1(인트로, 출근길 모습), 장면 2(사무실 데스크, 자료화면 삽입), 장면 3(인터뷰 파트) …

촬영 각도·컷 편집 고려

대본에서 "인터뷰 진행"이라면, 스토리보드엔 "정면 쇼트 + 반응 컷 + 자막 삽입" 등으로 상세 기입합니다. 이런 준비가 미리 되어 있어야, 실제 촬영 현장에서 시간과 비용을 절약할 수 있습니다.

ChatGPT 활용

스토리보드 초안을 ChatGPT에게 설명하고, 개선하거나 추가할 요소를 제안받을 수 있습니다.

예: "아래 스토리보드를 개선해 줄래요? 촬영 장비나 조명 팁도 추가로 알려 주세요."

4) 촬영·제작 과정에서의 ChatGPT 보조

영상 제작은 단지 대본 작성으로 끝나지 않고, 촬영 준비부터 후반 편집까지 다양한 단계가 있습니다.

장비·설정 관련 조언

전문 지식이 부족한 초보 크리에이터라면 ChatGPT에게 "조명이 필요한가?" "마이크는 어떤 걸 써야 하는가?" 등 기초적인 질문을 할 수 있습니다. 카메라 설정(ISO, 조리개, 화이트밸런스 등)이나 마이크 음질 최적화 방법, 저예산 장비 추천 등도 얻을 수 있습니다.

현장 체크리스트

장비 충전 상태, 메모리 카드 여유 용량, 녹음 환경, 조명 배치 등을 체크리스트 형태로 미리 만들어 두면 촬영 현장에서 실수를 줄일 수 있습니다. ChatGPT에게 "촬영 전날과 당일 아침에 확인해야 할 사항을 리스트로 만들어 달라"고 요청하면 편리합니다.

후반 편집 참고 자료

편집 프로그램(프리미어 프로, 파이널 컷, 다빈치 리졸브 등)의 기본 기능이나 단축키, 색 보정 기초 등 궁금한 점을 ChatGPT에게 물어볼 수 있습니다. BGM 선택, 자막 스타일, 그래픽 효과 등도 AI가 제안해 준 아이디어 중 괜찮은 것들을 취사선택하여 적용할 수 있습니다.

5) 대본(스크립트) 개선 & 언어 톤 조절

이미 작성된 대본을 ChatGPT로 검토·수정받으면 독자가 이해하기 쉬운 문장 구조로 정리되거나, 특정 톤(유머러스, 격식 있는, 가벼운 등)으로 변환할 수 있습니다.

문장 간결화

길고 복잡한 문장을 ChatGPT가 알아서 줄여 주고, 핵심 메시지를 더 명확히 만들도록 도울 수 있습니다.
예: "아래 대본 중 문장이 너무 길어요. 짧고 간결하게 수정해 주세요."

적절한 어휘·어조 추천

대상 시청자(어린이, 직장인, 전문가 등)에 맞춰 어휘 수준과 말투를 조정할 수 있습니다.
예: "초등학생도 이해할 수 있도록 쉬운 어휘로 대본을 다시 작성해 주세요."

부가 자료·통계 삽입

ChatGPT를 통해 특정 통계나 인용문을 찾아 대본에 삽입할 수 있습니다. 단, ChatGPT 정보가 100% 정확하지 않을 수 있으므로 추가로 실제 출처를 확인하는 절차가 필요합니다.

6) 예시 시나리오: ChatGPT와 함께 하는 교육 영상 기획

가정: 교사 A가 중학생 대상 '과학 실험' 영상을 제작하려고 함.

1. **아이디어 구체화**
   - 교과서 단원 중 학생들이 어려워하는 '물질 변화' 부분을 주제로 정함.
   - ChatGPT에게 "중학생도 쉽게 이해할 만한 실험 예시 3가지"를 요청해 "녹는점 비교 실험" 등 아이디어를 얻음.

2. **대본 작성**
   - Hook: "설탕과 소금, 어느 쪽이 더 빨리 녹을까?"
   - Body: 실험 준비물, 실험 단계, 결과 분석 & 그래프, 교과서 연계 포인트.
   - Ending: "이제 여러분도 집에서 간단히 해 볼 수 있답니다! 궁금한 점은 댓글로 남겨 주세요."
   - ChatGPT로 문장을 다듬고, 중학생 눈높이에 맞춘 어휘와 표현을 적용.

3. **촬영 준비**
   - 스토리보드: 컷 구성(인트로 - 실험 준비 - 실험 진행 - 결과 비교 - 마무리 멘트).
   - 촬영 장비: 스마트폰+삼각대 / 조명 1개. 현장 체크리스트를 ChatGPT가 제시.

4. **후반 편집**
   - 자막 위치 및 디자인: ChatGPT가 제안한 '밝은 색상 자막 + 중간 폰트 크기' 아이디어 반영.

- BGM 선택: ChatGPT에게 "교육 영상에 어울리는 저작권 프리 음악 추천"을 받음(추가 확인 필요).

결과적으로, 간단한 과학 실험 영상이지만 ChatGPT와 함께 기획 대본 제작 과정까지 전부 체계적으로 준비할 수 있습니다.

정리

1. **영상 기획** 단계에서 목표, 타깃, 형식을 명확히 정의해 두면 이후 대본 작성과 제작 과정을 효율적으로 진행할 수 있습니다.
2. **대본(스크립트) 작성** 시 Hook-Body-Ending 구조를 활용해 시청자가 영상을 처음부터 끝까지 집중할 수 있게 유도합니다.
3. **스토리보드 & 촬영 준비** 과정을 통해 사전에 상세 계획을 세우면 현장에서 불필요한 시간 낭비를 줄일 수 있습니다.
4. **ChatGPT**는 대본 초안 작성, 톤 & 스타일 조정, 후반 편집 조언까지 전 과정에서 유용한 보조자로 활용할 수 있습니다.

결국, 영상의 퀄리티는 얼마나 철저히 기획하고 대본을 잘 준비했느냐에 달려 있습니다. ChatGPT와 함께라면 아이디어 발굴부터 실제 촬영·편집에 필요한 체크리스트까지 다양한 도움을 받을 수 있으니 반복 학습과 실행을 통해 더 완성도 높은 콘텐츠를 만들어 보세요.

3.
콘텐츠 마케팅 및
최적화(SEO)

1) 왜 콘텐츠 마케팅과 SEO가 중요한가

노출 기회 확대: 유튜브, 블로그, SNS 등 다양한 플랫폼에서 검색 결과 혹은 추천 피드에 노출될 가능성을 높입니다.

타깃 시청자 유입: 콘텐츠에 관심이 있는 정확한 시청자를 불러오면 조회 수와 구독자(팔로워) 증가에 큰 도움이 됩니다.

지속적 트래픽 확보: SEO가 잘 되어 있으면 시간이 지나도 꾸준히 검색·추천을 통해 새로운 방문자가 유입됩니다.

브랜드·채널 신뢰도 제고: 검색 상위 노출로 인해 채널 인지도가 상승하고, 시청자들에게 전문성과 신뢰감을 줄 수 있습니다.

2) 핵심 최적화 요소: 제목, 설명, 키워드, 태그

콘텐츠 SEO에서 가장 먼저 살펴봐야 할 것은 '메타데이터(Metadata)'입니다. 이는 시청자나 검색 알고리즘이 콘텐츠의 성격을 파악하는 첫 단서가 됩니다.

제목(Title)

흡인력 있는 문구와 중요 키워드를 함께 배치합니다. 너무 길면 가독성이 떨어지므로 중심 키워드는 제목 앞쪽에 배치하는 편이 좋습니다.

예시: "[초보자를위한][초보자를 위한][초보자를위한] 파이썬 기초 강의 - 1시간 만에 핵심 문법 마스터"

설명(Description)

영상(혹은 블로그 글)에서 다룰 내용, 핵심 요약, 시청자에게 주는 이점을 간단히 정리합니다. 필요시 타임스탬프(Chapter)나 관련 링크(자료 다운로드, SNS 등)를 포함해 편의성을 높입니다.

예시: "이 영상에서는 파이썬 기본 문법을 배웁니다. 0분10분: 변수와 자료형, 10분20분: 제어문 ..."

키워드(Keyword)

시청자(또는 검색 유저)가 실제로 입력할 만한 단어, 문구를 파악해 포함합니다. 의미가 중복되지 않는, 구체적이고 긴(롱테일) 키워드도 효과적입니다(예: "파이썬 초보 강좌 무료").

태그(Tag)

유튜브, 블로그 등 일부 플랫폼에서 태그를 설정하면 관련된 검색 결과나 추천 섹션에 노출될 확률이 높아집니다. 주제와 밀접한 태그만 선별해 5~10개 정도 넣고, 중복 태그나 과도한 범위 확장은 피합니다.

ChatGPT 활용 팁

- "'파이썬 기초 강의'라는 주제로 최적화된 유튜브 영상 제목 5가지를 뽑아 주세요."
- "20~30대 여성 대상 요리 채널의 제목·설명·태그 구성을 제안해 주세요."

3) 검색 알고리즘 이해: 유튜브 & 기타 플랫폼

유튜브 알고리즘

시청 시간, 시청 유지율, 클릭률(CTR), 댓글·좋아요 등 시청자 반응 지표를 중시합니다. 영상 업로드 직후 24~48시간이 가장 중요한 골든 타임으로, 이 기간에 얼마나 높은 반응을 얻는지가 추천 알고리즘에 영향을 줍니다.

구글·네이버 등 웹 검색

텍스트 기반 인덱싱이 강하므로 제목, 설명, 자막에 핵심 키워드가 자연스럽게 포함되어야 합니다. 사이트 속도, 모바일 최적화, 반응형 디자인 등 웹 표준도 검색 결과 순위에 영향을 줍니다.

기타 SNS 플랫폼(TikTok, 인스타그램, 페이스북 등)

해시태그(#) 사용, 짧고 임팩트 있는 영상(Reels, Stories), 꾸준한 업로드 빈도 등이 노출에 유리합니다.

ChatGPT 활용 팁

- "유튜브 알고리즘에서 중요한 순위 요소가 무엇인지 간단히 요약해 주세요."
- "인스타그램 릴스의 노출을 늘리기 위한 해시태그 전략이나 게시물 작성 팁을 알려 주세요."

4) 콘텐츠 마케팅: SNS·커뮤니티·컬래버레이션

단순히 검색 노출에만 의존하기보다는 직접 채널을 홍보하고 시청자와 커뮤니티를 형성해야 콘텐츠 확산을 극대화할 수 있습니다.

SNS 연계 홍보

유튜브 영상을 업로드한 뒤, X(구 트위터), 페이스북, 인스타그램 등에 간단한 클립이나 티저 영상을 공유합니다. 해시태그와 함께 짧은 소개 문구, 영상 링크를 덧붙여 잠재 시청자를 유입시킵니다.

커뮤니티 참여

관련된 주제의 온라인 카페, 포럼, 레딧(Reddit), DC인사이드 등에서 질문 및 답변 활동을 통해 전문성을 보여줍니다. 지나친 광고성 글이 아닌 정보 공유 형식으로 자연스럽게 채널을 알립니다.

컬래버레이션

비슷한 관심사나 유사 규모의 채널·크리에이터와 합동 방송, 게스트 출연, 인터뷰 등을 진행합니다. 서로의 구독자에게 노출되어 시너지 효과를 얻고, 신규 시청자를 확보할 수 있습니다.

ChatGPT 활용 팁

- "신규 채널이 SNS에서 인지도를 높이기 위한 2주간 프로모션 스케줄을 작성해 주세요."
- "비슷한 규모의 요리 채널과 컬래버 할 때, 어떤 형식(인터뷰, 대결, 공동 레시피 등)이 재미있을까요?"

5) 데이터 분석 및 개선 사이클

콘텐츠가 업로드된 후에는 분석 툴을 통해 조회 수, 유입 경로, 시청 유지율 등을 꾸준히 살피며 개선해야 합니다.

분석 지표 추적

유튜브 스튜디오(YouTube Studio), 구글 애널리틱스, SNS 인사이트 등을 통해 어디서 어떻게 유입되는지 확인합니다.

주요 지표: 클릭률(CTR), 시청 시간, 이탈 지점, 구독자 증가 추이 등.

실험 & A/B 테스트

썸네일·제목·설명을 변경해 보고(또는 업로드 시간을 조정해 보고), 어떤 버전이 더 나은 성과를 내는지 비교 분석합니다. A/B 테스트 결과를 바탕으로 가장 효과적인 방식을 표준화할 수 있습니다.

콘텐츠 피드백 반영

댓글이나 시청자 의견을 ChatGPT를 통해 자동 요약하거나, 중요한 키워드·빈도를 분석하여 다음 영상 기획에 활용합니다.

예: "20분 영상이 너무 길다" → 10분 이하로 축소, "자막이 필요하다" → 다음부터 자막 필수 삽입 등.

ChatGPT 활용 팁

- "최근 7일간 유튜브 애널리틱스 지표를 바탕으로, 개선할 수 있는 부분을 정리해 주세요. (조회 수, 시청 유지율, CTR 수치 제공)"
- "아래와 같은 댓글·피드백이 있는데, 중요한 의견만 요약해서 5줄로 정리해 주세요. (댓글 목록 입력)"

6) 사례 예시: ChatGPT를 활용한 SEO·마케팅 전 과정

가정: A 채널이 "스포츠 마사지" 관련 영상을 업로드하려고 함.

1. 키워드 선택 & 제목 작성

- ChatGPT에게 "스포츠 마사지" 키워드와 연관되는 롱테일 키워드 ("스포츠 마사지 무릎 통증", "홈트 후 근육 회복" 등)를 추천받음.
- 상위 3~5개 키워드를 조합해 제목·설명을 작성. 예: "[무릎 통증 잡아 주는] 스포츠 마사지 꿀팁 – 집에서도 쉽게!"

2. 최적화된 설명 & 태그 입력

- ChatGPT가 제안한 형태로, 영상 요약과 장면별 타임스탬프(0:00 인트로 – 1:20 마사지 준비 – 3:50 실제 시연) 등을 포함.
- 태그: #스포츠마사지 #무릎통증 #근육회복 #홈트대책 등

3. SNS & 커뮤니티 마케팅

- 인스타그램에 짧은 티저 영상(마사지 전후 비교) + 해시태그(#마사지, #피트니스, #운동 등)로 공유.
- 네이버 카페(피트니스 관련)에서 "무릎 통증 완화 팁" 요약본을 올리고, 영상 링크를 자연스럽게 첨부.

4. 결과 분석 & 피드백

- 유튜브 스튜디오에서 조회수 대비 시청 유지율을 확인 → 시연 파트에서 시청 유지율이 높음.
- "더 많은 스트레칭 동작을 소개해 달라"는 댓글이 많아, 차기 영상 주제로 선정.

정리

1. '메타데이터(제목, 설명, 키워드, 태그)'를 잘 구성하면 검색 엔진과 플랫폼 알고리즘에서 상위 노출 기회를 얻습니다.
2. 콘텐츠 마케팅은 SNS 홍보, 커뮤니티 활동, 컬래버 등 다양한 채널을 통해 시청자를 유입시키고 채널 브랜딩을 강화하는 데 필수입니다.
3. 데이터 분석 & 피드백 반영 과정을 거듭하며 제목, 섬네일, 영상 길

이 등을 조정하고 최적화해야 지속적 성장이 가능합니다.

4. ChatGPT는 키워드 리서치, 제목·설명 작성, 피드백 요약, 마케팅 시나리오 작성 등에 전 과정을 보조해 더 빠르고 편리하게 콘텐츠를 개선하게 해줍니다.

이렇듯, 마케팅과 SEO는 완성된 콘텐츠가 타깃 시청자에게 자연스럽게 도달하고, 채널·브랜드가 장기적으로 성장하기 위한 핵심 동력입니다. ChatGPT와 함께 적극적이고 체계적인 최적화 전략을 세우시면 한층 더 효율적이고 지속 가능한 채널 운영이 가능해질 것입니다.

4.

시청자 커뮤니케이션·데이터 분석

1) 시청자 커뮤니케이션의 중요성

충성도·재방문율 상승: 단순 조회수가 아닌, 커뮤니티와의 상호 작용을 통해 팬덤이 형성되면 시청자가 반복 방문합니다.

콘텐츠 품질 개선: 시청자 피드백을 적극 반영하면, 다음 영상의 아이디어와 개선점을 구체적으로 도출할 수 있습니다.

브랜드·채널 이미지 제고: 시청자와 지속적으로 소통하는 크리에이터는 친근함과 신뢰감을 얻어 구독자/팔로워 확대에 유리합니다.

2) 커뮤니케이션 채널 및 방법

시청자와 소통하기 위한 대표적인 방법과 주의할 점을 정리해 보겠습니다.

댓글(Comment) 관리

영상(게시물) 업로드 후 초기 24~48시간 내에 올라오는 댓글이 가장 활발합니다. 빠르게 답변하거나 '좋아요'를 누르면 시청자는 내 댓글이 인정받고 있다는 만족감을 느낍니다. 악성 댓글이나 스팸은 즉시 숨기거나 차단해 커뮤니티 분위기를 깨끗하게 유지합니다. 필요하다면 가이드라인(예:

차별적 발언 금지)을 공지합니다.

커뮤니티 탭(게시판) 활용 (유튜브 등 제공 시)

짧은 공지, 폴(투표), 시청자 의견 수렴에 유용합니다.

예: "다음 영상에서 다뤄 줬으면 하는 주제를 투표해 주세요(1. 브이로그, 2. Q&A, 3. 리뷰 등)."

투표 결과를 다음 콘텐츠 기획에 바로 반영하면 시청자는 '내 의견이 반영되었다'는 경험을 하게 됩니다.

라이브 스트리밍 & 채팅

실시간 방송으로 팬들과 즉각적인 질의응답을 할 수 있으며, 직접 소통이란 느낌을 극대화해 친밀도를 높입니다. 채팅이 빠르게 올라온다면 채팅 관리(모더레이터 운영 등)를 도입하거나, ChatGPT를 활용해 핵심 질문을 요약·정리해 볼 수 있습니다.

SNS·메신저·이메일

인스타그램, X(구 트위터), 디스코드, 슬랙 등 다양한 채널로 시청자들이 편히 의견을 남길 수 있게 합니다. 공식 이메일 주소를 공개해 비즈니스 문의나 긴 피드백을 수집하기도 합니다.

ChatGPT 활용 팁

- "최근 일주일간 달린 댓글을 요약해 주세요. 주로 어떤 주제를 요구하고, 어떤 칭찬, 비판이 있는지 5줄로 정리해 주세요."
- "라이브 스트리밍 중 채팅이 너무 많아요. 어떤 방식으로 질문을 필터링·정리하면 좋을까요?"

3) 시청자 피드백 분석 & 콘텐츠 개선

시청자가 남긴 댓글, 메시지, 투표 결과를 단순히 확인하고 넘어가기보다는 구조적으로 분석해 콘텐츠 기획에 반영하는 작업이 중요합니다.

키워드 추출

시청자 피드백에서 자주 등장하는 단어·문장을 찾아 어떤 문제나 요구가 많은지 파악합니다.

예: "너무 길다", "자막 필요", "더 많은 예시", "라이브로 해 주세요" 등.

빈도 분석

특정 주제(예: "카메라 설정법" 문의)가 피드백에서 30% 이상 차지하면 별도의 콘텐츠로 제작할 가치가 있습니다. ChatGPT나 간단한 텍스트 분석 툴(예: 워드 클라우드)로 단어 빈도를 시각화할 수도 있습니다.

우선순위 결정

가능한 모든 피드백을 수용하기 어려울 수 있으므로 채널 목표와 콘텐츠 방향에 맞춰 우선순위를 설정합니다.

예: 당장 실현 가능한 것(영상 길이 조절, 자막 삽입) vs 장기 과제(스튜디오 장비 교체, 전문 인터뷰 섭외).

반영 결과 공유

개선된 부분을 다음 영상에서 안내하면 시청자들은 '내 의견이 실제로 채널에 반영되었구나'를 체감하며 더욱 큰 애착을 갖게 됩니다.

예: "지난번 여러분이 자막이 필요하다고 해서 이번 영상부터 자막을 추가했어요!"

ChatGPT 활용 팁

- "최근 시청자 의견 중 제가 바로 적용할 수 있는 부분과 시간이 좀 필요한 부분을 구분해 주고, 우선순위를 매겨 주세요."
- "피드백 적용 과정을 시청자에게 어떻게 알리면 좋을지, 효율적인 방안을 제안해 주세요."

4) 데이터 분석: 시청 지표와 채널 성장 가속화

시청자와의 소통 외에도, '유튜브 스튜디오(YouTube Studio)'나 블로그/사이트 애널리틱스를 활용해 시청 지표를 분석하는 것은 콘텐츠 전략을 수립하는 데 매우 유용합니다.

조회 수(Views) & 시청 유지율(Watch Time / Retention)

단순 조회 수보다 시청 시간이나 시청 유지율이 더 중요한 지표로, 실제로 영상을 얼마나 길게 봤는지를 파악합니다. 이탈 지점(시청자가 많이 떠나는 시간대)을 확인하면 그 지점 이전에 영상 전개나 편집을 조정해 볼 수 있습니다.

클릭률(CTR: Click-Through Rate)

영상(또는 썸네일)이 노출됐을 때 시청자가 얼마나 클릭했는지 비율을 나타냅니다. 섬네일, 제목, 초반 5초가 CTR에 큰 영향을 미치므로 A/B 테스트(섬네일 디자인 변경 등)를 해 보고 CTR 변화를 살펴봅니다.

유입 경로(Traffic Source)

검색(유튜브·구글), 추천 영상(Up Next), 외부 SNS 링크, 내 채널 페이지 등 어느 경로로 많이 들어오는지 파악합니다. 유입 경로가 특정 SNS에 편중되어 있다면, 다른 플랫폼도 적극 활용하거나, 해당 SNS 마케팅을 더 강화할 수 있습니다.

구독자 증가 추이(Subscribers)

어떤 영상 이후 구독자가 크게 늘었는지, 반대로 구독자가 이탈한 구간은 없었는지 살펴봅니다. 구독자(팔로워)의 증감 패턴을 분석하면 시청자 니즈를 정확히 파악하고, 반응 좋은 콘텐츠를 우선 제작할 수 있습니다.

지역·언어·연령 분포

시청자 지역과 언어, 연령층을 파악하면 자막·언어 추가, 주제 초점 변경, 업로드 시간대 조정 등의 전략을 세울 수 있습니다.

예: 해외 시청자가 많다면 영어 자막을 추가하거나 SNS 홍보 시 영어 해시태그를 사용해 볼 수 있습니다.

ChatGPT 활용 팁

- "지난주 애널리틱스 데이터를 바탕으로 CTR과 시청 유지율이 낮은 영상을 찾아 개선할 만한 아이디어를 주실래요?"
- "시청자의 연령대가 10대 후반~20대 초반이 가장 많아요. 이들에게 어필할 만한 영상 주제 또는 영상 길이를 추천해 주세요."

5) 개선 사이클: 모니터링 → 분석 → 실행

시청자 반응과 데이터 지표를 꾸준히 모니터링하고, 그 결과를 새로운 콘텐츠 기획이나 기존 영상 보완에 적용하는 '개선 사이클'을 거치면 채널이 지속적으로 성장하게 됩니다.

정기 리포트 작성

주간·월간 단위로 주요 지표(조회 수, 시청 유지율, 댓글 수 등)를 ChatGPT 와 함께 요약·정리합니다. 가장 성과가 좋은 영상과 개선이 필요한 영상을 구분해 목표를 재설정합니다.

업데이트 & 리마케팅

기존 영상의 설명, 섬네일, 태그를 변경하거나, 하이라이트 영상을 편집 해 SNS에 재공유해 볼 수 있습니다. 시청자 반응이 좋았던 주제를 새로운 시리즈로 확장하거나 후속편을 만드는 것도 방법입니다.

재질문 & 후속 콘텐츠

라이브 스트리밍이나 커뮤니티 게시판을 통해 "이전 영상 어떠셨나요? 다른 궁금증 있으신가요?" 같은 재질문을 던집니다. 시청자의 추가 의견을 적극 수렴해 다음 번 업데이트 or 새로운 영상에 반영합니다.

6) 예시 시나리오: ChatGPT로 시청자 Q&A 세션 정리

1. 라이브 방송 진행
- 시청자들의 다양한 질문이 실시간 채팅으로 쏟아짐(예: 200개 이상).
- 방송을 마친 후, 채팅 로그를 텍스트 형태로 저장.

2. ChatGPT에 채팅 로그 분석 요청
- "채팅 로그에서 중복 질문을 묶고, 독특하거나 중요한 질문 10가 지를 골라 주세요."
- ChatGPT가 자동으로 FAQ 형식으로 정리(질문·답변 요약본 생성).

3. FAQ 영상 제작
- 선택된 10개 질문에 대한 더 자세한 답변을 영상으로 제작하거나,

커뮤니티 탭에 Q&A 게시물로 추가 공개.
- 시청자들은 자신들의 질문이 공식 답변으로 돌아온 것을 보며 채널에 대한 만족도가 높아짐.

4. **피드백 루프**
- 영상에 대한 댓글이나 추가 질문을 다시 ChatGPT로 요약 분석 → "2편 Q&A" 콘텐츠로 확장.
- 지속적·유기적인 소통 구조 확립.

정리

1. **시청자 커뮤니케이션**: 댓글, 커뮤니티 탭, 라이브 채팅, SNS 등을 통해 활발히 소통하고, 빠르고 진정성 있는 답변으로 친밀도를 높이세요.
2. **피드백 분석**: 시청자가 주는 의견, 제안, 불만 등을 수집·분석해 콘텐츠 기획과 채널 운영 전략에 반영합니다.
3. **데이터 활용**: 조회수, 시청 유지율, CTR, 구독자 증가 추이 등 구체적 지표를 모니터링하여 어떤 요소가 성공 혹은 실패의 요인인지 파악해야 합니다.
4. **지속적 개선 사이클**: 모니터링 → 분석 → 실행을 반복하면서 시청자와 함께 채널·콘텐츠를 성장시켜 나가는 것이 핵심입니다.
5. **ChatGPT**: 시청자 질문 요약, 댓글 분석, 개선 아이디어 제안, 데이터 리포트 작성 등 전 과정을 보조해 효율을 높여 줍니다.

시청자와의 쌍방향 소통이 활발할수록 채널은 단순한 영상 집합체가 아닌 커뮤니티로서 자리 잡게 됩니다. 또한, 정량적 데이터를 제대로 활용하면 감각이나 운에 의존하지 않고 객관적 지표에 기반한 성장 전략을 세울 수 있습니다. ChatGPT의 강력한 언어 처리 기능을 십분 활용해 시청자 커뮤니케이션과 데이터 분석을 체계적이고 지속적으로 진행해 보세요.

효율적인 대화를 위한 프롬프트 설계

DESIGNING EFFECTIVE PROMPS For CHATGPT

해당 이미지는 ChatGP T 4o에서 해당 챕터의 주요내용을 프롬프트로 사용하여 제작하였습니다.

1.
좋은 질문(프롬프트)이
만들어 내는 가치

ChatGPT와 같은 대화형 AI를 효과적으로 활용하기 위해서는, AI에게 제공하는 '질문(프롬프트)'의 품질이 무엇보다 중요합니다. "어떤 질문을 던지느냐"에 따라 답변의 구체성, 정확성, 창의성이 달라지기 때문입니다. 단순히 짧은 지시나 어휘만 입력하는 대신, 맥락과 의도가 잘 담긴 질문을 구성하면 ChatGPT가 보다 풍부하고 정교한 결과를 생성해 냅니다. 이 장에서는 좋은 프롬프트가 만들어 내는 긍정적 가치와 그 의의를 살펴보겠습니다.

1) 맥락(Context)을 담아내는 힘

정확한 상황 전달
ChatGPT에게 질문할 때 언제, 어디서, 어떻게 이 주제를 다루는지 정보를 함께 주면 AI가 필요한 배경지식을 추론하고 보다 맞춤형 답변을 생성합니다.
예: "중학생 대상 독서 토론 수업을 준비 중인데, 도서 선정과 활동 방안을 제안해 줘."
이렇게 구체적으로 상황을 덧붙이면 ChatGPT가 학습 수준, 교육 목표

에 적합한 아이디어를 제시할 확률이 높아집니다.

목적과 기대하는 결과 제시

단순히 "이 문제를 풀어 줘."가 아니라, "이 문제를 푸는 과정을 단계적으로 설명하고, 오답이 생길 수 있는 원인까지 알려 줘."라고 요청하면, 심화된 답변을 얻을 수 있습니다. ChatGPT는 그 목적을 인식한 뒤, 해결책뿐 아니라 추가적인 이면 정보까지 자세히 설명하려고 시도합니다.

불필요한 반복 질문 감소

미리 충분한 맥락을 제공하는 좋은 질문은 ChatGPT가 방향을 잃지 않고 핵심 답을 찾도록 도와줍니다. 사용자 입장에서도 재질문이나 수정 요청을 줄여 시간과 노력을 아낄 수 있습니다.

2) 창의적이고 풍부한 답변 이끌어 내기

열린 질문(Open-ended Question) 활용

"YES/NO" 유형 대신 열린 질문을 던지면 ChatGPT가 다양한 관점을 제시하려 노력합니다.

예: "사내 커뮤니케이션을 개선하기 위해 어떤 방법을 시도해 볼 수 있을까?"

이렇게 묻는다면 여러 아이디어를 나열하고, 각각의 장단점을 분석한 답변을 얻을 수 있습니다.

대안 제시 요구

좋은 질문은 "이 한 가지 방법만" 묻는 것이 아니라, 여러 대안을 구하고 싶다는 의도를 드러냅니다.

예: "A라는 해결책이 있고 B라는 해결책도 있는데 두 방법을 비교해 주고, 추가로 C 안도 생각해 볼 수 있을지 알려 줘."

ChatGPT가 각 옵션에 대한 분석과 새로운 대안까지 제시할 가능성이 높아지고, 사용자는 폭넓은 선택지를 확보하게 됩니다.

응용·응답 확장

질문 단계에서 이미 "자세한 예시", "실행 과정", "주의 사항" 등을 함께 요구하면 ChatGPT가 보다 구체적인 상황을 상정해 서술해 줍니다. 이는 문제 해결 과정에서 창의적 사고를 자극하고, 다양한 응용 시나리오를 탐색하는 데 큰 도움이 됩니다.

3) 문제 해결의 효율성 극대화

정확성 향상

좋은 질문을 통해 ChatGPT가 불필요한 추측을 하지 않도록 하면, 오류나 오해가 줄어듭니다.

예: "이 역사 사건이 일어난 시기는 1930년대 후반이고, 주요 인물은 X, Y, Z인데, 각각 어떤 역할을 했는지 순서대로 알려 줘."

사전에 제공한 세부 정보가 ChatGPT의 답변 품질을 한층 끌어올립니다.

시간 절약

명료한 목표와 맥락이 담긴 프롬프트는, 불필요하게 방대한 답변을 생성할 여지를 줄이고 핵심적인 정보만 추려 낼 수 있게 돕습니다. 이로써 사용자는 재질문이나 추가 검색 없이 원하는 정보를 짧은 시간에 획득할 수 있습니다.

업무·학습 프로세스 개선

AI에게 업무 관련 질문을 던질 때 "누락된 요소나 리스크가 없는지", "추가로 검토해야 할 사항은 무엇인지" 같이 체크리스트형 질문을 하면, 전체 프로세스를 점검해 볼 수 있습니다. 이는 사소한 실수나 논리적 구멍을 사전에 발견하고 보완할 기회를 제공합니다.

4) 사용자와 AI 간 시너지 효과

대화형 학습 환경 조성

인간이 구체적이고 수준 높은 질문을 던지면 ChatGPT의 응답 수준도 함께 올라갑니다. 이는 곧, 사용자가 궁금증을 해소하는 것을 넘어 새로운 정보나 깊이 있는 사고를 경험하게 만드는 학습 환경을 형성합니다.

재발견과 사고 확장

처음에는 질문의 방향이 막연했더라도 조금씩 프롬프트를 정교화함으로써, 새로운 관점을 발견할 수 있습니다.

예: "이 문제를 경제학적으로도 분석해 볼 수 있을까?" → ChatGPT가 간략한 경제학 이론이나 사례를 제시 → 문제 해결 시야가 확장

이러한 상호 작용이 반복되면 사용자 스스로 더 깊고 폭넓은 질문을 고민하게 됩니다.

협업·커뮤니케이션 촉진

팀 프로젝트에서 ChatGPT에 질문을 던질 때, 팀원들과 함께 '어떤 질문을 어떻게 해야 좋은 답을 얻을 수 있는지' 논의하는 과정 자체가 협업과 의사소통 훈련이 됩니다. 이처럼 질문을 만들어 가는 과정이 팀워크와 공동 문제 해결 역량을 높이기도 합니다.

5) 조직·개인의 경쟁력 제고

의사결정 효율 향상

기업이나 조직에서 중요한 의사 결정을 내릴 때 "단순 보고"를 넘어 핵심 데이터를 요약·분석할 수 있도록 ChatGPT에 지시하면, 빠른 인사이트를 확보할 수 있습니다. 이는 시간 비용 절감은 물론, 결정 과정의 타당성을 높여 줍니다.

창의력과 혁신 촉진

반복적으로 좋은 질문을 던지고, 다양한 답변을 얻는 과정에서 새로운 아이디어가 샘솟습니다. 개인의 문제 해결 능력이 향상되고, 이를 응용해 혁신적 프로젝트나 사업 모델을 기획할 수도 있습니다.

지식·역량 축적

질문을 정교화하며 얻는 지식들이 누적되면 개인이나 조직의 노하우가 쌓이게 됩니다. 이 '질문과 답변'의 기록은 훗날 비슷한 과제를 다시 마주했을 때 노동력을 크게 줄여 주는 지식 자산으로 작용합니다.

정리

좋은 질문(프롬프트)은 ChatGPT의 잠재력을 최대한 끌어내는 열쇠입니다. 맥락을 충분히 설명하고, 목표와 기대하는 결과를 명확하게 제시하며, 열려 있고 다각적인 답을 유도하는 질문을 던질수록 AI가 제공하는 정보의 깊이와 가치는 높아집니다.

- **맥락 제시**: 상황과 목표, 원하는 답변 형식을 구체적으로 알려 주기
- **열린 질문과 대안 요구**: 창의적이고 폭넓은 해답 유도
- **정확성·효율성 극대화**: 사전에 충분한 정보 제공, 핵심 쟁점 명시
- **사용자와 AI의 상호 작용**: 깊이 있는 학습 환경과 사고 확장 촉진

결과적으로 좋은 프롬프트는 단순히 "답을 얻는 것"을 넘어 학습, 협업, 창의적 아이디어의 원천으로 작용합니다. 이러한 과정을 통해 개인과 조직은 더 높은 수준의 생산성과 혁신을 경험하게 될 것입니다.

2.
맥락과 의도를 효과적으로
전달하는 방법

ChatGPT와 같은 대화형 AI에게 질문할 때 어떤 '맥락(Context)'과 '의도(Intention)'를 얼마나 상세하게 전달하느냐에 따라 답변 수준과 정확도가 크게 달라집니다. 질문 자체는 짧아도 그 안에 필요한 정보와 목적이 충분히 담겨 있다면, AI는 보다 정교하고 맞춤형 결과를 생성할 수 있습니다. 이번 장에서는 맥락과 의도를 효과적으로 전달하는 구체적 기술과 사례를 살펴보겠습니다.

1) 맥락의 중요성: "배경 설명"이 왜 필요한가

문제 상황을 더 잘 이해하기 위한 배경

AI에게 무엇을 묻든, 언제, 어디서, 어떤 상황에서 다루는 문제인지 알려 주면 답변이 현실적이고 실용적인 방향으로 전개됩니다.

예: "코딩 교육용 워크숍을 기획 중인데, 참가자는 초등학교 고학년이며, 파이썬 기초 수준만 알고 있어. 어떤 프로젝트 주제가 좋을까?"

이처럼 대상(초등학생), 배경(파이썬 기초), 목표(워크숍 프로젝트 주제)를 함께 말해 주면 ChatGPT는 상대적으로 난이도가 적절하고 흥미를 끌만한 프로젝트를 제안해 줍니다.

이전 대화 맥락과 연속성

ChatGPT는 직전 대화를 기억하지만, 그보다 더 이전 대화 내용은 요약된 형태로만 인식합니다. 따라서 장기간 또는 여러 번의 대화에 걸쳐 동일 주제를 이어 나갈 때, 필요한 부분을 재차 상기시켜 주면 더 정확한 답을 얻습니다.

예: "앞서 '중학생 영어 학습 활동 아이디어'에 대해 말했는데, 이번엔 그 아이디어를 구체적으로 수업 전개 순서로 구성해 줘."

리소스와 제약 사항

AI에게 해결책을 요구할 때 예산, 시간, 인력 같은 제약 조건을 미리 알려 주면 답변이 실제 적용 가능한 범위로 좁혀집니다.

예: "마케팅 캠페인을 기획해야 하는데, 예산은 300만 원 이내이고, SNS 채널은 인스타그램과 페이스북만 사용할 예정이야."

2) 의도 표현: 질문으로부터 "무엇"을 기대하는가

결과물의 형태 지정

답변을 어떤 형식으로 받고 싶은지, 예를 들어 목록, 표, 단락 요약 등 원하는 방식을 명시하면 ChatGPT가 최적화된 형식으로 결과를 제시합니다.

예: "표 형식으로 1) 단계별 주요 활동 2) 준비물 3) 예상 시간 소요를 정리해 줘."

이를 통해 답변 가독성을 높이고, 후속 작업(보고서 작성, 문서 편집 등)을 쉽게 진행할 수 있습니다.

구체적 세부 사항 요구

"대략적으로 알려 달라"보다 "세부 절차, 예시, 주의 사항까지 포함해 달라"라고 말하면 풍부한 정보를 얻을 수 있습니다.

예: "자바스크립트로 비밀번호 유효성 검사를 할 때, 1) 정규 표현식 예시, 2) 실제 테스트 케이스, 3) 오류 메시지 디자인 아이디어를 제시해 줘."

이렇게 요구하면, ChatGPT가 다층적인 답변을 시도하면서 실제 활용도가 높은 정보를 제안합니다.

가능한 대안 옵션 요청

의도 자체가 "하나의 확정된 답안"이 아니라, 여러 가능한 해법을 탐색하는 거라면 질문에서 명시해야 합니다.

예: "이 문제를 해결하는 방법이 여러 가지일 텐데, 단기 해결책과 장기 해결책으로 나눠서 제안해 줘."

AI가 다양성을 고려하여 여러 시나리오나 관점을 제공하게끔 유도할 수 있습니다.

3) 구체적 예시로 아이디어 확장

샘플 데이터 제시

AI가 실제 맥락을 이해하도록 간단한 샘플 데이터(수치, 텍스트 일부 등)를 제공하면 분석 방향이 구체화됩니다.

예: "우리 고객 설문 결과 중 일부를 줄게. (예시 데이터) 이 내용 기반으로 고객이 개선을 원하는 사항을 요약해 줘."

ChatGPT는 샘플로부터 패턴을 파악해 실무 친화적인 답변을 생성하게 됩니다.

관련 주제나 키워드 제공

"OO 산업의 동향"을 묻기보다는 "최근 1~2년간 OO 산업에서 두드러진 키워드는 A, B, C야. 이를 중심으로 시장 전망을 알려 줘."라고 하면 ChatGPT가 더 깊이 있는 시장 분석을 시도합니다. 추가 키워드나 관련 개념이 많을수록 AI가 연관성을 고려하여 답변을 설계할 가능성이 큽니다.

직접적인 '조건' 혹은 '상황 가정'

"만약 우리가 스태프가 3명뿐이라면?", "6개월 뒤에 예산이 2배로 늘어난다면?" 등 가상의 조건을 넣으면, AI가 시나리오별 해법을 제시해 줍니다. 이는 의사 결정 과정에서 '가정 기반 분석(What-if Analysis)'을 직관적으로 시도해 볼 수 있게 해 줍니다.

4) 질문 흐름: 재질문과 후속 질문으로 심화하기

첫 질문 → 부분 결과 확인 → 추가 질문

처음에는 개괄적인 답을 얻은 뒤, "방금 제시한 대안 중, 비용이 가장 적게 드는 방안을 좀 더 구체화해 달라"와 같이 후속 질문으로 심화할 수 있습니다. 이 단계별 접근은 최종적으로 깊이 있고 체계적인 답변을 얻는 효율적인 방법입니다.

요점을 파악한 뒤 구체화

ChatGPT가 처음 제시한 답변에서 핵심 요점만 다시 뽑아내고 "이 부분을 예시와 함께 더 풀어 달라"라고 하면 세부 정보가 풍부해집니다.

예: "5가지 아이디어가 나왔는데, 2번 아이디어가 가장 유망해 보이니 실행 방법과 예상 리스크를 단계적으로 구체화해 줘."

추가 맥락 보완하기

대화 중간에 "아, 사실 인원이 50명이 아니라 30명밖에 되지 않아"처럼 새로운 정보를 덧붙이는 식으로 AI가 답변을 재조정하도록 유도할 수도 있습니다. 맥락에 변동이 있으면 ChatGPT도 갱신된 조건을 반영해 답변을 업데이트합니다.

5) 의사 소통 관점에서의 유의 사항

간결하면서도 명료하게

맥락과 의도를 효과적으로 전달하되, 너무 장황하게 쓰면 AI가 핵심을 파악하기 어려울 수 있습니다. 중요한 정보를 구조적(예: 번호나 항목으로)으로 정리하면 ChatGPT가 체계적으로 인식합니다.

중복·모순 정보 방지

질문 내에 서로 모순되는 정보를 담거나 너무 중복된 요구 사항을 나열하면 AI가 혼란을 겪을 수 있습니다. "인원은 50명인데, 예산은 대형 프로젝트 수준이다." 같은 맥락 불일치가 없는지 사전에 체크가 필요합니다.

정보 기밀·민감 데이터 취급

맥락 설명을 위해 회사 기밀이나 개인 정보를 직접 노출하지 않도록 주의해야 합니다. 민감 데이터는 익명화하거나, 요약하여 제공해도 충분한 맥락 전달이 가능하도록 고민해야 합니다.

정리

ChatGPT와의 상호 작용에서 '맥락(Context)'과 '의도(Intention)'를 제대

로 전달하는 것은 곧, 질문 품질을 한층 끌어올리는 핵심 열쇠입니다.

- **배경 설명**: 대상, 시점, 조건 등을 명확히 제시해 실제 상황에 부합하는 해답 유도
- **결과물 형태·세부 정보**: 정확히 무엇을, 어떤 형식으로 원하는지 구체화
- **가상의 조건·샘플 데이터**: AI가 더욱 정확히 패턴을 파악하도록 돕는 장치
- **재질문·후속 질문**: 단계적으로 답변을 심화하며 원하는 수준까지 탐색

이러한 접근 방식을 습관화하면 ChatGPT를 단순한 검색엔진 대체가 아닌, 창의적 파트너로 활용하게 되고, 더 나아가 생산성과 아이디어 질을 모두 높이는 강력한 도구로 자리 잡게 될 것입니다.

3.
재질문·후속 질문으로
답변 깊이 늘리기

ChatGPT와의 상호 작용은 한 번의 질문으로 끝나지 않습니다. 재질문(Follow-up Question)과 후속 질문을 통해 이미 나온 답변을 점차 확장하고, 심화하고, 정교화할 수 있습니다. 이를 통해 단순 정보 이상으로 더 깊이 있는 통찰과 다양한 시각을 얻을 수 있게 됩니다. 이 장에서는 재질문·후속 질문의 구체적인 전략과 사례를 살펴보겠습니다.

1) 재질문·후속 질문의 필요성

단편적 지식에서 심층적 이해로
첫 질문에 대한 답변이 개괄적이라면, 재질문을 통해 "왜?", "어떻게?"를 더 깊이 파고들 수 있습니다.
예: "제품 판매량이 저조하다고 했는데, 주원인이 무엇인가?" → "그 원인을 해결하기 위한 구체적 액션은?" 식으로 이어 나갑니다.

의사결정 프로세스 보완
ChatGPT가 제시한 아이디어 중 한두 가지가 특히 흥미롭다면 그 아이디어에 대해 장단점, 적용 시나리오, 리스크를 재질문함으로써 실행 가능성을 높일 수 있습니다.

추가 정보 반영
대화 도중 새로 떠오른 정보나 맥락을 추가로 투입해 AI가 갱신된 조건을 반영해 답변을 업데이트하도록 만들 수 있습니다.

예: "아, 인원이 5명 줄었어. 이런 상황이면 전략을 어떻게 바꿔야 할까?"

2) 재질문의 유형과 예시

명확화(Clarification) 질문
첫 답변에서 불분명하거나 추가 설명이 필요한 부분을 명확히 해 달라고 요구합니다.

예: "방금 말한 '구현 난이도가 높다는 건 구체적으로 어떤 리소스가 부족한지 설명해 줘."

이를 통해 답변 속 용어·개념·수치 등이 더 구체적으로 보완됩니다.

확장(Expansion) 질문
답변 중 흥미로운 지점을 골라 "좀 더 자세히 알아보고 싶다"는 의도를 표시합니다.

예: "제시한 3가지 아이디어 중에서 가장 비용 효율이 높은 방안을 구체적인 예시와 함께 풀어 줘."

ChatGPT가 세부 사례나 단계별 실행 방식을 제시해 주면서, 내용이 심화됩니다.

비교(Comparison) 질문

두 개 이상의 답변 요소를 비교·대조할 수 있도록 질문합니다.

예: "A 방안과 B 방안을 비용, 위험도, 실행 속도 측면에서 비교해 줄래?"

여러 아이디어의 우열이나 차이점을 확인하면 의사 결정에 도움이 됩니다.

대안(Alternative) 질문

"혹시 다른 각도나 관점에서 접근할 방법은 없을까?" 같은 질문을 던져 새로운 시나리오를 제시해 달라고 요청합니다.

예: "이 문제를 해결하기 위해 더 획기적인 방법은 없을까? 예산이 1.5배 늘어난다면?"

ChatGPT가 기존에 없던 대안이나 업그레이드된 아이디어를 제시할 수 있습니다.

통합(Synthesis) 질문

여러 차례 답변을 거쳐 얻은 정보를 하나로 묶어 달라고 요구합니다.

예: "지금까지 제시한 아이디어 3가지를 종합해서 실제 프로젝트 일정 표(타임라인) 형태로 정리해 줄래?"

이 질문을 통해 산발적으로 제시된 내용을 일관성 있는 체계로 정리할 수 있습니다.

3) 후속질문의 단계별 접근

1단계: 총괄 개념 확인

먼저 ChatGPT가 준 답변을 간단히 요약하게 한 뒤, 핵심 개념이 맞는지 교차 확인합니다.

예: "네가 제시한 정리을 한 문장으로 요약해 주고, 그중에서 가장 중요한 포인트는 뭐라고 생각해?"

2단계: 세부 사항 파고들기

요점을 파악했다면 그중 가장 중요한 요소 혹은 가장 궁금한 점을 후속 질문으로 구체화합니다.

예: "가장 중요한 포인트가 '시장 세분화'라고 했는데, 구체적으로 어떤 기준으로 어떻게 나누면 좋을지 예시가 필요해."

3단계: 시나리오 확장

추가 상황(예산, 인원, 시간 등)을 가정하여 달라진 환경에서의 실행 방안을 물어봅니다.

예: "만약 경쟁사가 같은 시장을 공략한다면 어떤 차별화 전략이 필요할까?"

4단계: 결론·실행안 도출

모든 후속 질문을 통해 축적된 답변들을 바탕으로 최종 의사 결정 또는 실행 방안을 정리하도록 요구합니다.

예: "이 모든 논의를 종합해서 실제 프로젝트 실행안(목표, 일정, 팀 구성)을 1페이지 분량으로 정리해 줘."

4) 재질문의 장점과 활용 팁

답변의 정합성(Consistency) 검증
후속 질문으로 처음 답변과 상충되는 부분이 없는지 확인할 수 있습니다. ChatGPT가 자기모순을 일으키는 경우, 재질문을 통해 문제점이 드러나고 보완할 기회가 생깁니다.

질문·답변 이력 관리
여러 차례 이어진 대화를 단계별로 저장하거나 메모하여 필요시 과거 대화 기록을 참조하면 연속성이 유지됩니다. 중간에 "앞서 A안과 B안을 이야기했는데, 지금은 C안을 말하는 이유가 뭔가?" 같은 질문으로 논리 흐름을 점검해도 좋습니다.

귀납적·연역적 사고 훈련
재질문 과정에서 "결론 → 근거"를 묻는 연역적 접근 혹은 "사례 → 일반 법칙"을 묻는 귀납적 접근을 시도하면 논리적 사고가 강화됩니다.
예: "이 결론이 왜 중요한지, 구체적 예시나 실증 사례를 들어 볼 수 있을까?"

팀 브레인스토밍 도구로 활용
팀원들과 함께 ChatGPT 대화 내용을 확인하며 후속 질문을 협의해 결정하면, 공동 의사소통이 원활해집니다. 각 팀원이 궁금한 점을 ChatGPT에 던져 보고, 그 답변들을 모아 아이디어를 확장하는 식의 워크숍도 가능합니다.

5) 주의사항

지나친 의존 자제

ChatGPT가 모두 완벽한 답변을 제공하지 않을 수 있으므로 인간적 판단과 현장 감각으로 검증하고 보완해야 합니다.

민감 정보·기밀 유지

후속 질문 과정에서 더 자세한 상황을 말하려다 보안 위험이 생길 수 있으니, 민감 데이터는 익명 처리나 간접 서술 방식을 유지합니다.

시간 관리

재질문 과정이 길어지면 오히려 정보 과부하가 생길 수 있습니다. 우선순위를 정해 질문하고, 적절한 시점에 종합하여 결론을 내리는 습관이 필요합니다.

최신성·사실관계 확인

재질문·후속 질문을 거쳐도 ChatGPT가 제공하는 정보의 최신성이나 정확성은 별도 검증이 중요합니다. 필요한 경우 공식 문서, 신뢰할 만한 출처와 교차 확인을 거쳐 최종적인 판단을 내립니다.

정리

재질문과 후속 질문은 ChatGPT의 답변 품질과 활용도를 획기적으로 높여 주는 전략입니다.

- **명확화**: 모호하거나 불충분한 답을 구체화하고, 이해도를 높임
- **확장**: 관심 있는 부분을 더 자세히 파고들어 심층적 통찰 획득

- **비교**: 여러 대안이나 시나리오를 나란히 놓고 검토
- **통합**: 산발적 정보를 종합해 실행안이나 결론으로 만들어 냄

이 과정을 통해 단편적 답변을 넘어 체계적인 문제 해결과 창의적 아이디어 발굴이 가능해집니다. 결국 ChatGPT와 인간의 상호 작용은 단계적 질문을 통해 진정한 시너지를 낳게 된다는 점을 잊지 말아야 합니다.

4.
예시 중심의 프롬프트 작성 실습

"좋은 질문(프롬프트)이 곧 좋은 답변을 이끌어 낸다"는 말이 있듯, ChatGPT를 최대한 활용하기 위해서는 구체적이고 체계적인 프롬프트 작성법을 익히는 것이 중요합니다. 앞서 살펴본 원리를 실제 예시에 적용해 보면서 효과적인 프롬프트가 어떤 식으로 구성되는지 자세히 확인해 보겠습니다.

1) 기본 구조 이해: 상황 + 목표 + 요청

아래와 같이 "상황(Context) + 목표(Objective) + 요청(Request)" 세 요소를 잘 담아내면 ChatGPT가 무엇을 어떻게 도와줘야 하는지 파악하기 훨씬 쉬워집니다.

1. **상황(Context)**: 언제, 어디서, 누구를 대상으로, 어떤 배경에서 이루어지는 일인지.
2. **목표(Objective)**: 최종적으로 얻고자 하는 것, 해결하고 싶은 문제 혹은 결과물의 형태.
3. **요청(Request)**: ChatGPT가 구체적으로 해줘야 할 작업(예: 아이디어 제시, 자료 요약, 예시 코드 작성 등).

2) 예시 1: 교육용 프롬프트

(1) 단순 프롬프트

"초등학생을 위한 간단한 수학 퀴즈를 만들어 줘."

- 이 프롬프트는 비교적 짧지만 목표가 분명(수학 퀴즈), 대상(초등학생)이 명시되어 있습니다.
- 다만, 퀴즈 유형(객관식, 주관식, OX 등)이나 범위(덧셈, 뺄셈 등)는 불명확합니다.

(2) 개선된 프롬프트 (상황+목표+요청 구체화)

"초등학교 4학년 학생들의 산수 실력을 높이기 위해, 객관식 문제 5개를 만들어 줘. 각각 난이도는 쉬움~보통 수준으로 조정하고, 정답과 간단한 해설도 포함해 줘."

- 상황: 초등학교 4학년 수준, 산수
- 목표: 문제 5개, 객관식, 난이도 쉬움~보통
- 요청: 정답+해설까지 작성
- 이처럼 프롬프트를 구체화하면 ChatGPT가 정확히 원하는 형태의 퀴즈를 만들어 줄 가능성이 높아집니다.

3) 예시 2: 업무 보고서 목차 구성

(1) 단순 프롬프트

"마케팅 보고서 목차 구성 좀 해 줘."

- 질문은 짧고 간단하지만, 회사 규모, 제품/서비스, 타깃 등에 대한 정보가 없습니다.

- 결과적으로 ChatGPT는 매우 일반적인 목차만 제안할 수 있습니다.

(2) 개선된 프롬프트 (배경 정보+목표 제시)

"패션 스타트업에서 지난 분기 동안 진행한 SNS 마케팅 결과를 분석하고, 다음 분기 전략을 수립하기 위한 마케팅 보고서 목차를 만들고 싶어. 주요 채널은 인스타그램과 틱톡이며, 20~30대 여성 고객을 타깃으로 했다. '성과지표(KPI)'도 정리해야 해. 논리적인 흐름을 갖춘 목차 구성을 구체적으로 제안해 줘."

- 상황: 패션 스타트업, SNS 마케팅(인스타그램, 틱톡), 20~30대 여성 고객
- 목표: 지난 분기 성과분석 + 다음 분기 전략 수립
- 요청: 논리적 흐름이 있는 목차 구성, KPI 정리 포함
- 이렇게 맥락을 충분히 설명하면 ChatGPT가 스타트업 특성과 채널 특징, 대상 고객층, KPI를 고려한 구체적 목차를 제시할 수 있습니다.

4) 예시 3: 제품 기획 아이디어 확장

(1) 단순 프롬프트

"스마트워치 신규 기능 아이디어 좀 줘."

- AI는 다양한 기능을 마구잡이로 나열할 뿐, 특정 타깃이나 목표 없이 범위가 너무 넓어질 수 있습니다.

(2) 개선된 프롬프트 (대상+목표+조건 설정)

"우리 회사는 피트니스 중심의 스마트워치를 개발하고 있어. 핵심 기능은 운동 트래킹, 심박수 체크 정도에 국한되어 있는데, 20~30대 직장인이 바쁜 일상 속에서 효과적으로 건강 관리를 할 수 있도록 돕는 새로운 기능을 추가하고 싶어.

- 예산과 개발 리소스가 많지 않으니, 하드웨어 변경 없이 소프트웨어 업그레이드 수준으로 가능한 기능 3~4가지를 아이디어로 제안해 줘.

- 각 아이디어마다 구체적인 구현 방법과 예상 장점도 함께 설명해 줬으면 해."

- 상황: 피트니스 스마트워치, 기존 기능(운동 트래킹, 심박수 체크)
- 목표: 새 기능, 주 대상=20~30대 직장인, 하드웨어 변경은 어려움
- 요청: 3~4가지 아이디어 + 구현 방법 + 예상 장점
- ChatGPT는 이런 제약 조건(예산, 하드웨어 불가)을 인지하고, 실현 가능한 아이디어를 집중적으로 제안할 가능성이 높아집니다.

5) 예시 4: 코딩·디버깅 도움 요청

(1) 단순 프롬프트

"이 파이썬 코드가 오류 나는데 고쳐 줘."

- 코드가 어디부터 어디까지인지, 어떤 오류 메시지가 뜨는지, 버전은 어떤지 등 필수 정보가 없어 ChatGPT가 맥락 파악을 하기 어렵습니다.

(2) 개선된 프롬프트 (오류 메시지·환경·목표 제시)

"아래는 내가 짠 파이썬 코드인데, Python 3.9 환경에서 실행할 때 SyntaxError가 발생해. 정확한 오류 메시지는 SyntaxError: invalid syntax이고, 발생 위치는 line 12 정도야.

아래 코드 중 문제될 만한 부분을 찾아서 어떤 식으로 수정해야 하는지 단계적으로 알려 줘.

```
def my_function(x):
    if x > 10
        return x * 2
    else:
        return x + 5


print(my_function(15))
```

이 코드를 올바르게 수정해 주고, 왜 오류가 났는지 설명도 자세히 부탁해."

- 상황: Python 3.9, 특정 오류 메시지(SyntaxError), 코드 범위 제시
- 목표: 문제된 부분 지적 + 수정 방법 + 오류 원인 설명
- 요청: 단계적 해결안, 상세 설명
- ChatGPT는 오류 위치를 파악하고 구체적 개선 방안을 제시할 수 있으며, 사용자는 이해 과정까지 놓치지 않고 배울 수 있습니다.

6) 예시 5: 번역·현지화 가이드

(1) 단순 프롬프트

"영어로 번역해 줘."

- 어느 맥락에서, 어느 톤으로 번역해야 하는지 전혀 없이 "영어 번역"만 있으면, ChatGPT는 아주 기본적인 번역만 해 줍니다.

(2) 개선된 프롬프트 (목표 언어·대상·톤·스타일 제시)

"아래 한글 문장을 해외 비즈니스 파트너에게 보낼 이메일에 넣으려고 해. 격식 있고 전문적인 느낌이 나도록 영국 영어 문체로 번역해 줄래?

문장: '이번 분기에 우리 제품이 시장에서 좋은 반응을 얻고 있습니다. 귀사와의 협력이 큰 도움이 되었기에 깊이 감사드립니다. 향후 공동 프로젝트에 대한 제안을 기대합니다.'"

- 상황: 해외 파트너, 비즈니스 이메일, 영국 영어 문체
- 목표: 격식 있고 전문적
- 요청: 원문 문장 번역 + 톤 앤 매너 고려
- ChatGPT는 이러한 조건을 반영해, 단순 직역이 아닌 격조 높은 비즈니스 영어로 번역문을 생성할 수 있게 됩니다.

7) 실습 시 주의할 점

민감정보 주의

실제 업무나 개인 정보를 직접 붙여넣기보다는, 가명으로 대체하거나 필요 최소한의 데이터만 보여 주도록 합니다.

결과물 검증

예시에서 나온 대로 프롬프트를 잘 작성해도, ChatGPT 답변이 항상 옳거나 완벽하지는 않을 수 있습니다. 맥락 설명이 잘 되었다 하더라도 중요 정보(가격, 법적 이슈, 정확한 통계 등)는 교차 확인이 필수입니다.

단계별 접근

한번에 모든 요구 사항을 넣기보다는 간단한 초안 → 재질문 → 최종 구체화 과정을 거치면서 오히려 더 정교한 답변을 얻을 수 있습니다.

요청 형식 명시

표, 목록, 문단 구분, 코드 블록 등 어떤 형식으로 결과를 받고 싶은지 구체적으로 알려 주면 사후 편집 시간을 절약할 수 있습니다.

정리

프롬프트를 작성할 때는 상황(배경), 목표, 요청 사항을 최대한 구체적이고 체계적으로 묘사해 주는 것이 핵심입니다.

- 교육용 문제를 요청할 땐 대상 학년, 난이도, 문제 형태를 명시
- 업무 보고서나 코드 디버깅이라면 필요한 정보(환경, 오류 메시지, 전제 조건)를 상세히 전달
- 번역이나 콘텐츠 제작 등 다양한 상황에서 톤, 스타일, 세부 요구 사항을 빠짐없이 서술

이처럼 실습 예시를 통해 살펴봤듯, 철저한 맥락과 명확한 의도를 담아낼수록 ChatGPT가 만들어 내는 결과물은 한층 정확하고 유용해집니다. 앞으로 실제 업무나 학습, 프로젝트에서 이러한 방식을 습관화한다면 ChatGPT와의 상호 작용이 훨씬 풍부하고 생산적이 될 것입니다.

교육 현장의 구체적 활용 시나리오

1.

교과·전공별 ChatGPT 활용
(인문학, 자연과학, 예체능 등)

　　　　교육 현장에서 ChatGPT를 활용할 때는 각 교과·전공의 특성과 학습 목표를 잘 고려하여 적절한 방식으로 적용하는 것이 중요합니다. 인문학, 자연과학, 예체능처럼 학습 내용과 학습 방식이 다른 분야마다 ChatGPT를 활용하는 접근도 달라질 수밖에 없습니다. 이 장에서는 각 분야별로 구체적인 활용 아이디어와 주안점을 살펴보겠습니다.

1) 인문학 분야

인문학 수업은 사고력, 글쓰기 능력, 비판적 해석을 중시합니다. ChatGPT의 언어 처리 능력을 적극적으로 활용하여 학생들이 보다 깊이 있는 학습 경험을 얻을 수 있습니다.

독서·문학 토론 보조

학생들이 특정 소설, 시, 희곡 등을 읽은 후 ChatGPT에게 작품 요약, 주제 해설, 인물 분석 등을 요청할 수 있습니다. 토론 주제나 토론 자료를 준비하는 과정에서 "이 작품의 메시지는 무엇인가?", "등장인물의 심리를 어떻게 해석할 수 있는가?" 같은 깊이 있는 질문을 던지면 ChatGPT가 다양한 해석을 제시해 줍니다. 교사는 학생들이 ChatGPT가 준 비판적 해석과 인간 고유의 해석을 비교하며, 비판적 사고 능력을 높이도록 지도할 수 있습니다.

에세이·논술 글쓰기 지도

학생들이 쓴 초안을 ChatGPT에 입력해 문법, 문장 구조, 논리 전개를 검토받고, 대안을 제시받도록 할 수 있습니다. "이 글의 논리적 흐름이 매끄러운가?", "더 풍부한 어휘를 사용할 수 있는가?" 등을 묻고, ChatGPT의 피드백을 받아 글을 수정하는 훈련을 통해 글쓰기 역량을 향상시킵니다. 단, 최종 글은 학생 스스로 교정·보완해야 하며, 표절 문제가 생기지 않도록 유의해야 합니다.

역사·철학 텍스트 분석

어려운 철학 서적이나 역사 문헌을 ChatGPT로 요약하고, 주요 개념이나 사건의 맥락을 간단히 해설받으면, 학생들이 더 쉽고 빠르게 배경지식을 습득할 수 있습니다. "칸트의 정언명령을 중학생 눈높이로 설명해 줘", "프랑스 혁명의 주요 원인 세 가지를 논리적으로 정리해 줘" 등 구체적 요청이 가능하며, 교사는 이를 기반으로 심층 토론을 이어 갈 수 있습니다.

2) 자연과학 분야

자연과학 과목에서는 탐구·실험, 이론적 개념 이해, 문제 풀이가 주된 학습 방식입니다. ChatGPT는 주로 개념 정리, 문제 해결 힌트 제시, 실험 설계 아이디어 제공 등에 유용합니다.

이론·개념 정리와 보충 설명

물리, 화학, 생물 등에서 복잡한 개념(예: 양자역학 기초, 화학 반응식, 세포 구조 등)을 학생 수준(중등, 고등, 대학)이나 배경에 맞게 설명하도록 지시할 수 있습니다. "고등학교 1학년이 이해할 수 있는 수준으로 광합성을 단계별로 설명해 줘. 핵심 용어도 정리해 줘." 같은 요청으로 맞춤형 학습이 가능합니다.

문제 풀이 및 해설 힌트

수학·물리 같은 과목의 계산 문제나 개념 문제를 ChatGPT에게 제시해 풀이 과정에 대한 단서나 힌트를 얻을 수 있습니다.

예: "이 적분 문제의 풀이 방법을 단계적으로 알려 줘. 단, 최종 답만 주지 말고, 유도 과정을 설명해 줘."

학생이 풀이 과정을 배우는 데 목적이 있음을 분명히 밝히면 ChatGPT가 단계별 논리를 제공해 줍니다. 다만, 최종 해답이 항상 정확하다고 보장할 수는 없으므로 교사가 검증해줘야 합니다.

실험 설계 및 가설 검증

과학 과목에서 프로젝트, 실험 활동을 기획할 때, ChatGPT가 실험 주제, 필요한 재료, 주의 사항, 데이터 분석 방법 등을 초안 형태로 제공해 줄 수 있습니다.

예: "고등학교 2학년 수준의 전자기학 실험을 구상 중인데, 소형 코일과 자석을 이용해 발전 원리를 실험해 보고 싶어. 어떤 장치가 필요하고, 결과를 어떻게 측정하면 좋을까?"

이를 바탕으로 학생들은 본격적인 실험을 준비하며, 실험 전 실습 시나리오를 시뮬레이션해 볼 수 있습니다.

3) 예체능 분야

음악, 미술, 체육 등 예체능 과목에서는 실기·창작 활동이 핵심이지만, ChatGPT가 아이디어 창출, 창작 과정 가이드, 배경지식 보완 등의 지원을 해 줄 수 있습니다.

창작 아이디어 및 예시 작품 레퍼런스

미술 수업에서 특정 주제로 그림을 그리거나 설치미술을 할 때, "이런 주제에 맞는 영감이나 핵심 메시지를 제안해 줘."라고 요청하면 다양한 연상 이미지를 얻을 수 있습니다. 음악 작곡 과제도 "이런 분위기의 가사를 짧게 써 줘.", "이 조성으로 8마디 멜로디 아이디어" 등을 부탁하면, 초안 형태의 아이디어를 참고할 수 있습니다(단, 저작권 이슈는 주의).

이론 학습(악전·미술사·체육학 등)

예체능도 이론적 배경이 중요합니다. 예를 들어 음악사, 화가별 작품 경향, 스포츠 경기 규칙 등을 ChatGPT로부터 간단히 요약받거나 핵심 개념을 정리하게 할 수 있습니다.

예: "르네상스 미술과 바로크 미술의 주요 특징 5가지씩 정리해 줘."라고 요청해 교사와 학생이 기본 이해를 빠르게 공유할 수 있습니다.

훈련·연습 가이드

체육 수업(스포츠)에서는 훈련 방법이나 연습 루틴을 짜는 데 참고 자료로 활용할 수 있습니다.

예: "초등학생들의 체력 향상을 위해 4주짜리 기초 달리기 훈련 프로그램을 구성해 줘. 주당 2회 수업, 30분씩 진행할 예정이야."

ChatGPT가 제안한 프로그램을 토대로 학생 수준, 안전 문제 등을 교사가 직접 검토·조정하는 과정이 필요합니다.

4) 종합 활용 사례: 융합 수업(STEAM 등)

현대 교육에서는 '교과 간 융합(STEAM)'이 강조됩니다. 인문학, 자연과학, 예체능 요소가 결합된 프로젝트 수업을 설계할 때 ChatGPT가 아이디어 창출과 배경지식 보완 측면에서 유용합니다.

프로젝트 주제 구상

"음악적 요소로 물리학 개념을 설명하는 수업" 같은 창의 융합 아이디어를 얻으려면 ChatGPT에 "이 두 분야를 결합해 볼 만한 주제나 활동"을 요청할 수 있습니다.

학습 활동 시나리오 작성

프로젝트 기반 학습(PBL)으로 "문학 작품 분석 + 과학적 실험 + 시각예술 전시"를 한꺼번에 다루고 싶다면, ChatGPT에게 학습 진행 시나리오(시간 계획, 조별 활동, 평가 방법 등)를 구체적으로 제안받을 수 있습니다.

협업 툴로서 활용

팀 프로젝트 시, 학생들이 함께 ChatGPT 대화 내용을 공유하고, 필요한 정보를 얻어 가며 아이디어 확장과 고도화를 진행할 수 있습니다. 교사는 전체 흐름을 모니터링하고, 적절한 가이드만 제공해도 효율적인 창의 융합 수업이 가능합니다.

5) 주의사항 및 교육적 의의

교과 목표와 AI 활용의 균형

ChatGPT가 주는 정보가 항상 정답은 아니며, 특히 예체능이나 인문학처럼 주관적 해석이 중요한 분야에서는 인간적 판단과 감성이 더욱 필수적입니다. 교사는 AI의 답변을 학습 보조 자료로 삼되, 최종 해석과 평가에서는 학생의 창의력, 비판적 사고를 키우는 방향으로 수업을 설계해야 합니다.

저작권·표절 문제

인문학 에세이, 음악·미술 창작에서 ChatGPT가 생성한 결과물을 학생이 그대로 제출하거나 저작권을 무시하고 사용하는 일이 없도록 지도해야 합니다. 꼭 인용 표기나 재작성 절차를 안내하여 윤리적 학습 문화를 정착시킵니다.

실험·실습 안전

자연과학, 체육 등에서 ChatGPT가 제안한 실험·훈련 프로그램을 그대로 수행하기 전, 교사는 실제 안전성, 적절성을 꼼꼼히 검증해야 합니다. 예체능 활동에서 부상 위험이 있을 수 있으므로 전문가나 교사의 현장 통제가 반드시 선행되어야 합니다.

학습자 수준 고려

ChatGPT가 제공하는 설명이 지나치게 어렵거나, 반대로 너무 단순할 수 있습니다. 학년별, 개인별 학습 수준을 고려해 답변 내용을 재조정하고, 추가 지도를 제공해야 합니다.

정리

- **인문학**: 작품 분석, 글쓰기 보조, 심층 토론 주제 제안
- **자연과학**: 개념 정리, 문제 풀이 힌트, 실험 설계 아이디어
- **예체능**: 창작·훈련 아이디어, 이론적 배경 지식, 융합 활동 기획

각 교과·전공별로 ChatGPT를 활용할 때는 해당 분야의 학습 목표와 교육 철학을 충분히 반영하여 인간적 감성과 비판적 시각을 잃지 않는 것이 중요합니다. AI는 학생들이 부담 없이 아이디어를 탐색하고 지식을 확장하는 데 탁월한 보조 수단이 될 수 있으며, 교사는 이를 통해 더 깊이 있는 대면 지도와 학습자 개별화에 집중할 수 있습니다. 결국, 교사와 ChatGPT가 상호 보완적으로 작동할 때 각 교과 특성에 맞는 다채로운 학습 경험과 역량 함양이 가능해질 것입니다.

2.

'프로젝트 기반 학습(PBL)'에서의
ChatGPT 활용

'프로젝트 기반 학습(PBL, Project-Based Learning)'은 학생들이 실제 문제 해결 또는 프로젝트 수행 과정을 통해 심층적인 학습과 역량 함양을 이루도록 하는 교수·학습 방법입니다. 이 과정에서 학생들은 조사, 설계, 실행, 평가 등을 경험하고, 자기주도적 학습 및 협업 능력을 기르게 됩니다. ChatGPT와 같은 AI 도구는 이러한 PBL 과정에서 아이디어 발굴, 자료 수집 및 요약, 실행 계획 보완 등 다양한 측면에서 실질적인 도움을 줄 수 있습니다. 이 장에서는 PBL과 ChatGPT를 결합했을 때 기대할 수 있는 효과와 구체적인 활용 방법 및 주의점을 살펴보겠습니다.

1) PBL과 ChatGPT의 시너지 효과

학습 동기 유발

PBL은 학생들이 실제 프로젝트를 진행하면서 학습 동기를 자연스럽게 부여받는 방식입니다. ChatGPT는 즉각적인 피드백과 추가 아이디어를 제공해 주어 프로젝트 진행 과정에 활력을 불어넣습니다.

예: "친환경 에너지 캠페인" 프로젝트를 진행할 때, 학생이 질문을 던지면 ChatGPT가 아이디어와 사례를 빠르게 제시하여 학습 열의를 높일 수

있습니다.

맞춤형 학습 지원

학생 개개인이 프로젝트를 수행하다 보면 개별적인 궁금증이나 정보 부족을 느낄 수 있습니다. 이때 ChatGPT는 개인 튜터처럼 특정 주제에 대해 설명하고, 데이터 검색이나 글쓰기를 보조하여 학습 효율을 높입니다. 프로젝트 과정에서 학생은 필요할 때마다 ChatGPT에게 도움을 청해 스스로 학습 방향을 조정할 수 있습니다.

창의적 문제 해결 촉진

PBL에서 중요한 것은 학생들이 스스로 문제를 정의하고, 창의적 해법을 찾는 과정입니다. ChatGPT는 브레인스토밍 시 다양한 관점을 제시하거나, 기존 접근법과 신규 아이디어를 비교·분석하는 데 도움을 줍니다. 이를 통해 학생들은 폭넓은 사고와 비판적 시각을 갖출 수 있게 됩니다.

2) 프로젝트 단계별 ChatGPT 활용 방안

(1) 주제 선정 및 기획 단계
프로젝트 주제 아이디어 뽑기

"지역사회의 문제를 해결하는 프로젝트"라는 큰 틀만 주어진다면 ChatGPT에게 "환경, 교통, 복지, 교육 등에서 해결할 만한 문제가 무엇이 있을까?"라고 묻고, 다양한 아이디어를 얻을 수 있습니다. 학생들은 제시된 아이디어 중 흥미롭거나 실현 가능성이 높은 주제를 골라 추가 조사를 진행할 수 있습니다.

프로젝트 계획서 작성

ChatGPT를 통해 목표, 필요 자원, 일정, 역할 분담 등 프로젝트 계획에 포함되어야 할 주요 항목을 체계적으로 제안받을 수 있습니다.

예: "팀 프로젝트 계획서를 작성하려고 하는데 프로젝트 개요, 목적, 일정, 예산, 역할 분담, 기대 효과 순으로 목차를 만들어 줘."라는 식으로 요청해, 기본 구조를 잡고 수정·보완합니다.

(2) 조사·분석 단계

자료 수집 및 요약

학생들이 외부 자료(기사, 논문, 통계 등)를 찾은 뒤 요약해 달라고 ChatGPT에 요청하면 핵심 내용을 빠르게 정리해 줍니다.

예: "이 기사 내용의 핵심만 3문장으로 요약해 줘." 같은 식으로 효율적인 조사가 가능합니다.

문제 정의 및 가설 설정

PBL에서 "문제 정의"가 가장 중요한 요소인데, ChatGPT에게 "이 문제가 발생하는 배경과 원인 그리고 영향은 무엇인지" 묻고, 이를 정리된 형식으로 응답받을 수 있습니다. 이를 바탕으로 학생들은 가설을 세우고, 프로젝트의 방향성을 명확히 할 수 있습니다.

(3) 실행·개발 단계

아이디어 브레인스토밍

실행 과정 중 막힘이 있거나 추가 아이디어가 필요할 때, ChatGPT에 창의적 방안을 물어봅니다.

예: "쓰레기 분리수거 캠페인을 SNS로 홍보하기 위해 어떤 이벤트나 콘셉트를 시도해 볼 수 있을까?"

ChatGPT가 여러 아이디어를 제시하면, 학생들은 그중 적합한 것을 골라 구체화하며 실행계획을 마련할 수 있습니다.

문서·보고서 작성 보조

중간보고서나 최종보고서를 작성할 때, ChatGPT에게 초안이나 결론 정리, 문장 교정 등을 맡겨 시간 절약과 가독성 향상을 도모할 수 있습니다.

단, 학생 고유의 프로젝트 결과를 확실히 드러낼 수 있도록, AI가 만든 초안에서 개인적 통찰과 현장 경험을 충분히 반영해야 합니다.

(4) 발표·평가 단계

발표 자료 기획

프로젝트 결과를 발표할 때, 슬라이드 구성이나 스토리텔링 방식을 ChatGPT에게 도움받을 수 있습니다.

예: "5분짜리 발표로 핵심만 알기 쉽게 전하려면, 어떤 슬라이드 구성을 추천해 줄 수 있니?"

ChatGPT는 목차, 시각자료 아이디어, 설득력 있는 문구 등을 제안해 줄 수 있으며, 이후 학생들이 이를 재구성해 발표 자료를 완성합니다.

피드백 및 개선점

발표 후, ChatGPT에게 "프로젝트 진행 과정을 요약해 주고 개선할 점 3가지를 제안해 달라"고 하면, 비교적 객관적인 시각에서 피드백을 얻을 수 있습니다. 학생들은 이를 참고해 반성적 사고와 추후 과제를 정리할 수 있습니다.

3) 주의사항 및 교사 역할

AI 의존도 조절

ChatGPT가 주는 아이디어와 정보는 참고 자료일 뿐, 학생들이 주체적으로 문제를 해결하고 의사 결정을 하는 과정이 중요합니다. 교사는 학생들이 AI에 맹신하지 않고, 반드시 비판적 검토와 현장 조사를 병행하도록 지도해야 합니다.

표절 방지와 윤리 교육

PBL 과정에서 보고서, 발표, 결과물 등을 준비할 때, ChatGPT가 작성한 문구를 그대로 복사해 사용하면 표절 문제가 생길 수 있습니다. 학생들에게 출처 명시, 재작성의 중요성을 강조하고, AI 윤리 교육을 병행해 "AI가 만든 문서를 그대로 제출"하는 행위를 지양하도록 해야 합니다.

현장 안전 및 타당성 검증

자연과학, 공학, 체육 등 실험·실습이 필요한 PBL에서는 ChatGPT가 제안한 아이디어가 현실적으로 안전하고 합리적인지 교사가 최종 검증해야 합니다. 학생이 실행하기 무리한 부분은 조정하고, 사고가 발생하지 않도록 적절한 안전 지침을 제공해야 합니다.

교사의 피드백 및 학습지도 강화

ChatGPT가 쉽게 자료를 요약해 주는 만큼 학생들이 깊이 있는 학습 과정을 건너뛰지 않도록 교사가 면밀히 관찰해야 합니다. 교사는 의도적 질문(Socratic questioning) 기법 등을 활용해, "이 정보를 왜 선택했는지?", "이 아이디어의 한계점은 무엇인지?"를 학생들에게 묻고, 심층적 사고를 유도합니다.

4) 사례 예시: 환경 보호 PBL

1. 주제: "학교 주변 쓰레기 문제 해결 프로젝트"
2. 과정
   - 주제 선정: ChatGPT에 "학교 주변 환경 문제 아이디어"를 물어, 쓰레기 무단 투기를 발견하고 프로젝트 주제로 채택
   - 조사·분석: ChatGPT에게 "쓰레기 무단 투기 예방 캠페인 사례"를 요약받고, 학생들이 지역 주민 인터뷰를 직접 수행
   - 실행 계획: SNS 홍보 캠페인과 쓰레기 봉투 디자인 개선, 환경 포스터 배포 아이디어를 ChatGPT를 통해 브레인스토밍 한 뒤 결정
   - 발표 및 평가: 최종 보고서 작성을 위해 ChatGPT에게 "캠페인 성과 분석 구조"를 제안받아, 설문 결과와 사진 자료를 첨부해 마무리
3. 결과
   - 학생들은 현장조사와 ChatGPT 자료를 종합해 실제 개선 활동을 진행했고, 캠페인에 대한 학생과 지역 주민의 피드백을 보고서에 반영
   - 교사는 학생들의 프로젝트 진행 과정을 확인하며, ChatGPT로부터 얻은 정보가 실제 현장과 어떻게 결합했는지 평가

정리: AI-기반 PBL의 가치

- **자기주도 학습**: ChatGPT는 "1:1 맞춤 도우미"로, 학생 각자의 학습 속도와 관심사에 맞춰 실시간 피드백을 제공합니다.
- **협업 촉진**: 팀 프로젝트에서 ChatGPT를 함께 활용하면 아이디어 교환이 빨라지고 의사 결정이 체계적으로 이루어집니다.

- **실전 감각 제고**: 학생들이 현장 문제를 다루면서 AI가 주는 참고 자료와 직접 조사 결과를 결합하는 과정을 통해 문제 해결 능력을 키울 수 있습니다.
- **교사의 역할 확장**: 교사는 정보 제공자가 아닌 학습 조력자와 촉진자로서 AI 활용을 조율하고, 학습 과정이 깊어지도록 안내합니다.

결과적으로, 프로젝트 기반 학습에서 ChatGPT를 적절히 활용하면 학생들이 보다 창의적이고 몰입도 높은 학습 경험을 얻을 수 있습니다. 하지만 AI 의존과 표절을 방지하기 위한 교사의 세심한 지도가 필수적이며, 안전·윤리 등 전통적 교수 역할도 여전히 중요합니다. 이러한 균형 잡힌 접근을 통해 PBL은 학생 중심의 성취와 자기주도적 역량 함양이라는 본연의 목적을 한층 더 효과적으로 달성할 수 있을 것입니다.

3.
학습 동기 부여를 위한
AI 활용 노하우

'학습 동기(Motivation)'는 교육 현장에서 중요한 요소 중 하나입니다. 아무리 좋은 교육 콘텐츠와 커리큘럼이 준비되어 있어도 학생 스스로 배우고자 하는 열정과 흥미가 없다면 학습 효과가 크게 떨어집니다. 이때 ChatGPT와 같은 대화형 AI 기술을 적절히 활용하면 학생들의 호기심을 자극하고, 학습에 대한 능동적 참여를 이끌어 낼 수 있습니다. 이번 장에서는 학습 동기를 높이기 위해 AI를 활용하는 구체적 전략과 사례 그리고 주의해야 할 점들을 살펴보겠습니다.

1) 흥미로운 '학습 경험' 설계

즉각적 피드백 제공
학생들이 질문할 때마다 ChatGPT는 실시간으로 답변과 힌트를 제시해 줍니다.

예: "수학 문제 풀이에서 막혔는데, 어떤 식으로 접근하면 좋을까?"라고 묻는 즉시 여러 방법론을 간단히 안내해 줌으로써 실패감이나 지루함을 줄이고, 도전 의욕을 유지시켜 줍니다.

게임화(Gamification) 요소 도입

ChatGPT를 통해 퀴즈, 미니 게임 아이디어를 언어 학습 주제를 게임 형식으로 변환할 수 있습니다.

예: "중세 역사 학습을 보드게임처럼 진행하기 위해 어떤 규칙과 미션을 만들면 좋을까?"

학생들은 이런 게임적 몰입을 통해 학습 과정을 즐기게 되고, 자발적 참여가 높아집니다.

단계적 성취감 부여

ChatGPT가 제공하는 단계별 난이도 또는 단계별 목표 설정 아이디어를 활용해 학생들에게 작은 목표를 달성할 때마다 보람을 느끼도록 설계할 수 있습니다.

예: "초급 → 중급 → 고급" 문제를 순차적으로 풀어 보거나 "챕터별 보상"을 도입해 학생들이 성장하는 과정을 체감하도록 합니다.

2) 개인 맞춤형 지원으로 자기주도 학습 강화

개인별 수준 차이를 반영한 학습 컨설팅

ChatGPT에 "이 학생의 약점이 OO이고 강점이 OO이라는 정보를 바탕으로 다음 학습 단계 혹은 교정 전략을 추천해 달라"고 요청하면 맞춤형 학습 루트를 빠르게 생성해 줍니다. 학생은 자신만의 페이스에 맞춰 학습하면서 과정 제어감을 느껴 동기가 상승합니다.

언어·난이도 조정

ChatGPT는 같은 주제를 여러 난이도로 설명할 수 있습니다(초등학생 수준, 고등학생 수준, 대학생 수준 등).

예: "이 물리 개념을 중학교 1학년 수준으로 다시 쉽게 풀어 달라"라고 요청해 이해도에 맞춘 설명을 얻고, 학생은 좌절감 없이 학습을 이어 갈 수 있습니다.

자기성찰 및 피드백 루프

학생이 작성한 에세이, 프로젝트 보고서 등을 ChatGPT에 보여 주고, "개선점"이나 "논리적 허점"을 묻는 식으로 지속적 피드백을 받게 하면 학생 스스로 학습 과정을 자각하고 능동적 수정을 시도하게 됩니다. 이는 주도적 학습 태도를 함양하는 데 큰 도움이 됩니다.

3) 호기심과 창의적 사고 자극

다양한 시나리오 제시

학습 내용과 결부된 시나리오를 ChatGPT로부터 제안받아, 학생들이 역할극(Role-Play) 혹은 가상 상황을 체험할 수 있게 합니다.

예: "에너지 위기가 닥친 가상 도시 시장이 되어 해결책을 모색하라" 등의 설정을 통해, 학생들은 창의적 사고와 문제 해결력을 기를 수 있습니다.

재미있는 연결고리 발견

ChatGPT가 가진 방대한 텍스트 데이터를 활용해 학생들이 학습 중인 주제와 다른 분야를 연결하는 흥미로운 지점을 찾아볼 수 있습니다.

예: "이 수학 공식이 예술 작품에서 어떻게 쓰였는지 사례가 있을까?" 등 의외의 연관성을 발견하면, 호기심이 더욱 커집니다.

확장된 브레인스토밍

프로젝트, 과제, 연구 주제를 정할 때 브레인스토밍을 ChatGPT와 함께 진행하며 학생들의 발상 범위를 크게 넓힐 수 있습니다. 평소 생각지 못했던 키워드나 사례를 제시받으면 학생들은 새로운 가능성에 대해 스스로 탐색해 보고 싶어진다는 동기를 갖게 됩니다.

4) 협업·경쟁 요소로 동기 상승 유도

팀별 과제 해결 및 ChatGPT 기록 공유

한 조가 ChatGPT를 활용해 얻은 아이디어나 중간 답변을 공동 문서(예: 구글 독스, 노션)에 공유하고, 다른 조와 비교·토론하는 식으로 진행하면, 건전한 경쟁과 협력이 동시에 유발됩니다. 팀원들은 "우리 조가 더 참신한 답을 이끌어 낼 수 있을까?"라는 도전 의식을 느끼면서 적극적 참여를 이어 갑니다.

학급 차원의 'AI 활용 대회'

교실 환경에서 작은 경연 형식으로 "ChatGPT를 활용해 가장 창의적인 학습 자료 만들기" 같은 이벤트를 열 수 있습니다.

예: 각 조가 ChatGPT로부터 얻은 정보를 시각화하거나 교재 형태로 편집하여 발표하고, 완성도나 독창성을 함께 평가합니다.

학생들은 게임적 요소와 팀 활동을 결합해 스스로 의욕을 내고 협동력을 발휘하게 됩니다.

반응적 피드백 시스템

ChatGPT와의 대화 내용이나 학습 진척 상황을 교사나 동료 학생이 함께 모니터링하며 즉시 칭찬이나 보완 의견을 주고받습니다. 칭찬과 긍정적 반응이 쌓이면 학생들은 "내가 잘하고 있구나"라는 자기효능감을 얻어 더욱 학습 의욕을 느끼게 됩니다.

5) 주의사항 및 교사 역할

균형 잡힌 지도

AI를 활용한다고 해서 인간 교사의 역할이 줄어드는 것은 아닙니다. 교사는 학습 주제, 평가 기준, 학생별 개별 지도 등을 총괄하며, AI가 주는 정보를 교육 과정과 학습 목표에 적절히 연결해 주어야 합니다.

과도한 의존 방지

학생들이 "모르겠으면 ChatGPT에게 전부 맡기면 되겠다"라는 태도를 갖지 않도록 비판적 사고와 자기주도적 탐색의 중요성을 꾸준히 강조할 필요가 있습니다. 교사는 ChatGPT의 답변이 때때로 부정확하거나 편향될 수 있음을 알려 주고, 대안적 견해나 추가 자료를 찾아보도록 유도합니다.

학습 윤리와 저작권

ChatGPT가 생성한 텍스트나 아이디어를 학생 고유의 작업물로 둔갑시키지 않도록 인용과 재해석 지도를 병행해야 합니다. AI 도구의 사용을 인정하되, 최종 결과물을 학생 스스로 재구성하는 과정을 강조함으로써 학습 윤리와 지적 재산권에 대한 인식을 높입니다.

안정적 환경 구축

인터넷 접속 불안정 등 기술적 문제가 잦으면, 학생들의 몰입도와 동기가 떨어질 수 있습니다. 수업 환경에서 장애 시 대처 방안(대체 자료, 오프라인 학습 활동)도 마련해 둬야 하며, AI 도구가 중단되더라도 수업 목표를 달성할 수 있는 계획 B가 필요합니다.

정리

- 즉각적 피드백과 개인맞춤형 학습을 지원하는 ChatGPT는 학습 동기를 높이는 강력한 수단이 될 수 있습니다.
- 호기심과 창의성을 자극하기 위해 게임화 요소, 시나리오 학습, 브레인스토밍 등을 적극 활용하고, 협업과 경쟁을 결합해 학생들 간의 학습 의욕을 고취시킬 수 있습니다.
- 교사는 조력자로서 학생들의 AI 활용 과정을 지도·조율하며, 과도한 의존을 방지하고 학습 윤리를 지키도록 돕는 역할을 맡아야 합니다.

결국, ChatGPT를 통한 학습 동기 부여는 학생이 스스로 주도하는 학습 분위기를 만드는 데 큰 기여를 하게 될 것입니다. 학생들의 호기심을 불러일으키고, 성취감을 지속적으로 맛볼 수 있게 해 주며, 협업과 경쟁을 균형 있게 조성한다면 교실 내 학습 열기와 창의적 사고가 한층 더 활발히 꽃피울 수 있을 것입니다.

4.
학생 팀 프로젝트 및
평가에의 적용 방안

학생들이 팀 프로젝트를 수행하는 과정은 협력, 커뮤니케이션, 문제 해결 능력을 기르는 데 있어 매우 효과적인 학습 방식입니다. 여기에 ChatGPT와 같은 대화형 AI를 적절히 접목하면 팀 프로젝트 진행 전반과 성과 평가에 새로운 기회를 열어 줄 수 있습니다. 이 장에서는 학생 팀 프로젝트에 ChatGPT를 적용하는 구체적 방법과 그 평가 프로세스를 어떻게 설계하면 좋을지 살펴보겠습니다.

1) 팀 프로젝트 기획 단계

프로젝트 주제 선정
학생들이 공동으로 관심 있는 분야(환경, 사회 문제, 창업 아이디어 등)를 정한 뒤 ChatGPT에게 주제 관련 아이디어를 브레인스토밍 하도록 요청할 수 있습니다.

예: "기후 변화 관련 팀 프로젝트를 기획 중인데, 고등학생 수준에서 실현 가능한 캠페인이나 연구 아이디어를 제안해 줘."

ChatGPT가 제시하는 핵심 키워드나 관련 사례를 팀이 함께 검토함으로써 학생들은 보다 구체적이고 실현 가능한 프로젝트 주제를 결정할 수 있습니다.

목표 및 역할 분담 구체화

팀별 미션, 목표, 역할 분담을 체계적으로 정리할 수 있도록 ChatGPT
가 항목별 안내를 제공할 수 있습니다.

예: "4명이 한 팀이 되어 애플리케이션 프로토타입을 만들 계획인데, 어
떤 역할(기획, 디자인, 개발, 발표 등)을 어떻게 분배하면 효율적일까?"

ChatGPT가 제안하는 분업 체계를 참고해 학생들이 스스로 각자 맡을
일을 결정하도록 유도하면 책임감을 높일 수 있습니다.

프로젝트 계획서 초안 작성

팀 프로젝트 기획서를 쓸 때, ChatGPT에게 목차나 필수 항목을 제공
받아 초안을 빠르게 만들 수 있습니다.

예: "우리 팀 프로젝트 계획서를 작성하는데, 목적, 배경, 기대 효과, 추
진 일정, 예산, 평가 방법 순으로 예시 문안을 만들어 줘."

학생들은 이 초안을 토대로 실제 상황과 개인 의견을 덧붙여 최종안을
완성합니다.

2) 진행·협업 과정에서의 활용

작업 단계별 도움말

팀 프로젝트를 진행하면서 발생하는 여러 과제(자료 조사, 인터뷰 질문 구
성, 문서 작성 등)에 대해 ChatGPT가 실시간 팁을 제공할 수 있습니다.

예: "인터뷰 질문을 어떻게 짜야 효과적으로 정보를 수집할 수 있을까?"
라고 묻고, 개방형 질문과 구체적 질문을 혼합한 예시를 받음으로써 인터

뷰 준비를 간소화할 수 있습니다.

문서 협업
보고서 작성이나 발표 자료 준비 시, ChatGPT가 제시하는 초안 문구를 팀원 간 공동 문서(구글 독스, 노션 등)에 반영하고, 추가 수정을 거쳐 최종본을 만듭니다. 특정 부분이 어색하거나 논리적 연결이 부족한지 교정받고, 필요시 재질문을 통해 더 정교한 문장을 얻을 수 있습니다.

중간 점검 및 리스크 대응
프로젝트가 중간 단계에 도달했을 때 ChatGPT에게 "진행 상황을 평가하는 체크리스트"나 "예상 리스크 목록"을 요청할 수 있습니다.

예: "중간 보고서를 작성하기 전 어떤 항목을 점검해야 하고, 우리 프로젝트에서 놓치고 있는 부분은 무엇일까?"

이를 통해 문제 예방과 보완이 가능해 프로젝트 완성도를 높일 수 있습니다.

3) 발표·홍보 자료 제작 지원

발표 스토리텔링 구성
최종 발표를 준비할 때, 스토리텔링 기법이 중요합니다. ChatGPT에 "우리 프로젝트를 소개할 때 강렬한 도입 문장을 만들고 싶다."라고 요청해 흐름 구상이나 카피를 아이디어로 받을 수 있습니다. 프레젠테이션 슬라이드의 논리적 순서(문제 제기 → 접근 방법 → 결과 → 시사점)를 함께 점검받으면 일관성을 갖춘 발표가 가능합니다.

시각자료 아이디어 제시

포스터, 브로서, SNS 홍보용 이미지 등을 만들 때 ChatGPT가 디자인 컨셉이나 키워드를 제안할 수 있습니다.

예: "환경 보호 캠페인을 홍보하는 포스터를 만들 계획인데, 어떤 색감과 슬로건을 사용하면 효과적일까?"

제안받은 아이디어를 기반으로 학생들이 실제로 디자인 툴(예: 캔바, 포토샵 등)을 사용해 구현함으로써 창의력을 더욱 발휘할 수 있습니다.

Q&A 예상 및 리허설

발표 후 예상되는 질문을 ChatGPT가 미리 던져 주도록 설정하면, 학생들은 발표 리허설 단계에서 다각적 시선으로 사전 대비할 수 있습니다.

예: "이 프로젝트의 한계나 예산 문제에 대한 날카로운 질문이 있을 때 어떻게 답변하면 좋을까?"

ChatGPT가 제시하는 가상의 질문과 모범 답안을 참고해 학생들은 긴장 완화와 설득력 강화를 이룰 수 있습니다.

4) 평가·피드백 시스템에 ChatGPT 접목

과정 중심 평가

교사는 팀 프로젝트의 과정(역할 분담, 협력, 의사소통)과 결과물을 모두 고려해야 합니다. ChatGPT가 진행 기록 요약(예: 회의록 정리, 주요 결정 사항 정리)을 지원해 주면 교사가 객관적 데이터를 바탕으로 평가를 내릴 수 있습니다.

예: "3주간의 회의록을 1페이지로 요약해 줘. 팀원별 기여 내용도 간단히 구분해 줘."

자체 평가(Self Assessment)

학생들이 팀 프로젝트 후 ChatGPT에 "내가 맡은 역할에서 잘한 점과 아쉬운 점을 스스로 분석해 달라"고 요청할 수 있습니다. 물론 ChatGPT 의 답변이 단순 참고용이지만, 학생들은 이를 바탕으로 자기반성과 성찰 과정을 거치며 향후 개선 방향을 스스로 모색하게 됩니다.

동료 평가(Peer Review)

팀원 간 상호평가 시, ChatGPT가 작성한 간단한 설문지나 체크리스트 를 활용해 효율적인 평가 도구를 만들 수 있습니다.

예: "협업 태도, 책임감, 커뮤니케이션 능력 등을 평가하기 위한 5개 항 목의 설문 문항을 예시로 만들어 줘."

이를 통해 개별 기여도와 팀워크를 동시에 평가할 수 있습니다.

객관적 기준 설정

ChatGPT를 활용해 "프로젝트 평가 루브릭"을 생성할 수도 있습니다 (예: 아이디어 독창성, 실행 가능성, 발표 완성도 등). 교사는 이를 토대로 최종 점수를 결정하되, 학습 목표나 교육 철학과 합치되는지 최종 점검하고 적 용합니다.

5) 주의사항 및 교사의 역할

학생 중심의 결정 구조

ChatGPT가 제안한 의견이 팀 내 의사 결정을 지배하지 않도록 주의해 야 합니다. 최종 판단은 학생들이 서로 협의해 내리도록 유도합니다.

정보 검증

팀 프로젝트 과정에서 ChatGPT가 제공한 정보가 최신성이나 정확성 면에서 제한이 있을 수 있습니다. 교사는 학생들이 추가 자료나 현장 조사로 정보를 교차 확인하도록 지도해야 합니다.

기밀·개인정보 보호

외부 파트너나 내부 자료가 관련된 프로젝트에서는 민감 데이터를 ChatGPT에 그대로 입력하는 걸 삼가고, 익명화나 요약본 등 안전 조치를 취하도록 합니다.

학습 윤리와 책임감

프로젝트 결과물에 대한 공동 책임을 강조하고, ChatGPT의 도움을 받았음을 투명하게 기록(출처 표기 등)하도록 유도해야 합니다. 학생들은 적절한 인용과 자기 표현을 구분하여 표절을 예방해야 합니다.

정리

학생 팀 프로젝트에 ChatGPT를 접목하면 아이디어 발굴부터 문서 작성, 발표 준비, 평가 프로세스에 이르기까지 다방면으로 생산성과 창의성을 높일 수 있습니다.

- **기획 단계**: 프로젝트 주제 선정, 목표·역할 분담 구체화
- **진행·협업**: 자료 조사, 문서 작성, 회의록·결정 사항 정리
- **발표 준비**: 스토리텔링 구성, 시각자료 제안, Q&A 대비
- **평가**: 과정·결과 평가 루브릭, 동료평가 설문, 자기반성 안내

이러한 체계는 팀워크와 자기주도적 역량을 함양하면서도, 교사에게는

보다 객관적이고 폭넓은 평가 데이터를 제공하게 됩니다. 다만, 최종 결정과 책임은 학생들에게 남겨 두고, 교사는 안전, 윤리, 교육 목표를 충실히 관리·지도해야 한다는 점이 핵심입니다. 이렇게 인간적 판단과 AI 기술이 조화를 이루는 환경에서 학생들은 진정한 협업 경험과 자기 주도 학습 능력을 한층 높이게 될 것입니다.

실무 현장의 구체적 활용 시나리오

해당 이미지는 ChatGPT 4o에서 해당 챕터의 주요내용을 프롬프트로 사용하여 제작하였습니다.

1.

직무별 ChatGPT 활용
(HR, 기획, 마케팅, 개발 등)

조직 내 직무별로 ChatGPT를 활용하는 방식은 다양합니다. 부서와 역할에 따라 필요한 정보와 역량이 다르기 때문입니다. 이 장에서는 HR(인사), 기획, 마케팅, 개발 등 대표적인 직무를 중심으로 ChatGPT가 업무 효율과 생산성을 어떻게 높일 수 있는지 자세히 살펴보겠습니다.

1) HR(인사) 분야

채용 공고 및 지원서 분석

채용 공고 문안 작성: "주어진 직무 설명을 기반으로, 지원자가 이해하기 쉬운 구체적 채용 공고를 작성해 줘."라고 하면 ChatGPT가 직무 역량, 회사 문화 등을 고려한 초안을 제안해 줄 수 있습니다.

지원서·이력서 분석: 특정 지원자의 경력과 역량을 요약해 달라고 요청하면 핵심 스킬과 장점을 빠르게 파악하는 데 도움이 됩니다.

면접 질문 아이디어: 다양한 직무(개발, 마케팅, 기획 등)에 맞춰 직무 연관 면접 질문과 인성 질문을 자동으로 생성해 면접 준비 시간을 단축할 수 있습니다.

인사 정책·내부 커뮤니케이션

사내 규정 초안 작성: 인사 정책, 복지 제도 변경 등 내부 공지를 작성할 때, ChatGPT가 간결하고 이해하기 쉬운 문구를 제시해 줄 수 있습니다.

직원 역량개발 프로그램: "직무별 역량 개발을 위한 온라인 교육 프로그램 아이디어"를 얻거나 교육 로드맵을 간단히 구성해 달라고 하면, HR 담당자의 기획 시간을 크게 줄일 수 있습니다.

평가·보상 체계 설계

평가항목 및 체크리스트: 개인 역량 평가 지표를 정리하거나 팀 성과 측정 지표(KPI)를 수립할 때, ChatGPT가 항목별 초안을 제시해 줄 수 있습니다.

보상 방안: 다양한 보상 정책(성과급, 스톡옵션, 비금전적 보상) 사례를 ChatGPT에게 요약받아 사내 상황에 맞춰 참고할 수 있습니다.

2) 기획(Planning) 분야

아이디어 발굴 및 브레인스토밍

새로운 사업 아이디어, 이벤트 기획, 서비스 개선안 등을 구상할 때 ChatGPT에 "시장 트렌드"나 "유사 사례"를 질문하면 다양한 관점을 제시받을 수 있습니다.

예: "신규 온라인 커뮤니티를 기획 중인데, 주 타깃을 20대 대학생으로 잡았을 때 핵심 기능이 무엇이 되어야 할까?" 등 구체적 질문을 통해 아이디어 폭을 확장합니다.

시장 조사·데이터 분석 보조

간단한 설문 결과나 시장 통계를 요약·정리하도록 지시하면, 핵심 인사이트를 빠르게 뽑아 볼 수 있습니다.

"A사와 B사의 경쟁 분석" 같은 리서치 초안을 ChatGPT로부터 받아 세부 수치를 교차 검증 후 최종 보고서로 발전시킵니다.

프로젝트 기획서·로드맵 작성

기획 업무에서 기획서는 핵심 산출물입니다. ChatGPT가 목차나 논리 구조를 잡아 주면, 기획자는 여기에 실제 데이터와 현황을 반영해 설득력 있는 기획서를 완성합니다.

예: "6개월짜리 웹 서비스 개발 프로젝트 로드맵" 초안을 요청해 일정·예산·리스크 항목을 제시받고, 팀 상황에 맞춰 조정합니다.

의사결정 시나리오 제안

"이 서비스의 유료화 전략을 도입했을 때 장단점은 무엇이고, 다른 시나리오가 있을까?" 같은 질문으로 다양한 시뮬레이션을 ChatGPT에게 맡길 수 있습니다. 기획자는 ChatGPT가 제시한 시나리오를 바탕으로 리스크와 기회를 분석하고, 최종 결정을 내릴 때 참고 지표로 삼습니다.

3) 마케팅 분야

콘텐츠 기획·카피라이팅

광고 문구(카피), SNS 홍보 문구, 블로그 포스팅 아이디어 등 콘텐츠 제작 업무에 ChatGPT가 큰 도움을 줍니다.

예: "페이스북에 올릴 새 학기 맞이 프로모션 문구 3가지를 작성해 줘.

간결하면서도 밝은 톤으로 부탁해."

여러 버전을 빠르게 확보하고, 그중 가장 브랜드 이미지에 맞는 것을 최종 확정할 수 있습니다.

시장·경쟁사 분석 초안

ChatGPT에게 특정 시장의 최근 트렌드나 경쟁사 전략을 요약해 달라고 하면 기초 인사이트를 신속히 얻을 수 있습니다. 물론 최신 데이터는 추가 확인이 필요하지만, 리서치 범위를 좁히고 주요 관점을 파악하는 데 유용합니다.

캠페인 기획 및 채널 전략

"이제 막 론칭한 스타트업 상품을 대중에게 알리는 방법" 등을 물어, '다양한 채널(온라인·오프라인)'과 바이럴 아이디어를 얻을 수 있습니다.

예: "20대 여성 타깃, 인스타그램과 틱톡 중심의 바이럴 캠페인을 기획 중인데, 독특한 해시태그와 이벤트 방식을 제안해 줘."

ChatGPT가 제안한 아이디어를 마케팅 팀이 실제 브랜드 콘셉트에 맞춰 재구성·실행합니다.

성과 지표 및 분석 활용

광고 집행 후, '성과 지표(KPI)'를 어떻게 해석하면 좋을지 ChatGPT에 물어볼 수 있습니다.

예: "클릭률이 1% 미만인데, 어떤 측면에서 문제점을 찾아봐야 할까?" 같은 질문을 통해 개선 아이디어(랜딩페이지 수정, 타깃 세분화 등)를 도출할 수 있습니다.

4) 개발(Engineering) 분야

코딩 보조 및 예제 코드 생성

개발자는 새로운 기능을 빠르게 프로토타이핑하거나, 에러 해결을 위해 샘플 코드를 필요로 할 때가 많습니다.

예: "파이썬에서 데이터베이스 연결 후, 간단한 CRUD 기능을 구현하는 코드를 예시로 보여 줘."

이를 토대로 실제 환경에 맞춰 수정·보완하면서 개발 시간을 절약할 수 있습니다.

오류 디버깅 및 문제 해결

특정 오류 메시지를 ChatGPT에게 전달하고 "이 오류가 발생하는 원인이 뭔지, 어떻게 해결할 수 있는지 알려 줘."라고 요청하면 기본 가이드를 받을 수 있습니다.

예: "React 앱 빌드 시 'Module not found' 에러가 나는데, 주로 어떤 부분을 체크해야 할까?"

ChatGPT의 조언으로 크게 시간을 단축할 수 있으나, 실제 해결책 적용 전에는 테스트와 검증이 필수입니다.

아키텍처 설계 및 모범 사례

대규모 서비스의 아키텍처를 구상하거나 설계 패턴에 대해 고민할 때, ChatGPT가 다양한 사례와 원칙을 설명해 줄 수 있습니다.

예: "마이크로서비스 아키텍처로 전환하려고 하는데, 주요 장단점과 주의할 점이 있을까?"

개발팀은 이를 참고해 현업 환경에 맞는 최적의 구조를 결정합니다.

기술 문서·릴리스 노트 작성

개발 후, 기술 문서나 API 문서, 릴리스 노트를 작성하는 데에도 ChatGPT를 활용할 수 있습니다. "이 코드의 주요 기능을 한 문단으로 요약해 줘." 같은 부탁을 해서 기본 초안을 얻은 뒤, 최종 문서는 실제 동작과 일치하도록 수정을 거칩니다.

5) 종합 요약 및 주의사항

직무별 맞춤 활용

HR: 채용·교육·정책 문서 작성 및 면접 질문 구성

기획: 시장 조사, 브레인스토밍, 기획서·로드맵 작성

마케팅: 콘텐츠 기획, 광고·SNS 문안 작성, 캠페인 아이디어

개발: 코드 샘플, 디버깅, 아키텍처 설계, 문서화

인간적 판단과 결합

ChatGPT가 제안하는 내용이 항상 완벽하거나 최신은 아니므로 각 직무 담당자는 결과를 검증하고 현실적 실행 가능성을 확인해야 합니다. 데이터 교차 검증, 팀 협업을 통해 AI가 놓칠 수 있는 부분을 보완합니다.

보안·민감 정보 주의

회사 내부 문서나 기밀 정보, 고객 개인 정보 등을 ChatGPT에 무분별하게 입력하면 보안 리스크가 발생합니다. 민감 내용은 익명화 또는 축약본 형태로 다루고, 필요 최소한의 맥락만 전달하도록 유의합니다.

정책 및 윤리 준수

회사의 AI 활용 지침이 있다면 준수해야 하며, 저작권이나 표절 문제를 피하기 위해 참고 자료로만 사용해야 합니다. 최종 산출물(보고서, 코드 등)은 직원이 직접 검토·수정한 뒤 제출해야 합니다.

정리

직무별로 ChatGPT가 제공할 수 있는 지원 범위는 무궁무진합니다.

- HR에서는 인재 채용과 교육, 정책 수립에 대한 문서 작성·아이디어 제공.
- 기획에서는 시장 조사, 브레인스토밍, 전략 수립의 속도를 높이고 정확도를 보완.
- 마케팅에서는 콘텐츠 생산, 경쟁사 분석, 채널별 캠페인 기획 등에 큰 도움.
- 개발에서는 코딩, 디버깅, 설계, 문서화 등 전 과정에서 생산성 제고.

다만, 업무 결과물의 품질과 책임은 결국 사람에게 달려 있습니다. ChatGPT가 생성한 초안이나 아이디어를 토대로 인간적 판단, 팀 협업, 현장감이 더해졌을 때 비로소 최종 산출물이 실질적인 가치를 발휘할 수 있습니다. 이를 통해 각 부서는 시간 절약과 창의적 문제 해결 모두를 잡을 수 있을 것이며, 궁극적으로 조직 전체의 효율성과 경쟁력이 상승하게 됩니다.

2.

프로젝트 관리와
아이디어 브레인스토밍 적용

'프로젝트 관리(Project Management)'는 일정·예산·인력·성과 등 다양한 요소를 종합적으로 운영·통제하는 과정을 말합니다. ChatGPT를 프로젝트 관리 프로세스에 접목하면 '작업 분할(WBS)'부터 아이디어 브레인스토밍, 위험 관리, 성과 점검까지 여러 단계에서 효율성과 창의성을 높일 수 있습니다. 이 장에서는 프로젝트 관리와 아이디어 브레인스토밍을 중심으로 ChatGPT가 어떤 식으로 활용될 수 있는지 구체적인 방안을 살펴보겠습니다.

1) 프로젝트 관리 과정에서의 ChatGPT 활용

프로젝트 구조 설계(WBS)

프로젝트 초기 단계에서 작업을 세분화하는 'WBS(Work Breakdown Structure)'를 작성할 때 ChatGPT가 템플릿이나 대표 구조를 제시해 줄 수 있습니다.

예: "6개월짜리 웹 서비스 개발 프로젝트의 WBS를 '기획-디자인-개발-테스트-배포' 순으로 잡고 싶어. 세부 작업을 단계별로 나눠서 제안해 줘."

ChatGPT가 제시한 결과를 팀원이 현실적인 리소스와 일정 등을 재검토하면서 최종화하면 효율적인 기초 설계가 완성됩니다.

일정·자원 계획(스케줄링)

Gantt 차트나 Kanban 보드 등을 만들기 전, 프로젝트에 필요한 주요 마일스톤과 예상 소요 시간을 ChatGPT에게 간단히 계산·추정해 달라고 요청할 수 있습니다.

예: "이 프로젝트에 필요한 인원이 5명이고, 각 단계별 예상 기간을 산출해 줘. 디자인에 2주, 개발에 4주, 테스트에 2주 정도면 될지 궁금해."

ChatGPT가 단순화된 스케줄을 제안하면 실제 환경과의 갭을 팀이 직접 조정해 나갑니다.

위험 식별 및 대책 마련

프로젝트 중 발생할 수 있는 '위험 요소(리스크)'를 ChatGPT에게 나열해 보라고 지시하면 인적 리스크, 기술적 리스크, 예산 초과 등 범주별로 대표 사례를 뽑아 줄 수 있습니다.

예: "신규 기술 도입 프로젝트에서 발생할 수 있는 리스크 5가지를 알려주고, 각각의 대비책도 제안해 줘."

이를 통해 사전 위험관리 계획을 세울 때 놓칠 수 있는 영역을 최소화할 수 있습니다.

진행 상황 모니터링 및 리포트 초안

매주 혹은 매월 팀 보고서를 작성해야 한다면 ChatGPT가 진행 상황 요약이나 차트 생성 아이디어를 제공해 줄 수 있습니다.

예: "이번 달 프로젝트 진행률은 약 60%이고, 문제가 된 부분은 A 모듈의 개발 지연이야. 이를 간단히 리포트 형태로 정리해 줘."

팀은 초안을 기반으로 실제 수치나 현황을 반영해 최종 보고서를 작성함으로써 시간과 노력을 아낄 수 있습니다.

2) 아이디어 브레인스토밍 시 ChatGPT 활용

초기 발상 확장

브레인스토밍은 마구잡이로 아이디어를 쏟아내는 게 핵심이나 종종 팀원들이 특정 틀에 갇혀 발상을 못 펼칠 때가 있습니다. ChatGPT에게 "어떤 식으로 접근하면 새로운 관점의 아이디어를 낼 수 있을까?"를 물어보거나, 키워드를 몇 개 던져 발상을 확장해 보도록 유도할 수 있습니다.

예: "우리 앱 기능을 확장하기 위해 '유저 프로필', '커뮤니티', '보상 시스템' 등의 키워드를 기반으로 참신한 아이디어를 5개 제시해 줘."

주제·목표별 아이디어 구조화

"A 목표 달성을 위해 B 주제로 브레인스토밍 중인데, 항목별로(기술 아이디어, 마케팅 아이디어, 운영 아이디어 등) 나눠서 정리해 달라"고 하면, 카테고리별 브레인스토밍 결과를 얻을 수 있습니다. 이를 통해 생각들이 체계적으로 정리되며, 팀원들이 어느 영역에 더 집중할지 쉽게 판단할 수 있습니다.

장·단점 분석

브레인스토밍에서 나온 여러 아이디어 중 ChatGPT에게 "각 아이디어의 장단점을 표로 만들어 줘."라고 요청하면 간단한 비교표를 생성해 줍니다. 이를 토대로 팀이 후보 아이디어의 우선순위를 가리고, 나아가 실행 가능성을 검토하기 용이해집니다.

아이디어 구체화 및 예시 제공

브레인스토밍으로 대략적인 방향이 나온 뒤 "이 아이디어를 실제로 구현하려면 어떤 단계가 필요하고, 사례가 있을까?"라고 물으면, ChatGPT가 실행 로드맵이나 유사 사례를 제안해 줍니다.

예: "사용자 레벨 시스템 도입 아이디어가 나왔는데, 실제 게임이나 앱에서 어떻게 활용되고 있는지 사례를 알려 줘."

이렇게 예시 자료를 얻어 팀원들이 구체화 작업에 집중할 수 있습니다.

3) 협업 툴과의 연동 아이디어

프로젝트 관리 툴과 ChatGPT 결합

Trello, Asana, Jira 등 협업 툴에서 생성되는 태스크 내용을 ChatGPT에 전달해, "이 태스크들의 우선순위를 정해 줘." 같은 요청을 할 수 있습니다. AI가 설정한 우선순위를 참고해 프로젝트 관리자가 최종 결정하면 일정 관리가 한층 수월해집니다.

실시간 브레인스토밍 세션

화상 회의(Zoom, MS Teams 등)나 온라인 협업 플랫폼(Notion, Miro 등)과 ChatGPT를 병행해 실시간 브레인스토밍을 진행할 수 있습니다.

예: 팀원들이 한 문장씩 적은 아이디어를 ChatGPT가 요약·분류하면, 실시간으로 결과를 공유해 즉시 피드백하고 의견을 덧붙일 수 있습니다.

통합 지식 베이스 구축

프로젝트 중 나오는 Q&A, 회의록, 아이디어 목록 등을 ChatGPT로 요약·정리해서 하나의 지식 베이스로 축적할 수 있습니다. 추후 유사 프로젝트가 시작되면, 이 지식 베이스를 ChatGPT가 재활용하도록 해 학습 효율과 프로세스 개선을 추구할 수 있습니다.

4) 위험 요소와 주의 사항

데이터 정확도 문제

ChatGPT는 학습된 지식에 기반하여 추론하지만 반드시 최신 정보나 정확한 데이터를 제공한다는 보장은 없습니다. 따라서 프로젝트 관리 시, 핵심 수치(예산, 일정 등)는 별도로 공식 데이터를 참조해 교차 검증해야 합니다.

보안·기밀 유지

민감한 프로젝트 정보나 내부 기밀을 ChatGPT 대화에 과도하게 노출하는 것은 위험합니다. 프로젝트 문서 작성 시 익명화 또는 축약된 형태로 정보를 제공하며, 회사 정책에 따른 보안 규정을 준수해야 합니다.

과도한 의존 경계

ChatGPT는 인간 팀원의 사고를 보완하는 수단이지 전적인 대체책이 될 수 없습니다. 무턱대고 AI 답변만 신뢰하기보다 팀원들과 의사소통하며 아이디어를 검증·실행해야 합니다.

의사결정의 책임 소재

ChatGPT가 제안한 내용을 그대로 채택했을 때 발생하는 책임은 인간에게 있습니다. 최종 결정은 프로젝트 매니저(PM)나 팀 리더가 내리고, AI가 제공한 정보를 참고 자료로만 삼아야 합니다.

5) 기대 효과와 실전 팁

생산성 향상

일정 관리, 위험 식별, 문서 작성처럼 반복적·단순한 업무를 ChatGPT
가 보조하므로 팀원들이 고부가가치 활동(창의적 해결, 의사 결정, 커뮤니케이
션)에 더 집중할 수 있습니다.

창의적 아이디어 도출

브레인스토밍 단계에서 ChatGPT가 틀을 벗어난 의견이나 새로운 관
점을 제시해 줄 가능성이 높습니다. 팀원들은 이를 디딤돌 삼아 문제를 다
양한 시각에서 접근하게 되고, 혁신적 해결책이 나올 수 있습니다.

명확한 지시 및 후속질문

AI에게 요청할 때는 "단계적으로 정리해 달라", "표 형식으로 요약해 달
라" 등 구체적인 지시를 해 주는 습관이 중요합니다. 후속 질문을 통해 점
진적으로 아이디어를 심화하며, 불명확한 부분을 명확히 하는 과정을 팀
원 모두가 숙지해야 합니다.

결과물 재검토

ChatGPT가 만든 리포트 초안, 아이디어 목록 등은 인간 팀원이 검토·
보완해야 최종 품질을 담보할 수 있습니다. 특히 데이터, 사실관계, 최신
동향은 별도 자료와 대조·검증하여 정확성을 높여야 합니다.

정리

프로젝트 관리와 아이디어 브레인스토밍 과정에서 ChatGPT를 활용
하면,

- WBS 설계부터 스케줄링, 리스크 관리까지 생산성을 높이고,
- 브레인스토밍 시 발상 확장과 아이디어 평가에 큰 도움을 줄 수 있습니다.

하지만, 인적 판단과 팀 협업이 결여된 채 AI 제안을 그대로 사용하면 오류나 책임 소재 문제가 발생할 수 있으므로 인간 중심의 검증과 의사 결정을 유지해야 합니다. 이처럼 올바른 방식으로 ChatGPT를 조합한다면 프로젝트의 완성도와 팀 창의력을 모두 높이고, 효율적인 협업 환경을 조성하는 데 기여할 것입니다.

3.
협업 툴과의 연동 (노션, 슬랙, 트렐로 등) 및 워크플로우 자동화

현대의 업무 환경에서 협업 툴은 프로젝트 관리, 커뮤니케이션, 문서 작성 등 다양한 과정을 체계화하고 효율화하는 데 핵심적인 역할을 합니다. ChatGPT를 이들 협업 툴과 연동하면 AI 기반의 자동화와 지능형 지원 기능이 더해져 업무 생산성이 한층 높아질 수 있습니다. 이 장에서는 대표적인 협업 툴(노션, 슬랙, 트렐로 등)과 ChatGPT 연동 방안 그리고 워크플로우 자동화에 대해 구체적으로 살펴보겠습니다.

1) 노션(Notion)과의 연동

노션은 문서 작성, 데이터베이스, 프로젝트 관리 등을 한곳에서 처리할 수 있는 올인원 협업 툴로 각광받고 있습니다.

AI 기반 문서 작성 및 요약

노션에서는 ChatGPT 기능(노션 AI)을 통합하거나, 외부 API를 통해 ChatGPT를 연결함으로써 문서의 자동 요약, 문법 교정, 초안 작성 등을 더 빠르게 처리할 수 있습니다.

예: 프로젝트 보고서를 작성할 때 노션 페이지에서 "이 문단 요약해 줘." 등 명령을 통해 ChatGPT의 즉각적인 피드백을 받습니다.

데이터베이스 활용

노션의 데이터베이스에 저장된 정보를 ChatGPT가 분석하거나 정리하여 특정 항목들에 대한 통합 보고서를 자동으로 생성할 수 있습니다.

예: "노션의 고객 피드백 데이터베이스"에 누적된 피드백을 ChatGPT로부터 "주요 카테고리별 분류" 혹은 "평가가 높은 순으로 정렬"하게 하여 인사이트를 얻습니다.

템플릿 & 매크로 자동화

노션에서 글쓰기 템플릿을 만들어 둔 뒤 ChatGPT에게 구체적 정보를 입력하면, 자동으로 분야별 초안을 완성해 주거나 페이지 생성을 지원할 수 있습니다.

예: 회의록, 면접 기록, 브레인스토밍 메모 등 자주 쓰이는 템플릿을 ChatGPT와 연동하여 입력 시간을 단축합니다.

2) 슬랙(Slack)과의 연동

슬랙은 팀 커뮤니케이션에 특화된 메신저 툴로, 다양한 봇과 앱을 통한 커스터마이징이 가능합니다. ChatGPT와 슬랙을 결합하면 실시간 대화형 AI 비서 역할을 수행할 수 있습니다.

슬래시 커맨드(/command) 및 봇(Bot) 생성

슬랙에서 ChatGPT 봇을 만들거나, 슬래시 커맨드를 통해 질문을 입력하면 ChatGPT가 채널 또는 개인 메시지로 답변을 반환하도록 설정할 수 있습니다.

예: "/askgpt 이번 주 영업 리포트 핵심만 요약해 줘." → ChatGPT가 영업 리포트 파일(혹은 텍스트) 분석 후 요약 답변을 제공.

메시지 자동응답

특정 키워드가 포함된 메시지가 슬랙 채널에 올라오면 ChatGPT가 자동으로 응답하도록 트리거를 설정할 수 있습니다.

예: "연차 사용" 키워드가 언급되면 ChatGPT가 연차 사용 절차나 사내 규정을 요약해 안내하는 메시지를 자동으로 전송.

Q&A 채널 운영

슬랙에 #qa 채널을 운영하면서 팀원들이 궁금한 점을 올리면 ChatGPT 봇이 즉시 답변하도록 할 수 있습니다. 단, 보안과 정확성 문제를 고려해 민감 정보나 최신 데이터가 필요한 질문은 별도 확인 절차가 필요합니다.

워크플로우 빌더(Workflow Builder) 연계

슬랙의 워크플로우 빌더를 통해 메시지나 폼 입력값을 ChatGPT API로 전달하고, 결과를 다시 슬랙 채널에 출력하는 자동화 프로세스를 만들 수 있습니다.

예: 업무보고 폼 제출 → ChatGPT가 요약 → 슬랙의 팀 리포트 채널 게시.

3) 트렐로(Trello)와의 연동

트렐로는 칸반(Kanban) 방식으로 태스크를 시각적으로 관리하는 툴입니다. ChatGPT와 결합하여 작업 카드 자동 생성, 업무 우선순위 도출 등을 자동화할 수 있습니다.

작업 카드 생성 및 분류 자동화

ChatGPT가 팀 채팅이나 문서에서 추출한 작업 아이디어를 트렐로 카드로 자동 생성하고, 우선순위나 태그를 부여하도록 설정할 수 있습니다.

예: 브레인스토밍 회의록을 ChatGPT로 요약 → 주요 할 일 항목을 트렐로의 보드 카드로 자동 등록.

알림 및 일정 관리

트렐로의 Due Date가 임박한 카드를 ChatGPT가 모니터링하고 슬랙 채널이나 이메일로 리마인드 메시지를 전송하도록 구현할 수 있습니다.

예: "마감 2일 전인 카드 목록"을 ChatGPT가 트렐로 API로 가져온 뒤 "@홍길동 님, 이 카드 확인 부탁드립니다." 메시지를 자동 발송.

상태 보고 및 간단 분석

트렐로 보드의 카드 진행 상황(Todo, Doing, Done)을 정기적으로 ChatGPT에게 요약하게 해 프로젝트 전체 진척 보고를 자동 생성할 수 있습니다.

예: "지난주 Doing 칸에서 Done으로 이동한 카드 수는 몇 개인지, 남은 할 일은 어떤 카드인지 정리해서 팀 채널에 게시."

4) 워크플로우 자동화 시나리오

ChatGPT와 협업 툴을 연동할 때 업무 프로세스의 일부를 자동화해 반복 작업을 줄이고, 핵심 업무에 집중할 수 있습니다. 몇 가지 대표적인 시나리오를 소개합니다.

1. 회의록→할 일 생성→진척 보고 일괄 자동화

- 회의가 끝나면 음성 기록 혹은 채팅 로그를 ChatGPT가 요약해 핵심 결정 사항과 액션 아이템을 뽑습니다.
- ChatGPT가 액션 아이템을 트렐로 카드나 노션 태스크로 자동

생성하고, 담당자에게 알림(슬랙 DM)을 보냅니다.

○ 일정 기간 후, 해당 태스크의 진행 상황을 다시 ChatGPT가 분석해 팀 채널에 진척 보고를 자동으로 올립니다.

2. 문서 초안→검수→게시 자동화

○ 기획·마케팅 문서 작성 시 ChatGPT가 초안을 생성하고, 지정된 리뷰어에게 협업 툴(노션/슬랙)로 검수 요청을 보냅니다.

○ 리뷰어가 수정 피드백을 남기면 ChatGPT가 수정안을 반영해 최종 버전 생성 → 지정된 게시판에 자동 게시(노션 페이지 발행, Slack 핀 고정 등).

3. 이슈 발생→해결 가이드 자동 생성

○ 개발 현장에서 특정 오류 메시지가 모니터링 시스템에 포착되면 ChatGPT가 해당 오류에 대한 잠재적 원인과 해결 가이드를 Slack 알림으로 전달.

○ 담당 개발자는 ChatGPT의 제안을 검토해 실제 환경에 맞게 적용하며, 적용 후 상태를 다시 리포트.

○ 최종 해결 정보를 ChatGPT가 정리해 노션의 기술 문서에 자동 업데이트.

5) 주의사항 및 성공 요인

API 및 보안 이슈

ChatGPT와 협업 툴을 연동하기 위해서는 OpenAI API 혹은 플러그인(앱) 형태로 연계해야 합니다. API 키 관리, 조직 보안 정책 준수 등 접근 제어가 필요하며, 민감 데이터는 신중하게 취급해야 합니다.

정확성 검사

자동화된 프로세스가 출력하는 정보(할 일, 일정, 문서 초안)가 항상 정확하고 업데이트된 것인지 주기적으로 모니터링해야 합니다. 잘못된 정보가 파이프라인에 들어가면 연쇄적 오류가 발생할 수 있으므로 인간 검증이 필수입니다.

사용자 교육 및 책임 분산

팀원들이 ChatGPT와 협업 툴을 효과적으로 사용하기 위해서는 간단한 교육과 사용 사례 공유가 필요합니다. 또한, 자동화된 태스크도 결국 최종 책임은 인간이 지는 것이므로 업무 프로세스 전반에 대한 소유권과 의사 결정 구조가 명확해야 합니다.

현실적 접근

모든 업무를 AI로 자동화하는 것은 비현실적이며, 작은 반복 업무부터 단계적으로 도입하는 것이 좋습니다.

예: 회의록 정리, 브레인스토밍 요약, 표준화된 템플릿 문서 생성 등 비교적 위험이 낮은 분야를 먼저 자동화하고, 점차 확장해 나갑니다.

정리

노션, 슬랙, 트렐로 등 협업 툴에 ChatGPT를 연동하면,

- 문서 작성, 아이디어 정리, 일정·태스크 관리 등이 자동화되어 반복 업무를 크게 줄여 주고,
- 팀 커뮤니케이션과 프로젝트 진행이 지능형으로 업그레이드됩니다.

이를 통해 워크플로우 전체가 더 유연하고 신속해지며, 팀원들은 보다

고부가가치 업무(창의적 발상, 고객 커뮤니케이션, 전략 결정)에 시간을 쏟을 수 있게 됩니다. 단, API 보안과 검증 과정을 철저히 하고, 최종 책임은 인간이 주도하되, AI의 자동화 잠재력을 적극 활용하는 균형점을 찾는 것이 성공의 핵심입니다.

4.

개인 역량 강화 및
업무 습관 개선 노하우

ChatGPT와 같은 AI 도구가 점차 업무 환경에서 활용되면서 개인 역시 자기 역량을 높이고 업무 습관을 바꾸는 방향으로 AI를 활용할 수 있습니다. 조직 차원의 프로세스 혁신도 중요하지만, 근본적으로는 개개인이 AI에 익숙해지고, 이를 통해 스스로 학습하고 성장하는 데의의가 있습니다. 이 장에서는 개인이 ChatGPT를 활용해 역량을 강화하고, 업무 효율을 극대화하는 노하우를 살펴봅니다.

1) 스스로를 위한 학습 파트너로 활용

질의응답을 통한 지식 확장

업무 중 막히거나 궁금한 부분이 생기면 ChatGPT에게 즉시 질문해 기초 개념 또는 실무 적용 사례를 파악할 수 있습니다.

예: "법률 서류 작성 시 자주 등장하는 용어를 쉽게 풀어 줘.", "신규 마케팅 트렌드가 궁금해, 키워드 몇 개만 정리해 줄래?"

이런 작은 시도들이 모여, 스스로의 지식 베이스가 확장되고, 학습에 대한 흥미를 잃지 않게 됩니다.

개인 맞춤 학습 계획 수립

ChatGPT를 통해 "한 달 동안 스프링(Spring) 프레임워크를 학습하고 싶은데, 초급에서 중급 수준으로 가려면 어떤 로드맵이 필요할까?"와 같이 학습 로드맵을 물어볼 수 있습니다. AI가 제안하는 커리큘럼을 참고하여 주차별 목표, 학습 자료, 실습 아이디어 등을 세분화하고, 실제 실천 여부를 주기적으로 점검합니다.

복습 및 요약을 통한 지식 정리

새로운 정보를 접하거나 교육에 참여한 후 ChatGPT에게 배운 내용을 재정리해 달라고 요청하면, 핵심 정리를 빠르게 할 수 있습니다.

예: "오늘 '데이터 분석' 세미나에서 배운 핵심 내용을 5가지 키 포인트로 정리해 줘."

이러한 적극적 복습 습관이 개인 역량을 꾸준히 쌓는 데 큰 도움이 됩니다.

2) 업무 효율을 높이는 습관

반복 업무 자동화 지향

자신이 매일 수행하는 업무 중 반복적이고 규칙적인 부분을 ChatGPT가 보조하도록 습관화할 수 있습니다.

예: 이메일 작성 템플릿, 고객 문의 Q&A 초안, 보고서 요약 등은 ChatGPT에게 맡겨 기본 초안을 얻은 뒤, 필요에 따라 개인화하는 과정을 거칩니다.

이를 통해 루틴 작업에 쓰이던 시간을 절감하고, 창의적·고부가가치 업무로 시간을 재배분합니다.

문서 작성 및 커뮤니케이션 개선

메일이나 문서 초안을 작성할 때 ChatGPT의 문장 교정 기능을 활용하면 가독성과 전달력을 높일 수 있습니다.

예: "이 문장을 좀 더 전문적인 톤으로 바꿔 줄래?", "가독성을 높이기 위해 단락 구성과 표현을 다듬어 줘."

이렇게 피드백 루프를 거듭하면 스스로의 문장력도 함께 향상되는 효과를 봅니다.

시간 관리와 우선순위 설정

ChatGPT에게 "오늘 해야 할 일 목록"을 알려 주고 우선순위를 설정해 달라고 요청해 볼 수 있습니다.

예: "긴급성과 중요도를 기준으로 이 할 일들을 어떤 순서로 처리하면 좋을까?"

ChatGPT의 제안과 자신의 업무 상황을 종합해 실제 계획표를 세우고, 이를 점검하는 습관을 기르면 시간 관리 역량이 강화됩니다.

3) 창의력 및 문제 해결 능력 향상

아이디어 브레인스토밍 습관화

무언가 새로운 프로젝트나 제안서를 쓰기 전 ChatGPT에게 아이디어를 브레인스토밍 해 달라고 요청함으로써 발상 범위를 확장할 수 있습니다.

예: "신제품 론칭 이벤트 아이디어를 5개만 짧게 제안해 줘.", "데이터 시각화 기법을 다양하게 brainstorm해 줘."

ChatGPT가 준 아이디어 중 흥미로운 것을 골라 추가 발전하거나 다른 팀원과 공유하며 협업을 강화합니다.

다양한 관점 도출

한 가지 문제 상황에 대해 ChatGPT에게 "법적 관점, 마케팅 관점, 기술 관점 등 다각도로 분석해 달라"고 지시하면 다층적 시각을 얻을 수 있습니다. 이를 통해 보다 심층적이고 종합적인 문제 해결에 접근할 수 있으며, 개인의 창의적 사고도 자연스레 확장됩니다.

실수 교정 및 회고 습관

업무 과정에서 발생한 실수나 문제 상황을 ChatGPT와 함께 분석해 보면, "어디서 오류가 났고, 어떻게 예방할 수 있는지"를 객관적으로 점검할 수 있습니다.

예: "지난 프로젝트 예산이 초과된 이유가 무엇인지 다시 생각해 보면 어떤 점에서 문제가 있었을까?"

ChatGPT가 추가 질문이나 분석 포인트를 제시해 주면, 스스로 '회고(레트로스펙티브)'하는 문화가 자리 잡습니다.

4) 자기관리와 커리어 개발

커리어 로드맵 설계

개인의 경력 목표나 희망 진로가 있다면 ChatGPT에게 중장기 계획을 의뢰해 볼 수 있습니다.

예: "5년 안에 프로젝트 매니저가 되고 싶은데 어떤 자격증, 교육 과정이 도움이 될까?"

ChatGPT가 업계 표준, 필요 역량, 추천 학습 자료 등을 제안하면 본인이 직무 역량을 체계적으로 갖추는 데 활용할 수 있습니다.

면접 대비 및 이력서·포트폴리오 점검

구직 활동 중인 사람은 ChatGPT에게 "내 이력서 초안을 검토해 주고, 더 강조할 점과 불필요한 부분을 알려 달라"라고 요청할 수 있습니다. 면접 질문을 가정해 "이 직무의 핵심 질문과 답변 예시"를 받아 보고, 실제 면접 상황에 맞춰 연습하는 식으로 사전 대비가 가능합니다.

스트레스 관리 및 동기 부여

때때로 업무나 학습에서 지치거나 슬럼프에 빠졌을 때, ChatGPT에게 "동기 부여를 위한 팁"이나 "스트레스 해소 방법"을 간단히 요청해 볼 수 있습니다. 물론 이는 개인의 마음가짐에 달린 문제지만 AI가 제안하는 실용적인 조언이나 리소스(운동, 취미, 심리학적 기법 등)를 참고해 일상의 텐션과 동기를 유지하는 데 활용할 수 있습니다.

5) 실행력을 높이는 노하우

정기적 리마인더와 체크리스트

매일 아침, ChatGPT를 통해 "오늘의 할 일 체크리스트"를 만들거나 주간 회고 때 "이번 주 목표 달성도를 요약"해 달라고 요청하는 습관을 들이면, 자연스럽게 계획-실행-점검 사이클을 굳힐 수 있습니다.

직접 수정·재질문 과정

ChatGPT가 초안을 주었을 때 이를 그대로 사용하는 대신, 직접 수정하고 재질문을 던지면서 디테일을 다듬는 과정을 거칩니다. 이런 반복 학습을 통해 자신만의 작업 프로세스와 표현 스타일을 확립해 나가면서 업무 완성도를 높입니다.

팀 피드백 연계

개인이 만든 초안이나 아이디어를 AI에게 검수받은 뒤, 다시 팀원과 공유해 피드백을 받으면 다각도로 성찰하는 습관이 형성됩니다. 이 과정을 반복하면 본인의 작업물을 스스로 검토하고 객관화하는 역량이 발달해 책임감과 완성도가 상승합니다.

정리

- 지식 확장 & 자기학습: 궁금한 점을 즉각 해결해 주는 든든한 파트너로 ChatGPT를 활용해 스스로의 학습 동기와 전문성을 계속 키울 수 있습니다.
- 업무 효율 & 습관 개선: 반복적 업무를 위임하고, 문서 작성, 브레인스토밍 등에서 AI를 보조 도구로 사용함으로써 시간을 절약하고, 창의적 업무에 더 집중할 수 있습니다.
- 문제 해결력 & 창의성 향상: 새로운 관점의 아이디어를 받아 보고, 다양한 시나리오를 상정해 볼 수 있어 개인의 사고 폭이 넓어지고 대응력이 강화됩니다.
- 커리어 성장 & 자기관리: 중장기 경력 목표, 이력서·포트폴리오 점검, 스트레스 관리 등 전반적인 개인 성장과 자기계발에 ChatGPT가 유용한 조언자가 될 수 있습니다.

결국, 개인 역량 강화와 업무 습관 개선은 작은 시도에서 시작됩니다. ChatGPT가 제공하는 빠르고 다양한 피드백을 적절히 활용하고 결과물을 스스로 재해석하고 보완하는 학습 과정을 즐긴다면, 더 높은 수준의 전문성과 생산성을 지속적으로 달성할 수 있을 것입니다.

미디어 콘텐츠 현장의 구체적 활용 시나리오

해당 이미지는 ChatGPT 4o에서 해당 챕터의 주요내용을
프롬프트로 사용하여 제작하였습니다.

1.
플랫폼별 ChatGPT 활용
(유튜브, 팟캐스트, 틱톡, 인스타그램 등)

1) 유튜브(YouTube)

1. 채널 기획 및 콘텐츠 아이디어

주제 선정 및 트렌드 파악: ChatGPT에게 "최근 유튜브에서 인기 있는 트렌드는 무엇인가요?" 등을 물어 시의성 높은 주제를 찾을 수 있습니다.

시나리오·스토리보드 작성: Hook-Body-Ending 구조를 ChatGPT 로부터 제안받아 구체적인 장면 구성 및 촬영 계획을 짤 수 있습니다.

2. 영상 대본(스크립트) 작성 지원

문장 다듬기 & 어휘 변경: 이미 작성한 스크립트를 ChatGPT가 더 짧고 명확하게 수정할 수 있습니다.

최적 길이·톤 제안: 예를 들어 "10분 내외 브이로그"에 맞춰 문장을 가볍고 친근한 톤으로 바꾸도록 요청할 수 있습니다.

3. SEO(최적화) 및 메타데이터 작성

제목·설명·태그 추천: 키워드를 ChatGPT에게 제시하면 관련된 롱테일 키워드를 포함해 제목이나 태그를 만들어 줍니다.

후속 콘텐츠 아이디어: 댓글·피드백을 요약해 "시청자들이 가장 많이 원하는 후속 주제"를 도출하면 시리즈 제작에 활용할 수 있습니다.

4. 시청자 소통 & 데이터 분석

댓글 요약: 수백 개의 댓글을 ChatGPT가 자동으로 요약·분류해 주어 흔히 제기되는 피드백을 쉽게 파악할 수 있습니다.

지표 해석: "조회수 대비 시청 유지율이 낮은 이유가 뭘까?" 같은 질문에 대해 ChatGPT가 개선 아이디어를 제안할 수 있습니다.

2) 팟캐스트(Podcast)

1. 에피소드 주제 및 대본 작성

아이디어 브레인스토밍: ChatGPT로부터 경제·문화·교육 등 특정 분야의 인기 토픽 또는 트렌드를 수집해 시즌별·주차별 에피소드 주제를 잡을 수 있습니다.

토크 플로우 구성: 인터뷰, 독백, 패널 토론 등 에피소드 형식에 따라 질문 리스트나 대본 초안을 작성하도록 ChatGPT를 활용할 수 있습니다.

예: "다음과 같은 패널 구성을 가정했을 때, 흥미로운 토론 주제와 질문 5개를 제안해 주세요."

2. 음성 녹음 전후 지원

녹음 스크립트 보완: 편안한 라디오 톤, 혹은 전문적인 세미나 톤 등 원하는 스타일에 맞춰 대본 문체를 수정할 수 있습니다.

하이라이트·쇼노트 작성: 실제 녹음된 음성을 기반으로 ChatGPT

에게 짧은 하이라이트 요약문, 에피소드 소개, 링크 정리를 부탁하면 팟캐스트 업로드 시 편리합니다.

3. 후속 아이디어 및 홍보

피드백 반영: 청취자로부터 받은 질문이나 개선 사항을 ChatGPT가 요약해 다음 에피소드 구성에 반영합니다.

SNS용 홍보 문구: "이 에피소드를 인스타그램 스토리에 홍보할 짧은 카피를 만들어 주세요."처럼 요청하면 다양한 버전의 홍보 문구를 얻을 수 있습니다.

3) 틱톡(TikTok)

1. 숏폼(Short-form) 콘텐츠 기획

콘텐츠 포맷 제안: 챌린지, 댄스, 코미디 스케치, '비포&애프터' 등 틱톡에서 인기 있는 포맷을 ChatGPT로부터 제안받을 수 있습니다.

해시태그·트렌드 파악: 틱톡은 짧은 영상 특성과 해시태그가 중요한 플랫폼이므로, 최신 트렌드나 밈(Meme)을 ChatGPT에게 물어보면 도움이 됩니다.

2. 짧은 대본·카피 작성

캐치프레이즈: 인트로 몇 초 안에 시선을 사로잡을 문구, 혹은 영상 내 자막 등을 ChatGPT가 빠르게 생성해 줍니다.

챌린지 홍보 문안: 친구 태그, 참여 방법 안내 등 챌린지 참여를 유도하는 문장을 간단히 만들어 공유할 수 있습니다.

3. 운영 & 분석 노하우

업로드 일정 계획: "주 3회 업로드를 가정할 때, 어떤 주제 스케줄이 좋을까?" 식으로 틱톡 맞춤형 편성표를 만들 수 있습니다.

실시간 반응·댓글 요약: 영상 댓글·메시지 수가 많을 경우, ChatGPT에게 중요한 키워드나 빈도가 높은 요청을 뽑아 달라고 할 수 있습니다.

4) 인스타그램(Instagram)

1. 피드·릴스(Reels) 전략

콘텐츠 기획: 카테고리별(제품 소개, 일상 브이로그, 짧은 정보 카드뉴스 등)로 주제를 나누고, 주기에 맞춰 기획안을 작성하도록 ChatGPT와 협업합니다.

릴스 영상 아이디어: 짧은 수직형 영상에 적합한 음악, 자막 효과 등을 ChatGPT에게 추천받을 수 있습니다.

2. 해시태그 & 캡션 작성

해시태그 추천: "요리 레시피", "여행 브이로그" 등 특정 주제를 ChatGPT에게 제시해 10~15개 정도의 인스타그램 해시태그 세트를 얻을 수 있습니다.

캡션 스타일링: 긴 문단이 아닌, 이모지와 줄 바꿈을 적절히 섞어 읽기 편한 캡션으로 구성해 달라고 요청할 수 있습니다.

예: "다음 글을 인스타그램 캡션 형식으로 이모지와 줄 바꿈을 섞어 가독성 좋게 바꿔 주세요."

3. 스토리·하이라이트 운영

스토리 Q&A: 시청자들이 남긴 질문을 ChatGPT가 자동 요약해 하이라이트에 Q&A 모음으로 담을 수 있습니다.

하이라이트 정리: 여행, 제품 후기, 팬 커뮤니티 등 주제별로 하이라이트를 구분해 저장할 때 ChatGPT가 폴더 이름 또는 설명문을 매력적으로 만들어 줍니다.

5) 그 외 플랫폼 확장 아이디어

X(구 트위터, Twitter): 짧은 문장 위주의 플랫폼이므로 ChatGPT를 통해 바이럴 문구와 해시태그 세트, 스레드(Thread) 구조까지 한 번에 만들 수 있습니다.

레딧(Reddit), 쿼라(Quora): 특정 분야의 해외 사용자와 소통할 때 ChatGPT가 영어 대본·답변을 자연스럽게 다듬는 데 유용합니다.

페이스북(Facebook): 상대적으로 긴 글을 올리기 쉬운 플랫폼이므로 ChatGPT가 작성해 준 요약 글·인사이트 분석 자료 등을 게시하여 커뮤니티 토론을 유도할 수 있습니다.

6) 플랫폼별 운영 전략 비교

1. 유튜브:

- 강점: 장시간 영상, 검색 노출, 커뮤니티 탭 등 다양성이 큼.
- ChatGPT 활용: 대본 작성, SEO(제목·태그), 댓글 분석, 구체적인 시나리오 설계.

2. 팟캐스트:

- 강점: 오디오 중심, 장시간 청취에 유리. 전문성·심층 토크에 강함.
- ChatGPT 활용: 인터뷰 질문 리스트, 방송 대본·오프닝·클로징 멘트, 쇼노트 요약.

3. 틱톡:

- 강점: 짧고 간결한 숏폼 영상, 빠른 바이럴 효과.
- ChatGPT 활용: 15~60초 내 임팩트를 줄 콘셉트·챌린지, 해시태그 리서치, 운영 일정 자동화.

4. 인스타그램:

- 강점: 사진·짧은 동영상 중심, 해시태그로 관심사 연결, 릴스 급성장.
- ChatGPT 활용: 캡션·해시태그 작성, 스토리 Q&A 요약·정리, 릴스 아이디어.

5. 그 외:

- X(구 트위터): 짧은 실시간 이슈, 해시태그가 핵심.
- 레딧: 특정 관심사 커뮤니티, 영어 사용 시 유리.
- 페이스북: 그룹 커뮤니티, 이벤트·라이브 방송 등 다채로운 기능.

7) 효율적 운영을 위한 종합 팁

목표 및 톤·매너 일관성

여러 플랫폼을 동시 운영하더라도 핵심 브랜딩(채널 콘셉트)과 톤을 통일하면 시청자 혼란을 줄일 수 있습니다. ChatGPT로부터 "브랜드 가이드라인"에 맞춰 글 스타일을 보정받을 수 있습니다.

플랫폼별 특성 고려

영상 길이·비율, 글자 수 제한, 해시태그 사용법 등 플랫폼별 규칙에 맞춰 포맷을 변경하세요. ChatGPT가 "이 내용을 15초 틱톡 영상용 스크립트"처럼 재구성해 줄 수 있습니다.

분석 & 재활용

성과가 좋았던 콘텐츠를 다른 플랫폼으로 옮기거나 형식을 바꿔 재활용해 보세요. ChatGPT는 이 과정을 돕기 위해 영상 스크립트를 짧은 SNS 글로 변환하거나, 오디오 대본을 블로그 글로 요약해 줄 수 있습니다.

일정·협업 관리 자동화

작업이 많아지면 노션, 트렐로, 슬랙 등 협업 툴을 통해 일정과 담당자를 명확히 분배합니다. ChatGPT와 연동해 일정 알림, 콘텐츠 아이디어 저장고, 피드백 로그 등을 자동화할 수도 있습니다.

정리

1. 플랫폼별 특성 파악: 유튜브, 팟캐스트, 틱톡, 인스타그램 등은 각각 다른 알고리즘·사용자 성향을 지니므로, 맞춤 전략이 필요합니다.
2. ChatGPT 전 과정 지원: 아이디어 브레인스토밍, 대본 작성, 해시태그 & SEO, 시청자 피드백 분석, 데이터 모니터링까지 모든 단계를 보조할 수 있습니다.
3. 크로스 플랫폼 시너지: 한 플랫폼에서 성공한 콘텐츠를 다른 플랫폼으로 확장해 볼 때, ChatGPT가 형식 변환이나 홍보 글 작성 등을 빠르게 수행해 줍니다.
4. 지속적 성장 전략: 트렌드·이슈를 놓치지 말고 시청자(팔로워)와 계속 소통하며 피드백을 수용해 채널 브랜딩을 강화하세요.

여러 플랫폼을 동시에 운영할수록 시청자와의 접점이 늘어나고, 브랜드 파워가 커질 기회도 많아집니다. 다만, 각각에 필요한 콘텐츠 포맷·운영 방식이 다르므로 ChatGPT를 활용하여 간편한 작업 분업과 자동화된 아이디어 생성을 실현해 보세요. 이를 통해 빠른 속도로 양질의 멀티 플랫폼 콘텐츠를 제작하고, 시청자·팔로워와의 소통 역시 더욱 풍부하게 이어 갈 수 있을 것입니다.

2.
프로젝트 관리와
아이디어 브레인스토밍 적용

1) 왜 프로젝트 관리가 중요한가

복잡도 증가: 한두 명의 개인 작업이 아니라 여러 팀원(촬영, 편집, 그래픽, 마케팅)이 협업하는 프로젝트는 일정과 책임 분담을 체계적으로 관리하지 않으면 혼선이 발생하기 쉽습니다.

일정 준수 & 예산 절감: 계획 없이 진행하면 지연과 재작업이 늘어나 예산과 시간을 낭비하게 됩니다.

품질 및 일관성 확보: 체계적인 프로젝트 관리로 콘텐츠 완성도와 채널 브랜딩의 일관성을 유지할 수 있습니다.

2) ChatGPT를 활용한 프로젝트 기획 단계

목표·범위 정의

프로젝트 목표(예: 새로운 유튜브 시리즈 10편 완성, 팟캐스트 시즌 1 제작 등)를 ChatGPT에게 자연어로 서술해 주면, 이를 바탕으로 명확한 목표 진술과 '성과 지표(KPI)'를 정리해 줄 수 있습니다.

예: "이 채널의 목표는 3개월 안에 구독자 1만 명 달성과 제품 A 홍보. ChatGPT가 이 목표를 실현하기 위한 핵심 지표를 제안해 달라."

프로젝트 구조화

ChatGPT에게 "이런 유형의 프로젝트를 진행할 때 어떤 단계를 거쳐야 하는지"를 물어보면 아이디어 기획 → 제작(촬영·편집) → 마케팅 → 분석 및 개선 등의 단계별 프로세스를 정리해 줄 수 있습니다. 필요 시, 단계별 세부 작업 항목(To-do List)도 함께 뽑아 낼 수 있습니다.

인력·자원 계획

팀 구성(프로듀서, 촬영, 편집, 마케터 등)에 대한 역할 정의와 필요한 장비·예산 등을 가이드라인 형태로 얻을 수 있습니다.

예: "5명으로 구성된 유튜브 콘텐츠팀에서, 어떤 역할 분담이 가장 이상적인가요?"

ChatGPT 활용 팁

- "이 프로젝트 목표와 범위를 위해 단계별 산출물(Deliverables)을 구체적으로 적어 주세요."
- "소규모 팀(3명)으로 웹드라마를 제작할 때 필요한 역할과 일정표를 간단히 만들어 주세요."

3) 아이디어 브레인스토밍: 방법과 ChatGPT의 도움

1. 브레인스토밍 기본 원칙

다양한 시각 존중: 일단 아이디어를 많이 내고, 판단이나 비판은 나중에 합니다.

비슷한 아이디어라도 무시하지 않기: 약간의 변형·조합을 통해 새로운 컨셉이 탄생할 수 있습니다.

시각화: 화이트보드나 협업 툴(노션, 트렐로 등)을 활용해 실시간으로 아이디어를 적어 두면 정리가 수월합니다.

2. ChatGPT를 활용한 아이디어 생성

폭넓은 아이디어 제안

예: "10대 타깃으로 웹드라마를 기획하려고 합니다. 흥미로운 에피소드 주제 10가지를 제안해 주세요."

ChatGPT는 트렌드와 키워드를 빠르게 참조해 단시간에 다채로운 아이디어를 뽑아 냅니다.

필터링 & 변주

한번에 나온 10여 개 아이디어 중 추가 수정이 필요한 것만 별도로 ChatGPT에게 "이 주제를 조금 더 코믹하게 바꿔 달라"라고 요청할 수 있습니다. 반복 질의로 아이디어를 다듬고, 새로운 시나리오나 장르 결합(SF+코미디, 교육+엔터테인먼트 등)까지 시도해 볼 수 있습니다.

팀원 간 의견 통합

팀원들이 제시한 아이디어 목록을 ChatGPT에게 주고, "중복되는 요소, 핵심 주제, 추가 확장 가능성" 등을 요약하도록 시킬 수 있습니다. 이 과정을 통해 복잡한 아이디어가 깔끔하게 정리되고 협업 효율이 높아집니다.

4) 프로젝트 일정 및 워크플로우 설계

타임라인·간트 차트(Gantt Chart)

ChatGPT에게 "한 달 안에 5편의 숏폼 영상을 찍고 편집·업로드까지 마치는 일정표를 만들어 달라"고 하면, 일정을 주차별·일자별로 구분한 초안을 제안받을 수 있습니다. 이 초안을 토대로 노션, 트렐로, 애즈나(Asana) 등 프로젝트 관리 툴에 옮겨와 세부 작업·담당자를 할당할 수 있습니다.

마일스톤(Milestone) 설정

주요 마일스톤(예: 대본 완성, 촬영 종료, 편집 완료, 업로드 등)을 잡고, 해당 시점에서 진행 상황을 점검합니다. ChatGPT에게 "마일스톤별 체크리스트" 작성을 의뢰해 빠뜨리기 쉬운 요소(자막, 썸네일, 자산 라이선스 확인 등)를 사전에 확보할 수 있습니다.

의사소통 계획

팀원이 여러 명이거나 외주 업체가 있을 경우, 커뮤니케이션 채널(Slack, 구글 드라이브, 이메일 등)을 어떻게 운영할지 구체적으로 정합니다. 주간 회의·데일리 스탠드업(Stand-up) 미팅 일정 등을 ChatGPT가 달력 형식으로 정리해 줄 수도 있습니다.

ChatGPT 활용 팁

- "이틀 후에 촬영, 3일 동안 편집, 그 다음날 업로드라는 일정으로 간단한 간트 차트를 만들어 주세요."
- "프로젝트 단계별 주요 리스크 요소(예: 날씨, 장비 고장, 인력 부족)를 예상하고, 대비책을 제안해 주세요."

5) 브레인스토밍 결과를 실행 가능한 계획으로 변환

1. 아이디어 선정 및 구체화
- 브레인스토밍을 통해 뽑아 낸 아이디어 중 채널 목표, 타깃 시청자, 예산·시간 등을 고려해 우선순위를 정합니다.
- 예: A안(개그형 숏폼 시리즈), B안(인터뷰 기반 긴 영상) … 팀 투표나 토론을 통해 최종안 확정.

2. 실행 계획 & 역할 분담
- 최종 선정된 아이디어를 구체적인 시놉시스·스토리보드로 작성하고 팀원별 역할(기획·촬영·편집·마케팅)을 배정합니다.
- ChatGPT에 "이 아이디어를 바탕으로 스토리보드 초안을 간단히 만들어 달라"고 요청해, 기본 구성을 빠르게 얻을 수 있습니다.

3. 테스트 & 프로토타이핑
- 완성하기 전, 짧은 형식(티저 영상, 스케치 영상)으로 테스트 업로드를 해 보고 시청자 반응을 모니터링합니다.
- ChatGPT를 통해 "이 티저에 대한 시청자 댓글 요약"을 받아 실제 제작 방향을 최종 결정합니다.

6) 사후 관리: 분석·피드백·차기 프로젝트 반영

성과 지표(KPI) 측정
조회 수, 시청 유지율, 구독자 증가, 댓글·좋아요 수 등 핵심 지표를 확인해 목표 대비 어느 정도 달성했는지 평가합니다. ChatGPT에게 "프로젝트 전후 지표"를 비교 분석해 달라고 하면 통계 수치를 요약해 주고 시사점까지 제안받을 수 있습니다.

시청자 피드백 반영

완성된 프로젝트(영상 시리즈나 팟캐스트 시즌)에 대한 시청자 의견을 다시 ChatGPT로 모아 요약·분석합니다. 다음 프로젝트 기획 시 좋았던 점, 아쉬웠던 점을 반영해 지속적 개선을 이루도록 합니다.

업무 프로세스 개선

무엇이 계획대로 안 되었는지(일정 지연, 소통 문제, 예산 초과 등) 프로젝트 리뷰를 진행하고, ChatGPT에게 재발 방지책이나 대안을 제안받을 수 있습니다.

예: "이번엔 마케팅 일정이 늦어져 조회 수 확보가 힘들었는데, 다음 프로젝트에서 이를 어떻게 개선하면 좋을까?"

7) 예시 시나리오: 소규모 크리에이터 팀의 프로젝트 관리

1. **목표**: 한 달 안에 '여행 브이로그' 3편 제작 및 업로드, 누적 조회수 5만 달성.

2. **아이디어 브레인스토밍**: ChatGPT가 "테마별(도시, 자연, 맛집) 여행 콘텐츠" 10개를 제안, 팀이 3개 최종 선정.

3. **일정 관리**: 노션에 각 에피소드별 일정 등록(1주차 촬영, 2주차 편집, 3주차 업로드), ChatGPT가 "장비 리스트와 촬영 전 체크리스트"를 준비.

4. **실행**: 콘텐츠 업로드 후 SNS 홍보, 댓글 모니터링, 후기 영상 계획.

5. **결과 분석**: 목표 대비 조회수 4만 7천 → ChatGPT에게 "홍보 부족 원인"과 "재편집·재업로드할 클립"을 제안받음.

6. **차기 프로젝트**: 시청자 요청이 많았던 "저예산 여행 꿀팁" 시리즈 기획, ChatGPT가 예산 계산 및 에피소드 구성 보조.

정리

1. 체계적 프로젝트 관리는 미디어 콘텐츠 제작의 필수 요소로, 아이디어부터 마케팅·분석까지 명확한 단계와 일정을 구축해야 합니다.
2. ChatGPT는 기획 초기(목표 정의, 아이디어 확장)부터 실행(대본·스토리보드 지원), 사후 분석(댓글·데이터 요약)까지 전 과정을 보조함으로써 효율을 극대화합니다.
3. 브레인스토밍 → 계획 수립 → 실행 → 분석 → 개선의 선순환 사이클을 지속하면 프로젝트가 거듭될수록 퀄리티가 높아지고, 팀원 협업 능력 역시 성장합니다.
4. 협업 툴과의 연동(노션, 트렐로, 슬랙, 애즈나 등)으로 ChatGPT가 제안한 아이디어와 일정표를 관리하면 현장 적용성과 자동화 수준을 높일 수 있습니다.

이처럼 ChatGPT를 적극 활용하면, 미디어 프로젝트를 기획·제작·분석하는 과정이 더 빠르고 더 정확해집니다. 팀원들의 전문성은 원래대로 살리면서, 반복적이고 창의력이 필요한 작업은 AI에게 맡기는 방식으로 프로젝트 전반의 생산성을 향상시켜 보세요.

3.
협업 툴과의 연동 및
워크플로우 자동화

1) 왜 협업 툴 연동이 중요한가

- 업무 효율 상승: 여러 사람이 동시에 참여하는 프로젝트에서 자료가 흩어지면 커뮤니케이션 비용이 커지고, 중요한 정보를 놓치기 쉽습니다.
- 중복 작업 방지: 같은 내용을 이메일·메신저·문서 등 여러 경로로 주고받는 일 없이, 한곳에서 체계적으로 관리하여 시간과 노력을 절약할 수 있습니다.
- 자동화로 반복 작업 감소: 새로운 작업 생성, 알림 전송, 보고서 작성 등 반복되는 단순 업무를 자동화하면 팀원들은 더 창의적이고 핵심적인 업무에 집중할 수 있습니다.

2) ChatGPT와 협업 툴의 결합 방식

API 연동

ChatGPT(오픈AI API)를 다양한 협업 툴(슬랙, 노션, 트렐로 등)이나 업무 자동화 툴(자피어, 메이크, 파워 오토메이트 등)과 연결해 자동화 시나리오를 만들 수 있습니다.

예: 특정 채널에 메시지가 올라오면 ChatGPT가 요약해 슬랙 봇으로 답변, 혹은 노션 문서를 갱신하는 식.

플러그인 또는 서드파티 앱

슬랙(또는 디스코드)용 ChatGPT 봇, 노션 AI, 트렐로 파워업(Trello Power-Ups) 등의 서드파티 앱을 사용해 간단한 설정만으로 ChatGPT 기능을 확장할 수 있습니다.

예: 노션 AI를 사용해 회의록 자동 요약, 문서 개선 등.

수동 연동(복사·붙여넣기)

API 개발이 어렵거나 별도 플러그인을 설치하기 힘든 경우, 반수동적인 방식으로도 충분한 효과를 볼 수 있습니다.

예: 노션이나 트렐로 카드의 상세 내용(아이디어, 요구사항 등)을 ChatGPT에 붙여 넣고, 결과를 다시 협업 툴에 붙이는 식으로도 프로세스를 간소화할 수 있습니다.

3) 대표 협업 툴과의 연동 시나리오

3-1. 슬랙(Slack)
실시간 커뮤니케이션 + AI 어시스턴트

채팅 채널 내에서 @멘션으로 ChatGPT 봇을 호출해 즉석에서 질문, 답변을 주고받을 수 있습니다. 회의록·아이디어 게시물을 슬랙에 그대로 올리면 ChatGPT 봇이 핵심 요약을 만들어 주거나 추가 자료를 추천해 줄 수 있습니다.

알림·리마인드 자동화

새 트렐로 카드가 생성되거나 노션 문서가 업데이트될 때, 슬랙 채널로 알림을 보내게 할 수 있습니다. (Zapier, 메이크 등 연결) ChatGPT를 통해 "이 알림의 배경 정보를 간단히 설명해 달라"고 하면 담당자가 상황 파악을 빠르게 할 수 있습니다.

팀 브레인스토밍 및 Q&A

채널에서 다 함께 실시간 아이디어를 공유하다가 ChatGPT 봇에게 "토론 요점을 정리해 달라", "가능한 실행 방안 3가지를 뽑아 달라"고 요청하는 식으로 협업 속도를 높일 수 있습니다.

3-2. 노션(Notion)

문서·데이터베이스 + ChatGPT

노션의 AI 기능(혹은 오픈AI API 연동)을 사용하면 작성 중인 문서를 ChatGPT가 자동 교정, 재작성, 요약해 줄 수 있습니다.

예: 기획안 초안 작성 → "AI 어시스턴트에게 다듬기 요청" → 논리적 흐름 개선, 문장 간결화 등.

프로젝트 관리 템플릿

노션 테이블(또는 칸반)과 ChatGPT를 연계해 일정표나 작업 리스트를 생성·업데이트하면서 새로운 작업 아이디어나 체크리스트를 자동으로 추가해 줍니다.

예: "촬영 체크리스트" 항목에 ChatGPT가 '장비, 배터리, 메모리 카드, 조명 상태' 등 빠뜨리기 쉬운 항목을 자동 반영.

미팅 로그·회의록 정리

회의에서 나온 대화를 노션에 붙여넣으면, ChatGPT가 요약본을 즉시 작성해 주고, Action Items(행동 항목)만 따로 뽑아 내어 할당할 수 있습니다. 파일 첨부(사진·문서)도 함께 관리해 원스톱으로 자료를 축적하고 공유할 수 있습니다.

3-3. 트렐로(Trello)

칸반 보드 & 자동화

'카드'(작업 단위)에 ChatGPT가 제안한 아이디어를 저장하고, 상태(To Do, Doing, Done) 이동 시 알림·자동 댓글 생성 등을 설정할 수 있습니다(트렐로 파워업 등).

예: 새 카드가 생성되면 ChatGPT가 카드 설명을 보고 "예상 일정"이나 "추가 참고 자료"를 자동으로 댓글로 달아 주게끔 구성.

카드 간 의존성·우선순위 설정

복잡한 프로젝트에서 카드 간 의존성이 있는 경우, ChatGPT에게 "현재 카드들 중 어떤 순서로 진행해야 효율적인지"를 물어볼 수 있습니다. 트렐로의 자동화 기능(Butler)과 ChatGPT를 함께 쓰면 특정 조건('Due Date 임박' 등)에서 AI가 메시지를 생성·전달하는 시나리오를 만들 수 있습니다.

아이디어 브레인스토밍 카드화

브레인스토밍 결과를 카드 형태로 생성하고, ChatGPT에게 카드를 유사 테마별로 분류해 달라거나 우선순위를 제안해 달라고 요청할 수 있습니다. 다양한 아이디어를 구조적으로 정리해 필요시 다음 단계(기획 확정, 대본 작성)로 즉시 넘어갈 수 있습니다.

3-4. 애즈나(Asana), 파워 오토메이트, 자피어(Zapier) 등

1. Asana

- 프로젝트·태스크(Task) 관리에 ChatGPT를 결합하면 태스크 생성 시 자동으로 작업 가이드(체크리스트, 참고 자료)까지 함께 생성하도록 할 수 있습니다.
- 팀원들은 도착한 태스크를 확인하자마자 바로 실행 가능.

2. 파워 오토메이트(Microsoft Power Automate)

- 오피스 365·원드라이브 등과 결합해, 문서 저장·편집 → 알림 → ChatGPT에게 요약·정리 → 팀 공유라는 워크플로우를 간단히 구성할 수 있습니다.
- 예: 폴더에 새 문서 업로드 시, ChatGPT가 핵심 내용을 3줄로 정리해 MS 팀즈(Teams) 채널로 발송.

3. 자피어(Zapier)

- 다양한 앱(구글 스프레드시트, 슬랙, 깃허브, 메일침프 등)을 잇는 자동화 플랫폼으로, ChatGPT API를 통해 문자·이메일 요약, 문서 자동 생성, 데이터 변환 등 무궁무진한 시나리오를 구현 가능.
- 예: 구글 폼에 응답이 들어오면 → ChatGPT가 자동으로 글을 다듬어 → 슬랙에 "새로운 요청 요약본" 게시.

4) 워크플로우 자동화 단계별 접근

분석: 업무 흐름 파악

먼저 팀 내에서 반복되는 단순 업무나 병목 지점이 어디인지 파악합니다. (예: 이메일로 매번 반복되는 보고, 미팅 후 회의록 정리)

시나리오 정의: 어떤 작업을 자동화할 것인가

업무 프로세스를 '트리거(Trigger) → 액션(Action)' 구조로 나누어, 구체적인 조건을 설정합니다. (예: "노션 페이지 업데이트 시 → 슬랙 알림 + ChatGPT 요약")

도구 선택: 연동 툴, API, 플러그인

슬랙 봇, 노션 AI, 트렐로 파워업, 자피어 등 팀 환경과 기술 역량에 맞춰 적합한 방식을 택합니다.

테스트 & 유지 보수

자동화 시나리오가 정상 작동하는지 소규모로 테스트해 보고, 예외 상황(트리거 오작동, API 오류 등)을 대비한 대응 방안도 마련합니다. 팀원의 피드백을 수시로 수렴해 불필요하거나 번거로운 부분을 계속 개선합니다.

5) 예시 시나리오: 유튜브 채널 운영 워크플로우 자동화

1. 아이디어 제안

- 슬랙에 새 채널 #아이디어-공유를 만들고, 멤버들이 자유롭게 아이디어를 올리면 ChatGPT 봇이 자동으로 요약·정리 → 트렐로 보드 Idea 칼럼에 카드 생성.

2. 기획 확정 & 작업 분배

- 선정된 아이디어 카드를 In Progress 칼럼으로 옮길 때 ChatGPT가 "예상 일정"과 "준비물 체크리스트"를 덧붙인 코멘트를 자동 작성.

3. 영상 촬영·편집 진행

∘ 노선 문서(대본) 업데이트 시마다 슬랙 채널에 알림 + ChatGPT가 핵심 변경 사항만 정리. 편집자가 바로 반영 가능.

4. 업로드 & 마케팅

∘ 영상이 업로드되면 자피어를 통해 SNS(트위터, 페이스북, 인스타그램 등)에 자동 공지. ChatGPT가 짧은 SNS 홍보 문구를 생성해 준다.

5. 피드백 수집

∘ 유튜브 댓글 또는 구글 폼(시청자 설문) 데이터를 주기적으로 수집해 ChatGPT가 요약 → 트렐로 Feedback 칼럼에 카드 생성.

6. 분석 & 리포트 작성

∘ 주간·월간으로 조회 수, 시청 유지율, 댓글 추이 등을 ChatGPT가 수치 비교, 주요 코멘트 정리 후 노션에 리포트 자동 업데이트 → 슬랙에 공유.

6) 주의 사항 및 베스트 프랙티스

보안 & 개인 정보 보호

팀 내부 문서에 민감한 정보를 다룰 경우, ChatGPT API 전송 시 보안이 중요합니다. 비공개 API 키, 액세스 토큰 관리와 플랫폼 약관(개인 정보 노출 금지 등)을 철저히 준수하세요.

정확도 검증

ChatGPT가 생성·요약한 정보는 무조건 사실이 아니라는 점을 유념하고, 자동화된 결과물이라도 최종 검수가 필요합니다. 특히 외부에 공개하는 자료나 대외 커뮤니케이션 문구는 담당자가 한 번 더 확인하는 과정을 거치세요.

지속적 개선

협업 툴과 ChatGPT를 연동한 초반에는 예상치 못한 에러나 역량 부족 등 문제가 발생할 수 있습니다. 팀원 피드백과 로그 분석을 통해 자동화 로직을 주기적으로 개선하거나 새로운 시나리오를 추가로 구현해 볼 수 있습니다.

팀 합의 & 교육

모든 팀원이 자동화 프로세스와 AI 활용 방식을 이해하고 동일한 툴과 정책을 준수해야 혼선이 없습니다. "무엇을 자동화하고, 어디까지 인간이 관여해야 하는지" 명확히 공유해 구성원들의 동의를 이끌어 내는 것이 중요합니다.

정리

1. 협업 툴과 ChatGPT의 연동은 프로젝트 운영에서 정보 공유, 중복 작업 최소화, 자동화를 구현하여 생산성을 높이는 핵심 방법입니다.
2. 슬랙, 노션, 트렐로, 자피어 등과 함께 사용하면 브레인스토밍부터 콘텐츠 제작, 마케팅, 데이터 분석까지 전 과정을 효율적으로 관리할 수 있습니다.
3. 워크플로우 자동화 단계(업무 흐름 분석 → 시나리오 정의 → 도구 선택 →

테스트 & 유지 보수)를 거치면 반복 업무를 줄이고 창의적 활동에 집중할 수 있습니다.

4. 보안·정확도 문제에 주의하면서 팀의 피드백을 반영해 지속적 개선을 추구하면 장기적으로 팀 협업 문화와 채널 경쟁력이 크게 향상됩니다.

결국, 협업 툴과 ChatGPT의 시너지는 '사람이 잘하는 것'과 'AI가 잘하는 것'을 적절히 결합함으로써, 프로젝트 완성도와 업무 효율을 동시에 끌어올리는 데 있습니다. 반복적인 업무와 대량 정보 처리는 AI에게 맡기고 창의적 기획과 의사결정은 사람의 몫으로 남긴다면, 진정한 의미의 스마트 워크플로우를 완성할 수 있을 것입니다.

4.
크리에이터 역량 강화 및
운영 노하우

1) 크리에이터로서의 마인드셋 확립

장기적 관점

콘텐츠는 한두 편으로 끝나는 게 아니라 지속적으로 누적되면서 채널 정체성과 팬덤을 형성합니다. 단기적인 조회 수, 수익에만 집중하기보다는 브랜드 성장과 콘텐츠 품질 향상에 중점을 두세요.

시청자 중심 사고

내 콘텐츠가 시청자에게 어떤 가치를 주는가를 끊임없이 고민해야 합니다. 교육적·오락적·정보적 가치 등 명확한 '혜택'을 느끼도록 만듭니다. 시청자가 원하고 기대하는 부분을 지속적으로 파악하고 반영해 양방향 소통을 강화합니다.

실패와 시도에 대한 관대함

모든 아이디어가 성공적일 수는 없으므로 실험 정신과 분석 마인드를 유지하면서 실패 경험도 자산으로 삼습니다. ChatGPT를 통해 빠르게 시제품(티저, 샘플 영상 등)을 만들어 보고, 시청자 반응을 확인한 뒤 개선할 수도 있습니다.

2) 콘텐츠 기획·제작 역량 강화

시장·트렌드 조사 능력

꾸준히 유튜브, 틱톡 같은 SNS 등에서 트렌딩 콘텐츠와 시청자 반응을 분석해 최신 흐름을 파악합니다. ChatGPT로 정기적인 "최근 1개월간 인기 검색어" 혹은 "신규 바이럴 트렌드"를 요약해 받으면 아이디어 확장에 용이합니다.

스토리텔링 기법 습득

Hook(도입)부터 결론까지 서사 구조(기승전결, 문제-해결, Before & After 등)를 분명히 해 시청자가 빠져들게 만듭니다. ChatGPT에게 시나리오 초안을 검토받거나 문체, 템포, 어휘 등을 보강해 달라고 요청해 대본 품질을 높일 수 있습니다.

기술 스킬 업그레이드

촬영·조명·음향·편집 소프트웨어 등 실무 스킬을 꾸준히 배우고, 최신 툴·기능 업데이트에 민감하게 반응합니다. ChatGPT가 제공하는 튜토리얼(예: "프리미어 프로 단축키와 기본 편집 팁" 등)을 활용해 빠르게 습득할 수 있습니다.

퀄리티 체크리스트

영상·오디오 제작 중 점검해야 할 항목(화질, 음량, BGM, 자막, 컬러 보정 등)을 미리 체크리스트로 만들어 두고, ChatGPT가 자동 제안·수정 사항을 알려 줄 수 있게 구성합니다. 이를 통해 데드라인에 쫓겨 중요한 요소를 빠뜨리는 실수를 줄입니다.

3) 채널 브랜딩 및 팬덤 형성

시각적·언어적 통일감

섬네일, 로고, 채널 명, 영상 인트로·아웃트로, 자막 디자인 등에서 브랜드 이미지를 일관성 있게 유지합니다. ChatGPT를 통해 색상 팔레트, 문구, 슬로건 아이디어 등을 브레인스토밍 하고, 브랜드 가이드 형태로 정리할 수 있습니다.

커뮤니티 기능 적극 활용

유튜브의 커뮤니티 탭, 인스타그램 스토리·라이브, 틱톡 Q&A 등 시청자 소통을 늘리는 장치를 적극적으로 씁니다. 정기적인 투표, 이벤트, 퀴즈를 통해 시청자 의견을 반영하고, '함께 만드는 채널'이라는 인식을 심어줍니다.

팬덤 구축 전략

구독자(팔로워)들에게만 제공하는 특별 콘텐츠나 조기 공개, 굿즈(상품) 등을 준비해 심리적 유대감을 형성합니다. ChatGPT로 서베이 설문 폼을 만든 뒤, 시청자들이 원하는 상품이나 이벤트 아이디어를 빠르게 수집·분석해 볼 수 있습니다.

4) 운영 루틴과 자기계발

정기 업로드 & 일정 관리

일정한 업로드 주기(주 1~2회 등)를 지키면 시청자 이탈을 줄이고 기대감을 높일 수 있습니다. 노션, 트렐로, 구글 캘린더 등 협업 툴과 ChatGPT

를 연동해 콘텐츠 캘린더와 알림을 자동화할 수 있습니다.

학습·연구 루틴

매일 혹은 주기적으로 타 채널 벤치마킹, 댓글 분석, 세미나·교육 영상 시청 등의 시간을 할당해 크리에이터 역량을 계속 높입니다. ChatGPT에게 주기적으로 "새로운 크리에이터 성장 팁"을 물어보거나 최근 발표된 미디어 업계 보고서 요약을 받으면 빠른 트렌드 학습이 가능합니다.

자기 브랜딩 & 포트폴리오

만든 콘텐츠를 체계적으로 저장·분류해 포트폴리오 사이트나 SNS에 꾸준히 전시합니다. 향후 협찬·컬래버 제안 시 체계적인 포트폴리오가 있으면 신뢰도를 높일 수 있고, ChatGPT가 작품 설명이나 성과 요약을 깔끔하게 정리해 줄 수 있습니다.

5) 성장 단계별 운영 노하우

1. 초기(개설~구독자 1천 명 전후)

- 적극적 소통: 댓글 한 개라도 놓치지 않고 답변하며 친밀감을 쌓습니다.
- 가벼운 협업: 비슷한 주제의 소규모 크리에이터와 컬래버해, 서로 구독자 기반을 늘릴 수 있습니다.
- ChatGPT 활용: 채널 소개 문구, 인트로, 섬네일 캐치프레이즈 등을 매력적으로 다듬어 초기 유입을 빠르게 늘립니다.

2. 중기(구독자 1천~10만 명 사이)

- 정체성 강화: "이 채널은 무엇에 특화되어 있는가?"를 명확히 보여 주는 키 콘텐츠·시리즈를 개발합니다.
- 데이터 분석 심화: 유튜브 스튜디오, 인스타그램 인사이트, 구글 애널리틱스 등 지표를 활용해 성장 동력과 한계를 파악합니다. ChatGPT가 지표 요약·통계 해석을 돕습니다.
- 커뮤니티 활동: 라이브 스트리밍, 오프라인 모임, 이벤트 기획을 통해 본격적으로 팬덤을 구축해 나갑니다.

3. 성숙기(구독자 10만 이상)

- 수익 모델 다양화: 광고, 협찬 외에도 멤버십, 온라인 강의, 굿즈 판매 등 다양한 수익을 탐색해 지속 가능한 채널을 만든다.
- 팀 운영 & 시스템화: 편집·마케팅 등 전문 인력을 고용하거나 외주를 활용해 크리에이터 본인은 기획·출연 등 핵심 역량에 집중합니다. ChatGPT는 팀 커뮤니케이션·프로젝트 관리 업무를 보조합니다.
- 브랜드 확장: 타 플랫폼으로 확장(팟캐스트, 웹사이트, 쇼핑몰 등)해 팬덤을 견고히 하고, 브랜드 인지도를 높입니다.

6) ChatGPT를 활용한 개인 역량·운영 노하우 정리

자기 진단 & 코칭

ChatGPT에게 현재 채널 상태나 운영 방식을 설명하고, 강점·약점을 평가해 달라 요청할 수 있습니다.

예: "평균 조회수 5천, 댓글 30~40개 수준의 채널입니다. 어떤 부분을

개선하면 좋을까요?"

물론 AI가 전부 맞지는 않더라도 생각지 못한 관점이나 '배워 볼 만한 스킬'을 제안받아 학습 주제로 삼을 수 있습니다.

목표 수립 & 피드백 루프

"한 달 내 구독자 1,000명 추가"와 같은 구체적 목표를 세우고, ChatGPT 에게 진척 상황에 따른 전략 수정을 간단히 물어볼 수도 있습니다.

"지난 2주간 조회수는 늘었는데 시청 유지율이 떨어졌어요. 어떤 조치 를 해 볼 수 있나요?" 식으로 대화형 코칭을 진행합니다.

시간 관리 & 동기 부여

크리에이터 활동을 하며 동기 부진에 빠지거나 기획·편집이 지연될 때, ChatGPT가 동기 부여나 루틴 제안을 해 줄 수 있습니다.

예: "매일 2시간씩 영상을 편집해야 하는데 의욕이 떨어집니다. 동기 부 여되는 문구나 체크리스트를 만들어 주세요."

7) 사례 예시: 개인 뷰티 크리에이터의 운영 역량 강화

채널 비주얼 일원화

뷰티 브랜드 느낌을 살릴 수 있도록 섬네일, 채널 배너, SNS 프로필 이 미지를 통일. ChatGPT에게 "핑크·화이트 톤의 로고 디자인 콘셉트"를 브 레인스토밍.

팔레트 리뷰 시리즈

매주 다양한 아이섀도 팔레트를 리뷰하면서 고정 코너로 시청자들의 기대감을 조성. ChatGPT가 각 팔레트 특징·추천 색 조합을 정리해 대본 작성에 도움.

라이브 스트리밍 & Q&A

일주일에 한 번 라이브 방송으로 시청자와 소통, 피부 타입별 메이크업 팁을 실시간으로 제시. ChatGPT가 질문 리스트를 자동으로 분류·요약해 진행.

데이터 분석으로 피드백

유튜브 스튜디오 지표(조회 수, 시청 유지율 등)와 댓글을 ChatGPT가 함께 요약해 "가장 인기 있는 색조 화장품" 순위를 뽑아 줌. 다음 리뷰 주제 선정에 반영.

개인 역량 확대

스타일리스트, 미용 전문가 등 전문가 코스나 강의를 수강하면서 새로운 지식을 습득. ChatGPT에게 배운 내용 복습·문서화·에세이 작성을 맡겨 정리.

결과적으로, 채널이 단순 제품 리뷰 채널이 아닌, 뷰티 전문 플랫폼의 이미지로 자리 잡게 되고, 시청자 충성도와 조회수가 모두 상승할 것입니다.

정리

1. 크리에이터 역량 강화는 콘텐츠 주제 선정, 대본·촬영·편집 기술, 데이터 분석, 커뮤니티 관리 등 다양한 측면을 포괄합니다.
2. 운영 노하우로는 꾸준한 업로드, 일관된 브랜드 이미지, 팬덤 형성, 데이터 기반 의사 결정 등이 핵심이며, 그 과정에서 ChatGPT가 전 단계에서 든든한 조력자가 될 수 있습니다.

3. 성장 단계(초기 → 중기 → 성숙기)에 따라 운영 전략을 달리 적용하면서 시청자와의 양방향 소통을 강화하고, 장기적 목표를 잃지 않도록 주의합니다.
4. 자가 학습 & 지속 개선을 통해 새로운 협업·수익 모델을 탐색하고 브랜드 영역을 넓히는 것도 크리에이터로서 중요한 과제입니다.

이처럼, 크리에이터 역량과 채널 운영 능력은 별개가 아니라 서로 긴밀히 연결되어 있습니다. ChatGPT를 적극 활용해 아이디어 발굴, 대본 및 홍보 문구 작성, 시청자 데이터 분석 등을 효율화하면 더 나은 콘텐츠를 더 쉽고 빠르게 제작할 수 있을 것입니다. 무엇보다도 시청자 중심의 마인드를 유지하면서 꾸준한 학습과 실험정신으로 도전하는 자세가 크리에이터 성장의 핵심입니다.

책임 있는 AI 활용과 윤리적 고려

RESPONSIBLE AI USE

RESPONSIBLE & ETHICA OLS

AI

RESPONSIBLE AI USE CONSIDERATIONS

PRIVACY

해당 이미지는 ChatGPT 4o에서 해당 챕터의 주요내용을
프롬프트로 사용하여 제작하였습니다.

1.
AI 편향성(Bias)과
정보 검증(팩트 체크)

AI 기술이 발전하면서 많은 기업과 개인이 업무 및 생활 속에 AI 모델을 적극 도입하고 있습니다. 그러나 이러한 모델이 학습 데이터 및 알고리즘 구조에 따라 '편향성(Bias)'을 내재할 수 있다는 점 그리고 AI가 제공하는 정보의 정확성(Fact-Checking)을 반드시 검증해야 한다는 점이 중요한 이슈로 떠오르고 있습니다. 이번 장에서는 AI 편향성이 생기는 원인과 위험성 그리고 정보 검증 방법에 대해 구체적으로 살펴보겠습니다.

1) AI 모델의 편향성(Bias) 이해

편향성(Bias)이란?

AI 모델(예: ChatGPT)은 훈련 데이터에서 패턴을 찾고, 이를 바탕으로 결과를 예측하거나 생성합니다. 이 과정에서 특정 그룹이나 특정 관점에 유리하거나 불리한 편향이 나타날 수 있습니다.

예: 범죄 예측 모델이 특정 인종·지역에 대해 과도하게 위험 점수를 부여한다거나 언어 모델이 특정 성별을 연상하는 방식으로 언급하는 등의 사례.

편향이 생기는 주요 원인

데이터 편향(Data Bias): 모델 학습에 사용된 데이터셋이 일부 집단이나 관점에 과도하게 집중되거나 대표성이 부족한 경우. 알고리즘적 편향(Algorithmic Bias): 모델 설계나 하이퍼파라미터 설정 과정에서, 특정 특징이 과대 또는 과소 반영되는 상황.

인간 편향(Human Bias): 데이터 수집, 라벨링, 검증 단계에서 사람이 의도적·비의도적으로 편견을 담아낼 가능성.

편향이 미치는 영향

공정성 문제: 채용, 대출 심사, 공적 서비스 배분 등에서 AI가 편향된 결정을 내릴 경우, 특정 집단에게 불리한 결과가 초래될 수 있습니다.

신뢰도 저하: 사용자들이 AI가 제공하는 정보를 신뢰하지 않게 될 뿐 아니라 사회적·법적 분쟁이 발생할 소지가 큽니다.

조직 의사결정 악영향: 기업 내부 의사결정 프로세스에서 AI를 맹신하면 잘못된 결론이나 비윤리적 판단이 내려질 수 있습니다.

2) 편향성 최소화를 위한 노력

데이터 다양성 확보

모델 학습에 쓰이는 데이터셋을 광범위하고 균형감 있게 수집해, 가능한 한 다양한 그룹이나 관점이 반영되도록 노력해야 합니다.

예: 성별, 연령, 인종, 지역, 문화적 배경 등 다방면의 데이터를 충분히 포함해 대표성을 높임.

데이터 검증 및 클리닝

전처리(preprocessing) 단계에서 데이터의 편향 요소(반복적으로 등장하는 특정 편견 표현, 차별적 표현 등)를 찾아내어 라벨 수정 또는 제거 작업 진행합니다. 자동화된 도구 또는 전문가 검증(휴먼 리뷰)을 통해 데이터셋 내 문제 있는 샘플을 최소화합니다.

알고리즘적 보정(De-biasing)

모델 학습 과정에서 편향 요소를 줄이는 기술적 기법을 적용합니다.

예: 페어니스(Fairness) 알고리즘, 재가중(Re-weighting) 기법, 어텐션 메커니즘에서 특정 속성에 대한 과도한 집중 방지.

모델 배포 전, 편향 테스트(bias test)와 공정성 지표(fairness metrics)를 점검해 수정을 반복합니다.

인간 모니터링 및 책임 있는 개발

모델 개발·운영 과정에 윤리 전문 인력, 도메인 전문가 등을 참여시켜 AI 윤리 원칙과 공정성을 지키는지 상시 모니터링합니다. 조직 차원에서 AI 윤리 가이드라인을 수립하고, 개발·실행 단계를 투명하게 운영해 책임 소재를 분명히 합니다.

3) 정보 검증(팩트 체크, Fact-Checking)의 중요성

AI 정보의 정확도 문제

ChatGPT 등 언어 모델은 텍스트를 생성하는 데는 강점이 있으나, 항상 사실 검증이 내장되어 있지는 않습니다. 모델이 학습 시점 이후에 발생한 신정보를 모를 수 있고, 때로는 "환상적 사실(Confabulation)"을 만들어 낼 수도 있습니다(실제로 존재하지 않는 정보를 그럴듯하게 표현).

팩트 체크 과정

AI가 내놓은 주장이나 숫자 데이터, 참고 자료 등을 외부 신뢰 소스(학술 논문, 공공기관 통계, 전문 데이터베이스, 기사 등)와 대조하여 교차 검증해야 합니다. 또한, '동료 검토(Peer Review)'나 전문가 질의를 통해 오류 여부를 확인하는 것도 필수적입니다.

도구와 절차의 활용

자동화된 팩트 체크 도구(사실 확인 플랫폼, 웹 확장 프로그램 등)를 AI 모델과 병행하여 사용하면 정보 신뢰도를 높일 수 있습니다.

프로세스 예시: (1) ChatGPT가 답변 생성 → (2) 자동 팩트체커로 키워드·수치 대조 → (3) 담당자가 최종 검수 및 승인.

지속적인 업데이트와 모니터링

AI 모델이 동적으로 업데이트되는 환경(예: 새로운 버전, 추가 학습)을 갖출 경우, 최신 데이터나 교정 정보를 반영하기 위한 모니터링 체계가 필수적입니다. 기업·기관 내 AI 사용 정책에 따라 주기적 모델 재학습과 사용 후 피드백 절차를 마련해 정보 품질을 개선합니다.

4) 편향성과 정보 검증이 가져올 위험과 대응 전략

조직 내 의사 결정 왜곡

편향된 모델이 채용, 승진, 고객 선별 등에 관여하면 특정 집단의 권리를 침해하거나 회사의 법적·윤리적 위험을 높일 수 있습니다.

대응: 모델 활용 의사 결정에 대해 이중·삼중 체크(인간 검증 + 윤리 리뷰 + 데이터 교차 확인)를 실시.

허위 정보·가짜 뉴스 유포

ChatGPT가 근거 없는 정보를 바탕으로 생성한 텍스트가 사실인 양 퍼지면 개인·사회적으로 큰 해악을 끼칠 수 있습니다.

대응: 전문 출처(권위 있는 기관, 공식 문헌) 확인, 팩트 체킹 플랫폼과 연동, 외부 전문가 인터뷰 등 복수 검증.

사이버 보안 및 프라이버시 침해

편향성과 무관해 보일 수 있지만 수집 과정에서 개인 정보가 과도하게 유출되어 모델이 이를 학습하면 사생활 침해가 발생할 수 있습니다.

대응: 개인정보 비식별화(de-identification) 프로세스 적용, 개인 정보 보호 법규 준수, 민감 데이터는 폐쇄형 모델에서만 활용.

5) 책임 있는 AI 사용을 위한 핵심 지침

데이터와 알고리즘의 투명성

조직이 AI를 도입할 때 데이터 수집과 알고리즘 설계를 투명하게 운영하고, 주요 이해관계자(개발자, 관리자, 사용자)에게 공개 가능한 범위를 명확히 해야 합니다.

지속적 모니터링과 피드백 루프

모델의 성능과 편향, 정보 오류를 정기적으로 측정하고, 피드백을 반영해 지속적으로 개선해야 합니다. 잘못된 예측이나 차별 사례가 발견되면 신속히 수정·재학습을 거쳐 사용자 불만과 리스크를 최소화할 수 있습니다.

인간 중심 의사결정

AI가 제시하는 정보나 판단은 참고 자료일 뿐, 최종 결정은 인간이 내리도록 해야 합니다. 특히 편향 가능성이 높은 분야(채용, 대출, 의료, 교육 등)에서는 사람의 윤리적·법적 판단이 필수적입니다.

팩트 체크 문화 정착

AI가 생성한 결과물에 대해 전 직원이 "이 정보가 정말 사실인지?"를 질문하고, 검증 프로세스(크로스체크, 외부 자료 검색, 전문가 자문)를 익히도록 교육·장려합니다. 팩트 체크 문화를 조직 전체에 뿌리내려 AI 활용 수준과 정확도를 지속적으로 높입니다.

정리

- AI 편향성(Bias): 학습 데이터, 알고리즘, 인간 개입 등 다양한 요인으로 인해 특정 그룹에게 차별을 일으키거나 잘못된 판단을 내릴 수 있음.
- 정보 검증(팩트 체크): AI가 만들어 낸 결과물, 정보, 숫자 등이 항상 정확하고 최신이라고 볼 수 없으므로 외부 신뢰 소스와 전문가 리뷰 등을 통해 교차 검증이 필수.
- 대응 전략: 데이터 다양성 확보 및 알고리즘 보정, 인간 검증(이중·삼중 체크) 체계, 투명성과 윤리 의식을 담보한 지속적 모니터링.

결국, AI 모델이 편향성을 일으키거나 사실과 다른 정보를 생성하는 것은 피할 수 없는 위험이지만, 철저한 사전 대비와 사후 검증 프로세스를 통해 이를 크게 완화할 수 있습니다. 이를 위해서는 조직 차원의 윤리·규범, 기술적 보완, 인간의 책임 있는 의사 결정이 유기적으로 결합되어야 합니다.

2.

저작권, 표절 및
교육에서의 윤리적 문제

ChatGPT와 같은 AI 모델이 텍스트 생성 능력을 갖추면서 저작권, 표절, 교육 윤리와 관련된 문제들도 새롭게 부각되고 있습니다. 과거에는 사람이 직접 작성한 문서를 중심으로 저작권과 표절 여부를 판단했지만, 이제는 AI가 생성한 콘텐츠까지 포함해 법적·윤리적 기준을 점검해야 하는 상황이 되었습니다. 이 장에서는 AI가 생성한 콘텐츠가 가지는 저작권 문제, 표절 이슈 그리고 교육 현장에서 발생할 수 있는 윤리적 문제를 살펴보고, 어떻게 대응할 수 있는지 구체적으로 알아봅니다.

1) AI가 생성한 콘텐츠와 저작권 이슈

AI 생성물의 저작권 귀속 문제

AI 모델(예: ChatGPT)이 생성한 텍스트, 이미지, 음악 등 창작물은 과연 누구의 소유인가? 현재 국내외적으로 법률 해석이 다양하며, 일반적으로 인간 저작자가 없는 AI 생성물에 대해서는 저작권 보호의 대상이 되지 않는다는 견해가 우세합니다. 그러나 학습 데이터로 사용된 저작물 자체의 저작권, AI 모델의 설계·운영 주체의 권리 등 복잡한 이해관계가 존재해 명확한 규정이 정립되지 않은 상태입니다.

2차 저작물 및 저작권 침해 가능성

AI가 생성한 텍스트가 기존 저작물을 변형·요약·리믹스한 형태라면 해당 2차 저작물에 대한 저작권 침해 문제가 발생할 수 있습니다.

예: ChatGPT가 특정 논문의 내용을 거의 그대로 베끼거나, 저작물을 부분적으로 편집·재조합해 제시한다면 원 저작자의 권리가 침해될 수 있음.

대응: AI가 생성한 결과물을 사용할 때는 원 저작물의 인용 규정이나 출처 표기를 준수하고, 필요한 경우 라이선스 허락을 구해야 합니다.

AI 모델 개발·운영자의 책임

모델을 개발·운영하는 기업(혹은 기관)은 학습에 사용한 데이터가 정당한 라이선스를 확보했는지, 사용자들이 AI 생성물을 어떻게 이용하는지 모니터링할 의무가 있습니다.

정책적 대응: 점진적으로 각국 정부·국제기구에서 AI 생성물 저작권 가이드라인을 마련하고 있으며, 기업·연구자들은 이를 준수하고 모델 사용 약관을 명확히 해야 합니다.

2) 표절(Plagiarism) 문제

AI 출력물을 그대로 사용하는 행위

ChatGPT가 생성한 텍스트를 사용자가 베껴서 자신의 과제·논문·저작물로 제출하는 경우, 표절로 간주될 수 있습니다. 왜냐하면, (1) 그것이 본인이 직접 창작한 것이 아니며, (2) AI가 참고한 학습 데이터의 일부 또는 변형물일 수 있기 때문입니다.

대응: 출처 표기("AI 생성 문장"임을 명시), 재작성(Paraphrasing), 자신의 해

석을 더해 독창적 저작물을 만들어야 하며, 교육기관에서는 이를 엄격히 지도·점검해야 합니다.

자신의 아이디어와 AI 결과물의 경계

에세이, 논문, 리포트 등에서 어느 부분이 AI 생성이고, 어느 부분이 본인 분석인지 구분되지 않으면 교육·연구 윤리에 어긋날 수 있습니다.

예: "이 결과는 ChatGPT가 제시한 통계 해석을 바탕으로, 필자가 추가로 검증했다" 등 명확한 구분이 필요합니다.

교육기관은 학생들에게 AI 활용 시 반드시 재작성, 출처 밝히기, 자기 생각 덧붙이기 등을 지도해야 합니다.

표절 방지 도구와 AI의 '창의성'

기존의 표절 검사 도구(예: Turnitin, CopyKiller 등)는 AI 생성 텍스트를 잡아내는 데 한계가 있었습니다. 최근에는 AI 탐지 기능을 탑재한 표절 도구가 등장하고 있지만, 여전히 정확도가 불완전할 수 있습니다. 장기적으로, 인간 고유의 창의성과 AI의 산출물을 구분하기 위해 교육적 평가 방식(구두 발표, 프로젝트 실습, 브레인스토밍 과정 평가 등)을 다변화해야 한다는 의견이 많습니다.

3) 교육 현장에서의 윤리적 문제

숙제·과제 대행

학생들이 에세이, 보고서, 코드 작성 등 과제를 ChatGPT로 대행하게 되면 실제 학습 효과가 떨어지고, 학습 윤리에 위배됩니다. 교사·교수는 과제 설계 시 과정 평가(프로세스 점검, 구두 질의, 초안 제출 등)를 통해 학생이 직접 작업했는지 확인할 필요가 있습니다.

예: 과제 제출 후, 학생에게 구두 발표를 시키거나 토론을 진행하면, 스스로 이해·작성하지 않은 경우 티가 날 수밖에 없음.

시험 부정행위

온라인 시험·퀴즈에서 AI를 몰래 사용해 실시간 정답을 얻거나 문제 풀이를 치팅에 활용할 위험이 있습니다.

대응: 시험 환경을 감독하거나, 오픈 북 형태로 전환해 문제 난이도를 높이면서 실질적인 비판적 사고를 요구하는 시험 형태로 바꾸는 방안이 검토되고 있습니다.

교육 목적의 AI 활용과 윤리적 가이드

한편, AI를 활용해 새로운 학습 모델(예: 개인 과외 튜터)로 삼는 것은 학습 효율을 높일 수 있는 긍정적 사례입니다. 다만, 이 경우에도 저작권·표절·개인 정보 보호 원칙을 지키도록 교육자와 학생이 함께 노력해야 합니다. 학교·기관 차원에서 "AI 활용 윤리 수칙", "AI 활용 시 출처 표기 가이드" 등을 마련해 적용해야 합니다.

4) 바람직한 사용을 위한 제언

출처 표기와 인용

AI가 생성한 글을 사용할 때 "ChatGPT가 작성한 부분"임을 명시하고, 참고한 원본 자료가 있다면 인용 형태로 밝혀야 합니다. AI의 산출물이 학습 데이터를 기반으로 한 재생산물일 수 있음을 인지하고, 법적·윤리적 책임에서 자유롭지 않다는 점을 숙지합니다.

재작성(Paraphrasing)과 독창성 부여

완성된 AI 문장을 그대로 쓰기보다 자신의 언어로 재해석하고, 추가 아이디어나 분석을 더해 독창성을 살리는 과정이 필요합니다. 이는 작품의 질을 높일 뿐 아니라 표절 의혹에서도 자유로워지는 방법입니다.

교육자·학생 간 소통 강화

교육자가 AI 활용 방식을 학생에게 명확히 안내하고, "어느 범위까지 허용되는지?", "AI 도움과 본인 창작물의 경계는 어떻게 설정하는지?" 등을 구체적으로 지도합니다. 학생들은 궁금증이 있으면 투명하게 질문하고, 교사·교수는 사례를 통해 윤리 문제를 설명해 주어 AI 활용 역량과 윤리 의식을 함께 길러 줍니다.

책임 있는 기술 활용

AI가 생성한 결과물을 무조건 "저작권 걱정 없는 공공재"로 오해하거나 "사람이 안 썼으니 표절 아님"이라고 간주하는 행위는 위험합니다. 기업·기관, 교육 현장 모두가 법적·윤리적 가이드라인에 맞춰 AI를 활용하면서 필요한 확인 절차(판권 검토, 표절 검사 등)를 밟아야 합니다.

정리

- 저작권 문제: AI 생성물이 실제로 2차 저작물일 수 있고, 학습 데이터 자체에 대한 권리가 걸려 있을 수 있으므로 사용 시 출처와 라이선스 여부를 반드시 확인해야 합니다.
- 표절 문제: AI가 작성한 텍스트를 본인 것처럼 제출하면 표절 소지가 큽니다. 출처 밝히기, 재작성, 자기 해석 추가를 통한 독창성 확보가 필수.
- 교육 윤리: 학생들이 과제나 시험에 AI를 부정적으로 활용할 여지가

있어 과정 중심 평가와 오프라인 발표 등을 통해 학습 윤리를 지키는 방안을 마련해야 합니다.

- 책임 있는 사용: 개인과 조직이 함께 AI 활용 가이드와 윤리 원칙을 준수하고, 문제가 발생했을 때 투명하게 대응하는 문화를 조성해야 합니다.

결국, AI가 제공하는 편의와 창의성 확대를 누리되, 법적·윤리적 책임을 소홀히 할 수 없습니다. 특히 저작권, 표절, 교육 윤리 측면에서 철저한 관리와 교육이 이루어져야 하며, 자발적 준수와 제도적 지원이 어우러질 때 AI 시대에 걸맞은 공정하고 건강한 창작·교육 환경이 조성될 것입니다.

3.

개인 정보 보호와
보안 고려 사항

AI 시대에 접어들면서 개인 정보 보호와 보안 문제는 그 어느 때보다 중요한 이슈가 되었습니다. ChatGPT와 같은 대화형 AI 모델은 텍스트 데이터를 활용하여 사용자의 질의에 답하지만, 이 과정에서 민감한 정보가 입력·출력될 가능성이 있기 때문에 이를 안전하게 취급하는 방법을 숙지하고 관리해야 합니다. 본 장에서는 개인 정보 보호와 보안 측면에서 어떤 사항을 고려해야 하고, 어떻게 대응할 수 있는지 상세히 살펴보겠습니다.

1) 개인 정보 보호의 중요성

개인 정보 유출 위험

AI 모델에 이름, 전화번호, 계좌 번호, 주소 등 개인 정보를 직·간접적으로 입력하는 경우, 해당 내용이 외부 서버에 저장되거나 로그로 남을 수 있습니다. 이로 인해 데이터 유출 및 악용이 발생할 수 있으며, 이는 법적·윤리적으로 심각한 문제를 초래합니다.

법률 및 규정 준수 의무

국내외적으로 '개인정보보호법(GDPR, CCPA 등)'이 강화되고 있으며, 기업·기관은 법적 기준을 준수해야 합니다. AI 활용 시 개인 정보 최소 수집의 원칙을 준수하고, 불필요한 정보는 수집·저장하지 않아야 합니다.

사용자 신뢰 및 평판 관리

AI 서비스를 제공하거나 사용하는 조직은 개인 정보를 안전하게 관리하지 못할 경우, 사용자 신뢰를 잃고 기업 평판이 훼손될 수 있습니다. 특히 대형 사고(대규모 유출)가 발생하면 법적 배상, 영업 손실이 커질 수 있으므로 사전에 철저한 대비가 필요합니다.

2) ChatGPT 등 AI 모델 활용 시 유의점

입력 정보 최소화

ChatGPT에 질의할 때 민감하거나 식별 가능한 개인 정보(주민등록번호, 구체적 주소, 금융 정보 등)를 직접 입력하지 않도록 주의해야 합니다. QA, 예시 텍스트, 로그 검사 등에서도 개인 정보가 포함되지 않도록 필터링 과정을 거치거나 가명화된 정보를 사용합니다.

학습 데이터의 적절한 처리

AI 모델을 추가 학습(파인튜닝)할 때, 개인 정보가 담긴 문서를 곧바로 사용하지 말고 개인 정보를 제거하거나 대체(De-identification)한 뒤 학습에 활용해야 합니다. 조직 내부에서 사용하는 데이터라도 학습 및 배포 절차에서 별도의 암호화·접근 통제가 필수입니다.

로그·대화 기록 관리

ChatGPT API, 웹 서비스 등을 통해 주고받은 대화 기록이 서버에 임시 또는 영구 저장될 수 있으므로 민감 데이터를 입력하는 순간, 그 기록이 남게 됩니다. 조직 차원에서 로그 보관 기간, 접근 권한, 자동 삭제 정책 등을 설정하고, 필요시 백엔드 서버 로그에서도 개인 정보가 유출되지 않도록 모니터링해야 합니다.

사용 조건 및 약관 확인

OpenAI 등 AI 모델 운영사가 제공하는 개인 정보 처리 방침과 사용 약관을 주의 깊게 살펴봐야 합니다. 사용 중 수집되는 데이터가 어떻게 저장·처리·사용되는지 숙지하고, 민감 정보 취급 시 사전에 합의된 정책을 지켜야 합니다.

3) 기술적·관리적 보안 대책

데이터 암호화 및 접근 통제

AI 서비스를 개발·운영하는 과정에서 '전송 구간(HTTPS/TLS)'과 저장 구간(DB 암호화)을 모두 안전하게 보호해야 합니다. 접근 권한 관리(예: RBAC, IAM)를 통해 최소 권한 원칙에 따라 필요한 인원만 민감 데이터에 접근할 수 있도록 설정합니다.

네트워크·시스템 보안

AI 시스템이 배포되는 서버나 클라우드 환경에서 방화벽, IDS/IPS, 보안 그룹 등을 활성화해 해킹·침입을 차단합니다. 정기적인 보안 패치, 취약점 스캔으로 AI 모델 개발·운영 환경을 안전하게 유지해야 합니다.

로그 모니터링 및 감시 체계

관리자 권한을 가진 사용자가 임의로 대화 로그를 열람하거나 외부인이 침투해 데이터를 훔쳐보는 사건이 발생하지 않도록 시스템 로그와 이벤트를 실시간으로 모니터링합니다. 이상 징후(비정상적인 접속, 대량 데이터 조회 등)를 감지하면 즉시 알림을 받고 대응할 수 있는 체계를 구축합니다.

데이터 파기 및 분리 보관

민감 데이터가 저장되는 경우, 보존 기간이 끝나거나 필요가 없어지면 즉시 안전하게 파기해야 합니다. 별도의 보관 장소(암호화 스토리지)에 단기적으로만 저장하고, 일정 시간이 지나면 완전 삭제하는 데이터 주기 관리 방안을 적용할 수 있습니다.

4) 조직·개인 차원의 준수 사항

사내 정책 수립

기업·기관은 ChatGPT 같은 AI를 사용할 때 준수해야 할 내부 가이드라인(민감 데이터 입력 금지, 로그 검수, 개인 정보 취급 절차 등)을 명문화해야 합니다. 모든 임직원에게 교육을 실시해 개인 정보 보호와 보안의 중요성을 강조합니다.

데이터 사용 동의 및 공지

필요하다면 서비스 이용자(내부 직원, 고객 등)에게 본인이 AI 모델에 질문·정보를 입력할 때 해당 데이터가 어떻게 처리되는지 고지해야 합니다. 개인 정보 처리 동의 절차를 거쳐야 하거나 내부 승인 과정을 마련해야 하는지 검토가 필요합니다.

보안 사고 대응 프로세스

만약 개인 정보가 AI 모델 사용 중 유출되거나 보안 침해가 발생했다면, 즉시 신고하고 대응할 수 있는 사고 대응 매뉴얼을 갖춰야 합니다. 법적·윤리적 책임 관점에서 관련 기관(개인정보보호위원회 등)에 신고, 피해자 통보 등 후속 조치를 이행해야 할 수도 있습니다.

개인의 책임과 주의

개인 사용자도 자신이 입력하는 정보가 개인 정보인지 인지하고, 필요 이상으로 민감 정보를 남기지 않도록 습관화해야 합니다. 대화 기록이나 AI 모델 생성물을 공유할 때 제3자가 해당 정보를 열람할 수 있는지 꼼꼼히 확인해 필요한 부분만 발췌·공유하는 습관이 중요합니다.

정리: 안전한 AI 활용을 위한 기반

- 민감 정보 최소화: AI 모델과 상호 작용할 때, 굳이 필요하지 않은 개인 정보, 기업 기밀, 재무 정보 등은 절대 입력하지 않는 것이 원칙.
- 암호화·접근 제어: 내부적으로 AI 데이터 흐름을 암호화하고, 접근 권한을 제한해 정보 유출 리스크를 낮춤.
- 사내 정책·교육: 명확한 지침과 교육을 통해 모든 구성원이 개인 정보 보호 의식을 갖추도록 한다.
- 법적 기준 준수: 개인정보보호법, GDPR 등 관련 법규를 숙지하고, 필요시 법무 팀과 협의해 AI 활용 정책을 수립.
- 모니터링·사고 대응: 정기적으로 모델 사용 로그를 검사하고, 보안 침해 징후를 실시간 감시. 긴급 상황 발생 시 대응 매뉴얼에 따라 즉각 조치.

이 같은 대비와 운영 방안을 제대로 갖춘다면 ChatGPT 등 AI 모델을 효율적으로 사용하면서도 개인 정보 보호와 보안을 철저히 유지할 수 있을 것입니다. 조직과 개인 모두가 안전한 AI 활용 습관을 익혀 신뢰도 높은 디지털 환경을 만들어 나가야 합니다.

4.

교육 및 기업 환경에서의
AI 정책 수립 가이드

AI 기술이 빠르게 확산됨에 따라 교육기관과 기업 모두 AI 활용에 대한 명확한 정책을 마련할 필요가 있습니다. 개인 정보 보호, 저작권·표절 문제, 윤리적 문제 등을 적절히 해결하지 못하면 법적·사회적 리스크가 커질 수 있으므로 조직 차원의 가이드라인과 운영 체계를 구축해야 합니다. 본 장에서는 교육 및 기업 환경에서 AI 정책을 수립하기 위한 구체적인 가이드와 고려 사항을 살펴봅니다.

1) AI 정책의 필요성과 목표

AI 활용 명확화

ChatGPT 등 대화형 AI 모델을 도입하려는 목적(교육 효율, 업무 자동화, 정보 분석 등)을 명확히 정의해야 합니다. 이를 통해 구성원들이 AI를 사용할 때 어떤 기준과 목표를 준수해야 하는지 분명히 알 수 있습니다.

윤리·법적 리스크 최소화

AI가 생성·처리하는 데이터에는 개인 정보, 민감 정보 등이 포함될 수 있어 저작권·개인 정보 보호 등 다양한 법규를 준수해야 합니다. 정책은 윤리적 책임과 법적 안정성을 함께 달성하는 것을 목표로 설정합니다.

사용자 신뢰 확보

조직이 AI를 어떻게 활용하며, 어떤 방식으로 정보를 관리하는지를 투명하게 공개하면 학생, 직원, 이해관계자의 신뢰를 얻을 수 있습니다. 부정적 사례를 예방하고 AI 활용이 가져올 수 있는 장점을 극대화할 수 있도록 정책이 명확하고 일관성 있게 작동해야 합니다.

2) 정책 수립을 위한 주요 고려 사항

데이터 거버넌스(Data Governance)

AI 모델에 투입되는 학습 데이터와 입력 데이터(사용자의 질의·문서 등)에 대한 소유권, 저작권, 라이선스, 개인 정보 보호 방안을 명시합니다. 데이터 분류(민감·비민감·공개 가능 데이터), 접근 권한, 보관·파기 절차 등을 담은 데이터 관리 규정을 마련해야 합니다.

윤리·공정성 규범

교육·채용·성과 평가 등 AI가 의사 결정에 영향을 미칠 수 있는 영역에서 편향성, 차별 문제가 발생하지 않도록 규범을 정합니다.

예: "AI의 결정에 인간이 반드시 최종 검토한다", "특정 결과가 인종·성별 등에 따른 불공정이 확인되면 수정·재학습 절차를 거친다" 등 구체적 절차 마련.

역할 및 책임 분담

조직 내에서 AI 모델 개발·운영·감독을 담당하는 부서(예: 정보전략팀,

AI전략팀), 교육기관 내부에서는 교사·교수진, IT 관리 부서 등 역할별 책임을 정의합니다. 문제 발생 시 어느 부서가 책임을 지고 조치를 진행하는지 명시하면 신속하고 효율적인 대응이 가능합니다.

개인 정보 보호 & 보안 대책

AI 모델 사용 시 개인 정보 최소 입력 및 가명화 원칙을 지키고 대화 기록 또는 학습 데이터가 외부로 유출되지 않도록 보안 체계를 설정합니다. 교육기관에서는 학생 정보(성적, 상담 내용) 등이 AI에 과도하게 노출되지 않도록 주의하고, 기업에서는 고객 정보, 기밀 데이터 보호에 만전을 기해야 합니다.

저작권·표절 규제

AI가 생성한 콘텐츠(글, 이미지, 영상 등)를 사용할 때 출처 표기와 인용 규칙을 어떻게 적용하는지 사내·교내 규정을 수립합니다. 에세이, 보고서, 프로젝트에서 AI의 부정 사용(과제 대행, 표절 등)을 방지하기 위해 가이드라인과 점검 프로세스를 운영해야 합니다.

3) 교육 환경에서의 AI 정책 수립

교사·학생용 지침 제공

교육기관은 교사(또는 교수)와 학생이 AI를 어떻게 사용할 수 있는지, 혹은 제한해야 하는지에 대한 세부 가이드를 마련합니다.

예: "과제 시 ChatGPT의 사용을 허용하되, 결과물에 AI 사용 사실을 명시하고, 학생이 직접 재작성·해석했다는 증거를 제출해야 함."

학습 윤리와 평가 방식 보완

학생들이 AI를 사용해 표절, 과제 대행 등을 하지 않도록 과정 중심 평가(초안, 면담, 발표)를 강화합니다. 특정 과제·시험을 오픈북, 프로젝트형 평가로 전환해 AI 활용이 창의적 능력 증진에 기여할 수 있도록 유도합니다.

교사 역량 강화

교사·교수진이 AI 활용 역량을 갖추어야 학생들에게도 올바른 지침과 교육을 제공할 수 있습니다. AI 도구 활용 연수, 윤리·법적 강의, 우수 사례 공유 등을 통해, 교사의 AI 리터러시와 지도 능력을 높여야 합니다.

학생 정보 보호

학교 서버나 클라우드에 저장되는 학생 데이터(성적, 학습 기록 등)를 AI 모델에서 필요 이상으로 활용하지 않도록 절차화합니다. 학생이 민감 정보를 질문에 포함하거나 AI가 결과를 너무 상세히 제시해 사생활 침해로 이어지지 않도록 주의합니다.

4) 기업 환경에서의 AI 정책 수립

업무 적용 범위와 책임 규정

기업은 AI를 어떤 업무(마케팅, 고객 상담, 인사 평가, 개발 등)에 어느 정도까지 적용하는지, 결과 책임은 누가 지는지 명시해야 합니다.

예: "AI 추천 결과를 그대로 수용해 의사결정을 내리는 것은 금지하고, 반드시 담당자가 추가 검토 후 승인해야 한다" 등 최종 책임 소재를 분명히 합니다.

직무 교육 및 가이드라인

직원들이 ChatGPT를 비롯한 AI 모델을 안전하게 쓰도록 단계별 매뉴얼(민감 데이터 입력 금지, 저작권·표절 유의 등)을 배포하고, 정기 교육을 진행합니다. 관리자·개발자 등 직무별로 필요한 법규, 윤리적 이슈, 기술 보안 항목을 별도로 지정해 맞춤 교육을 제공할 수 있습니다.

데이터·보안 통제

기업 내 IT 부서나 보안 팀이 AI 사용 시 발생할 수 있는 정보 유출, 사이버 공격에 대비해 접근 제한과 실시간 모니터링을 실시합니다. 별도의 사내 AI 인프라(프라이빗 클라우드, 온프레미스)에서 민감 업무를 수행하도록 분리할 수도 있습니다.

성과 측정과 책임 운영

AI 정책이 실행된 뒤, 얼마나 업무 효율이 개선되었는지, 어떤 윤리적 문제가 발생했는지 주기적으로 성과·리스크를 측정해 경영진에 보고합니다. 문제가 드러나면 즉시 정책 수정, 교육 재실시, AI 모델 보완 등을 통해 책임 있는 운영을 이어갑니다.

5) 정책 수립·운영 프로세스 예시

기초 조사 & 벤치마킹

타 기관·기업의 AI 활용 사례와 윤리 가이드라인을 수집·분석하고, 내부 구성원(교사, 직원, IT 팀) 인터뷰를 거쳐 요구 사항 정리.

정책 초안 작성

데이터 거버넌스, 윤리·공정성, 보안·개인 정보 보호, 교육·고지 절차, 위반 시 제재 등을 구조적으로 담은 초안을 작성.

내부 검토 및 수정

법무팀, 윤리위원회(또는 관련 교수·전문가) 등의 피드백을 받아 모호한 표현이나 실효성이 낮은 부분을 보완.

임원 승인 & 공식 발표

최종안을 경영진(기업) 또는 이사회·대학 본부(교육기관)에서 승인받고, 전 구성원에게 공지. 교육, Q&A 세션 등을 통해 정책 의도와 실제 적용 방법을 안내.

정기 점검 & 개선

시행 후 일정 기간마다 실효성 평가, 문제 사례 분석, 기술 발전 추이 등을 고려해 정책을 정기적으로 업데이트.

정리: 지속 가능한 AI 활용을 위한 제언

- 명확한 목적: AI 정책은 조직이 AI를 어디에, 어떻게 활용하고 싶은 지 명확한 방향을 가져야 합니다.
- 법·윤리 준수: 개인정보보호법, 저작권, 편향 문제 등을 다루는 법적 규범을 숙지하고, 윤리 원칙을 구체화해 구성원에게 지속적으로 교육해야 합니다.
- 데이터 거버넌스: AI 모델에 유입되는 데이터는 필터링, 암호화, 접근 제어를 통해 안전하게 관리하고, 민감 정보를 최소화하는 절차를 마련합니다.

- 인간 중심 의사 결정: AI의 결정을 보조 정보로 활용하되, 최종 판단은 인간이 내리는 구조를 유지해 예기치 못한 책임 문제가 발생하지 않도록 합니다.
- 정기적 모니터링 & 업데이트: 기술 변화와 조직 상황 변화를 감안해 유연하게 정책을 재검토하고 개선하며 지속적으로 관리합니다.

이처럼 교육기관과 기업이 각각의 필요와 환경에 맞는 AI 정책을 세우고 이를 일관성 있게 운영한다면, 안전하고 윤리적인 AI 활용과 혁신 효과를 동시에 거둘 수 있을 것입니다.

ChatGPT 확장 활용: 플러그인·API·통합 솔루션

해당 이미지는 ChatGPT 4o에서 해당 챕터의 주요내용을 프롬프트로 사용하여 제작하였습니다.

1.

ChatGPT API 연동 방법 및
실전 예제

ChatGPT를 웹사이트·앱·내부 시스템 등 다양한 환경에 연동하면 자동응답, 대화형 Q&A, 자연어 처리 기능을 자체 서비스로 통합해 활용할 수 있습니다. 이 장에서는 ChatGPT API를 어떻게 연동하고, 실제 업무나 프로젝트에서 어떤 식으로 적용할 수 있는지를 구체적인 예시와 함께 살펴봅니다.

1) ChatGPT API 개요

OpenAI API 구조

ChatGPT의 기능은 OpenAI에서 제공하는 RESTful API로 접근할 수 있습니다. 개발자는 API 키와 '엔드포인트(URL)'를 이용해 HTTP 요청을 보내고, JSON 형식의 응답을 받는 형태로 동작합니다.

주요 엔드포인트로는 https://api.openai.com/v1/chat/completions (ChatGPT 계열), https://api.openai.com/v1/completions (GPT-3 계열) 등이 있으며, 모델 이름(예: gpt-3.5-turbo, text-davinci-003 등)을 지정하여 요청합니다.

사용 가능 모델

ChatGPT API는 보통 gpt-3.5-turbo 혹은 그 이후 버전(gpt-4)을 사용합니다. 모델마다 요금 체계와 성능, 토큰 한도가 다르므로 사용 용도와 예산에 맞춰 선택해야 합니다. 모델 업데이트가 있을 때마다 OpenAI 문서를 확인해 호환 여부를 점검합니다.

요금 정책

OpenAI API는 사용량(토큰 단위)에 따라 과금됩니다. 요청(Request)과 응답(Response)에 포함된 토큰 수에 따라 요금이 청구되며, 모니터링과 쿼터 설정을 통해 월별 예산을 관리할 수 있습니다. 개발 초기엔 무료 크레디트나 소액 결제를 통해 테스트하고, 본격 확장 시 요금 구조를 면밀히 계산해 봐야 합니다.

2) 기본 연동 절차

1. API 키 발급

- OpenAI 계정 생성 후, 개인용 또는 조직용 API 키를 발급받습니다.
- 해당 키는 비밀로 관리해야 하며, 서버 환경 변수(예: ENV, config. yml) 등에 안전하게 저장하고, GitHub 같은 공개 리포지토리에 노출되지 않도록 주의합니다.

2. HTTP 요청 구조

- ChatGPT API에 POST 방식으로 JSON 바디를 전송합니다.

일반 예시:

```
POST /v1/chat/completions
Host: api.openai.com
Authorization: Bearer YOUR_API_KEY
Content-Type: application/json

{
  "model": "gpt-3.5-turbo",
  "messages": [
    {"role": "system", "content": "You are a helpful assistant."},
    {"role": "user", "content": "안녕하세요, 오늘 날씨 어때요?"}
  ],
  "temperature": 0.7,
  "max_tokens": 100
}
```

- messages 배열에 대화 이력을 담아 보냅니다. role은 주로 "system"(시스템 프롬프트), "user"(사용자 메시지), "assistant"(AI 응답) 세 가지이며, 이를 통해 맥락을 유지합니다.

3. 응답 해석

- 응답 JSON 내부에 AI 응답(assistant 메시지)이 위치하며, 이를 파싱해 사용자에게 전달하거나 시스템 내에서 처리하게 됩니다.
- 예시 응답 구조:

```
{
  "id": "chatcmpl-xxxxx",
  "object": "chat.completion",
  "created": 1678744322,
  "model": "gpt-3.5-turbo",
  "choices": [
    {
      "index": 0,
      "message": {
        "role": "assistant",
        "content": "오늘은 맑고 쾌청한 날씨입니다."
      },
      "finish_reason": "stop"
    }
  ],
  "usage": {
    "prompt_tokens": 10,
    "completion_tokens": 20,
    "total_tokens": 30
  }
}
```

○ message.content에 ChatGPT의 실제 답변이 들어 있으며, usage 필드로 토큰 사용량을 확인할 수 있습니다.

4. 프로그램 연동

○ 파이썬, 자바스크립트, 노드, 루비 등 다양한 언어로 HTTP 클라이언트를 이용해 API 호출 가능.

○ OpenAI가 제공하는 공식 라이브러리(Python, Node.js 등)나 써드파티 라이브러리를 활용하면, 요청·응답 처리가 수월해집니다.

3) 실전 예제: 간단한 Q&A 챗봇 구현

(1) 파이썬 예시

```python
import openai
import os

# 1) API Key 설정
openai.api_key = os.getenv("OPENAI_API_KEY")  # 환경 변수에서 API 키를 불러옴

def get_chatgpt_response(user_message):
    try:
        response = openai.ChatCompletion.create(
            model="gpt-3.5-turbo",
            messages=[
                {"role": "system", "content": "You are a helpful assistant."},
                {"role": "user", "content": user_message}
            ],
            temperature=0.7,
            max_tokens=200
        )
        # 2) 응답에서 AI 메시지만 추출
        answer = response['choices'][0]['message']['content'].strip()
        return answer
    except Exception as e:
        return f"Error: {str(e)}"

if __name__ == "__main__":
    while True:
        user_input = input("User: ")
        if user_input.lower() in ["quit", "exit"]:
            break
        ai_response = get_chatgpt_response(user_input)
        print("ChatGPT:", ai_response)
```

- 이 스크립트를 실행하면 터미널에서 사용자 입력을 받고, ChatGPT API를 통해 답변을 받아 출력합니다.
- 초기 프롬프트(system 역할)에서 "You are a helpful assistant."라고 규정해 AI가 도우미 역할을 수행하도록 지정했습니다.

(2) Node.js 예시

```
const { Configuration, OpenAIApi } = require("openai");
require("dotenv").config();

const configuration = new Configuration({
  apiKey: process.env.OPENAI_API_KEY,
});
const openai = new OpenAIApi(configuration);

async function getChatGPTResponse(userMessage) {
  try {
    const response = await openai.createChatCompletion({
      model: "gpt-3.5-turbo",
      messages: [
        { role: "system", content: "You are a helpful assistant." },
        { role: "user", content: userMessage }
      ],
      temperature: 0.7,
      max_tokens: 200
    });
    return response.data.choices[0].message.content;
  } catch (err) {
    return `Error: ${err.message}`;
  }
}

(async () => {
  const userMessage = "안녕하세요, Node.js에서 ChatGPT를 호출해 봤습니다.";
  const aiReply = await getChatGPTResponse(userMessage);
  console.log("ChatGPT Reply:", aiReply);
})();
```

- .env 파일에 OPENAI_API_KEY를 저장해두고, dotenv 라이브러리를 사용해 환경 변수로 불러옵니다.
- openai.createChatCompletion()을 통해 async/await 방식으로 API 호출.

4) 고급 활용: 대화 맥락 유지와 메시지 히스토리

1. 대화 이력 관리
- ChatGPT는 메시지 배열(messages)을 기반으로 맥락을 이해합니다. 이전 사용자 메시지와 AI 응답을 순서대로 배열에 담아 전송하면 장기 대화를 이어 갈 수 있습니다.

```
"messages": [
  {"role": "system", "content": "You are a coding tutor."},
  {"role": "user", "content": "파이썬으로 리스트 정렬하는 방법 알려줘."},
  {"role": "assistant", "content": "파이썬에서는 list.sort() 혹은 sorted()를 사용합니다."},
  {"role": "user", "content": "그 함수들 예시 코드 좀 더 보여줄 수 있어?"}
]
```

- 이런 식으로 대화가 진행될수록 API 호출 시 이전 메시지들이 누적되어야 하므로 프론트엔드 혹은 백엔드에서 메시지 기록을 관리해야 합니다.

2. 토큰 한도 관리
- 대화가 길어질수록 토큰 수가 증가해 모델 최대 토큰 제한을 초과할 수 있습니다.
- 해결책: 필요 없는 이전 대화를 요약해서 줄이거나, 대화 맥락이

크게 필요 없을 때는 시스템 프롬프트만 유지하고 이전 메시지를
생략하는 방법 등을 고려합니다.

3. 역할 지정(system, user, assistant)

- system: 초기 상태나 AI의 정체성을 정의(도우미, 코딩 어시스턴트, 번역가 등).
- user: 사용자 실제 메시지.
- assistant: AI가 이전에 출력한 내용(컨텍스트 유지용).
- 이 구조를 잘 유지하면 독특한 캐릭터나 특수 역할을 부여해 맞춤형 서비스를 구축할 수도 있습니다.

5) 다양한 업무 적용 아이디어

1. 고객지원(Chatbot)

- 웹사이트 내 챗봇으로 연동해 사용자 문의에 대해 자동 응답을 제공. 반복되는 질문을 AI가 처리하고 복잡한 이슈만 인간 상담원이 담당하도록 하이브리드 시스템 구현.

2. 문서 작성 보조

- 내부 인트라넷 또는 협업 툴에서 특정 형식(보고서, 메모, 이메일) 초안을 ChatGPT에 자동 생성하게 하여 문서 작업을 가속화.
- 생성된 문서를 인간이 최종 수정·검토해 배포.

3. 데이터 분석 요약

- 분석 결과(예: 엑셀, CSV, DB 쿼리 결과 등)를 ChatGPT에 전달해

핵심 인사이트를 텍스트로 요약.

- 예: "이 매출 데이터에서 지난달 대비 상승 요인과 핵심 키워드를 추출해 달라" → 스프레드시트 파싱 → ChatGPT 요약.

4. 번역 및 로컬라이제이션

- 이메일·문서·UI 텍스트를 ChatGPT API를 통해 번역하거나 문화적 특성에 맞게 재작성(locale adaptation)할 수 있음.
- 기존 번역 API와 달리 맥락을 유지해 번역 품질이 높아질 수 있으나, 민감 문서 번역 시 개인 정보 문제 유의.

5. 연결형 워크플로우 자동화

- 업무 자동화 플랫폼(Zapier, Make.com 등)과 함께 ChatGPT API를 연결하면 특정 이벤트가 발생했을 때 자동으로 AI에 질문·응답을 수행하고 결과를 슬랙 등에 전송하는 프로세스 구성 가능.

6) 주의사항 및 베스트 프랙티스

보안 및 개인 정보 유출 방지

절대 민감 데이터(사용자 신상 정보, 기밀 정보 등)를 직접 API에 전송하지 않도록 주의. 필요하면 가명처리 또는 익명화 후 질의해 AI가 민감 데이터를 학습하지 못하도록 합니다.

요금 관리

API 호출이 빈번해지면 비용이 증가하므로 캐싱(예: 동일 질문에 대한 응답 캐시)이나 토큰 최소화(짧은 질문, 요약된 대화 유지)를 통해 불필요한 소모를 줄입니다. OpenAI 대시보드에서 사용량 알림과 쿼터 제한을 설정해 예산 범위를 초과하지 않도록 합니다.

결과 검수

ChatGPT 응답은 때로 부정확하거나 사실 관계가 틀릴 수 있습니다. 중요 업무(의사 결정, 고객 응답)에서는 반드시 인간 검수 과정을 거칩니다. 편향성, 저작권, 표절 문제 등 윤리적 이슈도 함께 체크해야 합니다.

장기적인 모델 업데이트

모델 버전이 바뀌거나(OpenAI가 새 버전을 출시), 사용 제한(토큰/요금) 정책이 변동되면 코드 수정 및 서비스 안정성 검증이 필요합니다. 프로덕션 환경에서 서비스 중이라면 버전 고정(API parameter로 모델 버전 명시)하거나, 새 버전 테스트를 철저히 한 뒤 적용하는 전략을 취합니다.

정리

- ChatGPT API를 이용하면 대화형 AI 기능을 서비스나 업무에 쉽게 통합할 수 있어 자동화와 생산성 향상을 도모할 수 있음.
- 기본 연동 절차는 API 키 발급 → POST 요청 구조 이해 → 응답 파싱 → 클라이언트/서버 코드 작성 순서대로 진행하면 된다.
- 대화 맥락 유지, 모델 버전 관리, 토큰 사용량 모니터링 등 고급 운영 기술로 안정적이고 효율적인 서비스를 구성할 수 있다.
- 항상 보안, 개인 정보 보호, 윤리 문제를 인식하고, AI의 응답은 인간 검수를 거쳐 최종 결정한다는 원칙 하에 프로젝트를 진행해야 한다.

궁극적으로, ChatGPT API는 코딩 지식과 기초적인 HTTP 통신 이해가 있다면 누구나 손쉽게 접근할 수 있으며, 작은 실험부터 시작해 확장해 나가는 애자일(agile) 접근이 권장됩니다. 이를 통해 조직이 얻을 수 있는 혁신과 효율성은 매우 클 것입니다.

2.

교육 플랫폼·LMS 연동 아이디어

대화형 AI 기술을 교육 플랫폼이나 LMS(Learning Management System)에 연동하면 학습 효율과 개인 맞춤 수준을 대폭 높일 수 있습니다. 기존 LMS가 제공하는 출석 관리, 과제 제출, 시험 등 기본 기능에 ChatGPT 같은 대화형 AI를 더하면 학습자가 즉각적인 피드백을 받고, 교사 역시 효율적인 지도가 가능해집니다. 본 장에서는 교육 플랫폼 및 LMS와 ChatGPT를 연동할 때 고려해야 할 주요 아이디어와 활용 방안을 살펴봅니다.

1) 대화형 Q&A 보조 기능

실시간 질문 답변(챗봇) 탑재

LMS에 접속한 학생들이 강의 내용을 보다가 궁금한 점이 생기면 챗봇 인터페이스를 통해 즉시 질문을 입력하고, ChatGPT가 기초 답변을 제공하도록 구현할 수 있습니다.

예: "3장 수업 내용을 다시 설명해 줄래?"라고 질문하면 ChatGPT가 해당 교재 요약 또는 핵심 개념을 재해석해 주어 반복 학습에 도움이 됩니다.

문제 풀이 힌트 제공

LMS에서 과제나 퀴즈를 진행할 때 학생이 문제에 막히면 "힌트 보기" 버튼을 클릭해 ChatGPT가 간단한 유도 질문이나 개념을 제시하도록 할 수 있습니다.

예: "이 수학 문제를 풀기 위해 필요한 공식이나 개념이 뭐였더라?"라고 질문 → AI가 공식 및 단계적 힌트를 제시하지만 정답은 직접 쓰도록 설계.

서술형 답안 평가 보조

서술형 문제에서 학생이 답안을 제출하면 ChatGPT가 기초 문법이나 구조적 오류 등을 검토해 간단한 피드백을 제공할 수 있습니다. 교사는 최종 점수를 매길 때 AI의 피드백을 참조하지만 결정권은 사람에게 두어 객관성과 교육적 평가의 정확성을 유지합니다.

2) 강의자료 생성·요약 기능

강의 콘텐츠 자동 요약

교사가 LMS에 강의 동영상, PDF 등 자료를 업로드하면 ChatGPT가 핵심 내용을 요약하거나 퀴즈 형태로 재구성해 줄 수 있습니다. 학생들은 긴 텍스트나 영상을 핵심 포인트 중심으로 복습할 수 있고, 퀴즈로 즉시 이해도를 점검할 수 있습니다.

과제·퀴즈 자동 생성

특정 범위의 학습 콘텐츠(강의 노트, eBook, 기사 등)를 ChatGPT에게 분석하게 한 뒤, 퀴즈(객관식, 단답형, 서술형)를 자동 생성하여 LMS에 등록하는 방안을 고려할 수 있습니다. 교사는 자동 생성된 문제 중에서 정확도와 학습 목표 적합성을 체크한 뒤, 적절한 문제들만 실제 시험·퀴즈에 활용해 문제 출제 시간을 절약합니다.

초안 문서·교재 제작 보조

LMS의 교재 편집 기능과 결합해 ChatGPT에게 특정 주제 강의안을 초안으로 작성하도록 요청 → 교사가 이를 다시 검수·보완해 최종 강의 자료를 완성합니다.

예: "'이차방정식' 단원에 대한 2장짜리 학습 자료를 만들어 줘. 예시 문제 3개와 풀이 과정을 함께 포함해 줘." → 이후 교사가 정확성, 어휘 수준, 학습 목표 등을 재검토.

3) 개인 맞춤 학습 경로 제공

학습자 수준 파악 및 추천

LMS가 쌓아 놓은 학생의 학습 이력(퀴즈 점수, 학습 시간, 선호 과목 등)을 ChatGPT에 일부 전달하면 맞춤형 학습 경로를 추천받는 기능을 구현할 수 있습니다.

예: "A 학생은 수학 중 다항식 연산 파트에서 점수가 낮으니 해당 영역을 집중 복습할 수 있는 교재와 퀴즈를 우선 제공" 등의 제안.

학습 목표 기반 AI 개인 과외

LMS에서 학생이 학습 목표(예: 어휘 100개 마스터, 코딩 기초 학습)와 기한을 설정하면 ChatGPT가 일일 학습 분량과 연습 문제, 복습 타이밍 등을 단계별로 안내하도록 설계할 수 있습니다. 주기적으로 AI가 "오늘의 학습 목표를 달성하셨나요?"라고 묻고, 부족한 부분을 체크해 추가 자료를 추천

함으로써 자기주도 학습을 지원합니다.

학습 동기 부여 메시지

ChatGPT가 학생 개개인의 학습 패턴을 파악해 "정체되어 있는 부분" 혹은 "우수 성취"에 대해 격려 메시지나 도전 과제를 LMS 알림으로 전송하는 기능도 유용합니다.

예: "이번 주 수학 퀴즈를 80점 이상 받으면 보너스 문제를 풀 수 있어요!" 같은 챌린지를 제시해 게이미피케이션 효과를 낼 수 있습니다.

4) 과제 표절·부정행위 방지 대책

AI 표절 탐지 기능 결합

ChatGPT를 활용해 과제를 작성하는 학생이 늘어날 수 있으므로 LMS 내부에 AI 생성 문장을 판별하는 기능을 추가하거나 표절 검사 도구(Turnitin, Copyleaks 등)와 연동할 필요가 있습니다. 완벽한 탐지는 어려울 수 있으나, 과정 중심 평가와 병행함으로써 부정행위를 줄일 수 있습니다.

과제 제출 시 AI 사용 범위 공개

학생이 과제를 제출할 때 "이 과제를 작성하며 ChatGPT 등의 AI 도구를 얼마나 활용했는지?"를 표시하도록 양식을 만들 수 있습니다.

예: "간단한 아이디어 브레인스토밍에만 사용", "문법 교정에 사용" 등. 이를 바탕으로 교사가 정직과 윤리에 대한 책임감을 심어 줄 수 있습니다.

구두 발표·토론 강화

AI를 통한 과제 대행 가능성을 차단하기 위해 LMS상의 서면 과제 외에 온라인 화상 토론이나 녹화 발표 과제 등을 활용해 학생이 직접 이해하고 있는지 검증하도록 합니다. 대면·화상으로 질의응답을 진행하면 단순히 AI가 작성한 결과물을 제출하기만 하는 부정행위를 방지할 수 있습니다.

5) 관리·운영 측면의 고려 사항

API 통합 및 보안 설정

ChatGPT API를 LMS에 연동할 때, API 키 보안과 사용량 모니터링을 철저히 해야 합니다. 학습자 데이터가 AI로 전송될 때 개인정보를 최소화하고, 암호화 또는 가명화 방식으로 처리하도록 시스템 설계를 해야 합니다.

사용 가이드·교육

학생, 교사, LMS 운영자 모두에게 "어떻게 AI를 활용하면 좋고, 어떤 윤리·법적 문제에 유의해야 하는가"에 대한 가이드를 배포합니다.

예: AI 사용 시 사전에 안내해야 할 내용, 저작권·표절 문제 방지 방법, 민감 정보 입력 금지 등 행동 강령을 세워 공유.

유지보수·버전 관리

OpenAI가 ChatGPT 모델을 업데이트할 때마다 API 호환성이나 응답 형식 등이 바뀔 수 있어 LMS 개발팀이 지속적인 유지 보수를 진행해야 합니다. LMS 내 대화 기능이 장기적으로 많은 사용자를 지원할 수 있도록 캐싱 또는 대기열 관리 방안도 고려해야 합니다.

학습 효과 분석
ChatGPT와 상호 작용한 내용(어떤 질의를 많이 했는지, 어떤 힌트를 봤는지) 등을 기반으로 학습 성과를 분석해 볼 수 있습니다. 단, 이 과정에서 학습자의 프라이버시를 존중하고, 데이터 사용에 대해 사전 동의를 구해야 합니다.

6) 확장 활용 시나리오

가상 튜터 시스템
LMS에서 "인공지능 개인 튜터" 역할을 제공해 학생이 질문할 때마다 과거 학습 이력, 진도 상황을 참조한 맞춤형 피드백을 제공.

장점: 개인별 역량 차이를 보완하고, 단순 반복 질문 대응 시간을 단축하며, 학생들이 수업 외 시간에도 도움을 받을 수 있음.

프로젝트 기반 학습 & 협업
팀 프로젝트 진행 시, LMS에 공동 게시판이나 챗룸을 마련해 ChatGPT가 브레인스토밍과 아이디어 검토를 실시간 지원.

예: 팀 과제에서 특정 주제 리서치를 하거나 설문 결과 요약이 필요할 때 ChatGPT가 서포트하고, 팀원들은 결과물을 논의하며 최종안을 완성.

체험형 학습(시뮬레이션)
ChatGPT와 시뮬레이션을 결합해, 예를 들어 "가상의 역사적 인물이 된 듯한 대화"나 "가상의 회사 업무 시나리오"를 LMS에서 제공하는 식으로 몰입형 교육 환경 구현.

학생은 역할극(Role Play) 형태로 시뮬레이션에 참여하며 재미와 학습을 동시에 경험할 수 있음.

학습 동기 부여(게이미피케이션)

ChatGPT가 학생의 학습 성과와 재미 요소를 결합해 점수, 배지, 도전 과제 등 게이미피케이션을 설계해줄 수 있음.

예: "이번 주 과제 완수 시, AI가 특별 칭찬 메시지와 다음 주 학습 팁을 준다" 식으로 학습 참여를 촉진.

정리

- Q&A 챗봇: 학생들이 LMS에서 궁금증을 즉시 해결하고, 반복되는 질문은 AI가 처리해 교사의 부담을 줄임.
- 강의자료 자동 요약 & 맞춤형 학습 경로: 교사, 학생이 원하는 범위를 AI가 분석·재구성, 개인별 수준과 목표에 맞는 콘텐츠 제공.
- 표절·부정행위 방지: AI와 LMS 결합 시, 과정 중심 평가 및 AI 사용 가이드를 마련해 교육 윤리를 지키도록 유도.
- 운영 & 확장: 지속적인 API 관리, 데이터 보안, 교직원 교육 등을 통해 시스템 안정성과 학습 효과를 모두 높인다.

교육 플랫폼과 LMS에 ChatGPT를 통합하면 학습자와 교사 모두에게 새로운 가능성과 편의를 열어 줄 수 있습니다. 단, 개인 정보 보호, 표절 문제 등을 철저히 관리하고, 학습 과정에 대해 교사가 꾸준히 모니터링하며 지도해야 진정한 교육 혁신을 달성할 수 있을 것입니다.

3.
협업 툴과의 통합으로
생산성 높이기

ChatGPT를 업무 환경에 효과적으로 도입하려면 협업툴 (Slack, Trello, Asana, Notion 등)과 연동하여 팀원들이 AI의 지원을 자연스럽게 받을 수 있도록 구성하는 것이 좋습니다. 이를 통해 반복 작업을 자동화하고, 의사 결정 과정을 간소화하며, 협업 속도를 크게 높일 수 있습니다. 본 장에서는 협업툴과 ChatGPT를 통합하는 구체적인 방법과 주의 사항, 기대 효과를 살펴봅니다.

1) 협업툴과 ChatGPT 통합의 장점

팀 커뮤니케이션 강화

슬랙, MS Teams 등 메신저 기반 협업 툴에서 ChatGPT와 실시간 대화를 주고받으면 공동 대화에 AI가 직접 참여하거나 Q&A 봇 형태로 팀원들의 질문을 해결할 수 있습니다. 누구든 간단한 명령(슬래시 커맨드 등)으로 "이 문장 교정해 줘", "아이디어를 브레인스토밍 해 줘"라고 요청해 즉각 결과를 얻을 수 있습니다.

작업 관리 효율화

Trello, Asana 같은 칸반 또는 태스크 관리 툴과 통합하면 회의록, 아이디어 브레인스토밍, 할 일 추출 등을 ChatGPT가 자동 처리해 팀원들을 태스크 카드에 배정하거나 우선순위를 제안할 수 있습니다. 작업 시간 단축 및 반복 업무 감소로 팀원들이 창의적이고 전략적인 업무에 더 집중할 수 있게 됩니다.

문서화 & 지식 공유

Notion, Confluence 등 문서화 툴과 연결해 ChatGPT가 초안 문서, 보고서 요약, FAQ 정리를 도와주도록 구성하면 팀의 지식 베이스 확충과 문서 유지 보수가 훨씬 편리해집니다.

자동화 워크플로우 구현

Zapier, Make.com(구 Integromat) 같은 자동화 플랫폼과 ChatGPT API를 결합해 어떤 이벤트(새로운 메일 도착, 설문 응답, 깃허브 이슈 생성 등)가 발생하면 자동으로 AI에게 텍스트를 분석·요약하게 하고, 결과를 다른 시스템에 전달하도록 할 수 있습니다. 단순 반복 작업이 줄어들어 생산성이 극대화됩니다.

2) 구체적인 통합 시나리오

슬랙(Slack)과 연동

봇(Bot) 사용자로 ChatGPT를 등록해 특정 채널에서 멘션하면 ChatGPT가 응답하도록 설정.

예: "/askgpt 마케팅 아이디어 브레인스토밍 해 줘" → ChatGPT가 광고

문구, 캠페인 컨셉 제안을 채널에 즉시 게시.

회의록, 브레인스토밍 결과 자동 요약, 일정 마감 임박 태스크 자동 알림 등 다양한 워크플로우를 추가 가능.

트렐로(Trello) 카드 자동 생성

회의가 끝난 뒤, 회의록을 ChatGPT가 분석해 결정된 액션 아이템을 트렐로 카드로 자동 생성. 카드 제목, 담당자 배정, 우선순위, 기한 등을 AI가 추천할 수도 있습니다. 카드를 옮길 때마다(Doing→Done) ChatGPT가 진행 상황 요약을 슬랙 등으로 전송하는 식으로 상호 통합 가능합니다.

노션(Notion)에서의 문서 작업

노션에서 특정 페이지에서 /ai 명령이나 플러그인을 통해 ChatGPT 호출. 장문의 텍스트를 요약하거나 목차를 만들고, 추가 자료나 참고 문헌을 제안받는 등 문서화 보조로 활용합니다. 대규모 프로젝트 문서, 테크니컬 스펙, 설계 자료 등을 ChatGPT가 서브로 정리해 줄 수 있어 문서 작성 시간 단축이 가능합니다.

GitHub 이슈 & PR 분석

개발팀이 GitHub에 등록한 이슈나 Pull Request 설명을 ChatGPT가 요약·분류해 주고, 빠른 해결 방안을 Slack 채널에 전송할 수도 있습니다. 대규모 프로젝트에서 이슈 폭주를 관리하거나 새 기능 개발 방향을 AI가 간단히 정리해 주는 식으로 개발 커뮤니케이션이 원활해집니다.

MS Teams & SharePoint

MS 생태계 툴과 ChatGPT를 연동해 팀 채팅에서 임직원이 질문하면 AI가 사내 문서(SharePoint 등에 저장된)를 참고해 최신 정책이나 사내 절차를 알려 줄 수 있습니다. HR 팀, 재무 팀 등 부서별 FAQ를 효율적으로 운영할 수 있어 중복 질문을 크게 줄입니다.

3) 적용 시 주의 사항

민감·기밀 정보 취급

협업 툴에 올라온 문서나 메시지에 회사 기밀, 개인 정보가 포함될 수 있으므로 ChatGPT에 전송 시 반드시 익명화 또는 민감 데이터 마스킹을 거쳐야 합니다. API 연동 시 네트워크 보안, 접근 제한 설정을 철저히 하고, 로그나 캐시에 개인·기밀 정보가 남지 않게 관리합니다.

비용 관리

팀원들이 여러 협업 툴에서 ChatGPT를 빈번히 호출하면 토큰 사용량이 급증해 요금이 많이 나올 수 있습니다. 캐싱(동일 질의 응답 재사용), 사용량 제한(쿼터), 디버깅 모드 등을 운영해 불필요한 호출을 차단하고 예산을 절약합니다.

사람 vs AI 역할 분담

AI가 생성한 메시지를 그대로 팀원에게 전달하기 전, 검토 단계를 둘 필요가 있습니다(중요 질의, 민감 결정 등). "AI가 제안 → 인간 검토·승인" 과정을 거치면 오류나 편향, 법적 문제를 방지할 수 있습니다.

UI/UX 고려

ChatGPT와 협업 툴을 통합했을 때 팀원들이 직관적으로 사용 방법을 알 수 있도록 간소한 UI나 명령어를 설계해야 합니다.

예: 슬랙에서 /askgpt [질문] 형태로 일관된 인터페이스를 제공하면 학습 곡선이 낮아집니다.

4) 생산성 극대화를 위한 운영 전략

자동화와 수동 프로세스 적절한 균형

반복적이고 기계적인 작업(요약, 교정, 분류)은 자동화하되 창의, 의사 결정이 필요한 업무는 인간 중심으로 진행해 품질을 보장합니다. 자동화할 때도 재검토와 코멘트 과정을 거쳐 팀원들이 AI 출력을 검수하고 협업합니다.

워크숍·가이드 제공

팀원들에게 "협업 툴 + ChatGPT" 통합 사용법을 교육하고, 우수 사례를 공유해 더 적극적으로 활용하게 합니다.

베스트 프랙티스: "슬랙에서 업무 보고 받을 때 ChatGPT가 요약해 주는 설정", "트렐로 카드 생성 시 AI가 태스크 설명 보강해 주기" 등.

프로젝트 간 지식 재활용

ChatGPT를 통해 주고받은 대화 기록, 요약본, 결정 사항 등을 노션이나 Confluence 같은 문서화 툴에 저장해 이후 프로젝트에서 재활용할 수 있게 만듭니다. 팀 내에 전문 지식 베이스가 쌓여 Onboarding이나 역량 전수가 용이해집니다.

정기 점검 & 업데이트

ChatGPT 및 협업 툴 버전이 업데이트되거나 회사 정책이 변동될 수 있으므로, 정기적인 리뷰를 통해 설정/플러그인/봇 기능이 제대로 작동하는지 확인합니다. 이슈가 발견되면 신속히 수정하고, 신기능이나 최적화 방안을 팀원에게 공지해 지속적인 생산성 향상을 추구합니다.

5) 확장 사례

인사 평가 및 인력 관리

협업 툴에서 업무 기록(태스크 완료, 기여 내용)을 ChatGPT가 분석해 일정 기간마다 "주요 성과/이슈 요약"을 만들어 HR 담당자에게 보고. 이때 개인별 민감 정보는 가명화 또는 통계 형태로 처리해 프라이버시를 보호합니다.

고객 지원 & 워크플로우

마케팅·영업팀이 슬랙에서 고객 피드백 로그를 조회하면 ChatGPT가 핵심 불만이나 개선 요청을 실시간 요약해 Trello에 카드로 생성, 개발팀이 조치를 진행. 커뮤니케이션이 원활해지고, 고객 대응 속도가 빨라집니다.

데이터 분석 보고 자동화

사내 BI 대시보드(예: Tableau, Power BI)에서 주간 데이터를 ChatGPT가 해석하고, "금주 매출 편차 주요 원인" 등 인사이트를 협업 툴(슬랙, 이메일)로 전송. 팀원들이 매번 대시보드를 해석하지 않고도 핵심 지표 변화를 AI가 먼저 알려 주어 의사 결정이 빨라집니다.

정리

- 협업 툴+ChatGPT 통합을 통해 자동화, 의사소통 간소화, 지식 재활용 등에서 생산성을 크게 높일 수 있습니다.
- 주요 시나리오: 슬랙 봇 형태로 Q&A·회의록 자동 요약, Trello 등 태스크 관리 툴에서 할 일 카드 자동 생성·분류, 노션 등 문서화 툴에서 문서 초안·요약·FAQ 작성 보조.
- 주의점: 기밀·개인 정보 유출 방지, 불필요한 API 비용 관리, AI 자동화와 인간 검증의 적절한 조화.
- 장기 전략: 팀원에 대한 교육·우수 사례 공유, 지속적 관리(API 버전, 보안 대책), 조직 전체의 워크플로우 자동화와 혁신을 목표로 단계적으로 확대.

이처럼 협업툴과 ChatGPT를 통합해 반복 업무를 최소화하고, 팀이 창의적인 의사 결정과 전략 수립에 더 많은 시간을 할애하게 함으로써 조직의 생산성을 높일 수 있습니다.

4.

미래 지향적 에듀테크
·비즈니스 솔루션 트렌드

인공지능(AI)을 비롯한 디지털 혁신이 가속화되면서 교육·비즈니스 분야에서도 에듀테크(EduTech)와 첨단 비즈니스 솔루션이 급격히 진화하고 있습니다. ChatGPT 같은 대화형 AI 모델은 이러한 흐름에서 핵심 요소로 자리 잡고 있으며, 맞춤형 학습, 창의적 업무 프로세스 등 다양한 트렌드를 이끌고 있습니다. 이번 장에서는 미래 지향적 에듀테크·비즈니스 솔루션 트렌드를 살펴보고, ChatGPT를 비롯한 AI 기술이 어떻게 그 변화를 선도하고 있는지 알아보겠습니다.

1) 개인 맞춤형 학습(Personalized Learning) 확산

적응형 학습 플랫폼

학습자 개개인의 수준, 속도, 흥미 등을 분석해 최적화된 학습 콘텐츠를 자동 추천하는 시스템이 계속해서 발전하고 있습니다. ChatGPT 같은 AI가 학습자의 과정 데이터(퀴즈 결과, 토론 참여, 시간 투자 등)를 토대로 개인 맞춤 피드백을 실시간 제공하는 형태가 늘어날 전망입니다.

Self-paced 학습 & 티칭 어시스턴트

온라인 교육 플랫폼에서 ChatGPT 연동을 통해 학생들은 질문을 할 때마다 맞춤 설명이나 예시를 받으며, 자신에게 필요한 범위만 골라 더 깊이 학습하게 됩니다. 교사는 AI가 수행하는 기본 질의응답과 반복 개념 설명 업무를 줄이고, 고차원적 문제 해결이나 개인 교정 등에 집중할 수 있습니다.

진로·커리어 컨설팅 자동화

초·중등부터 대학, 직업 교육까지, AI가 학습 이력과 성향 분석을 통해 진로 탐색을 돕는 서비스가 늘어납니다.

예: ChatGPT가 모의 면접이나 이력서 첨삭, 적성 검사를 지원하면서 개인 맞춤 진로 로드맵을 제공하는 방향으로 발전할 수 있습니다.

2) Immersive Learning(몰입형 학습)과 시뮬레이션

메타버스(Metaverse) 기반 교육

3D 가상 공간에 학교·캠퍼스·연구소를 구현하고, ChatGPT가 가상 캐릭터와 대화형으로 학습 상황을 시뮬레이션해 주는 형태가 주목받고 있습니다. 학생들은 가상 세계에서 역사적 인물, 과학 실험실 등 다양한 체험을 하고, AI가 실시간 피드백을 제공받아 몰입도를 높입니다.

시나리오식 체험 학습

간호·의료, 항공, 안전 교육 등 실습이 중요한 분야에서 ChatGPT가 시나리오 설정을 돕고, 학습자가 의사 결정을 할 때마다 AI가 반응하는 방식을 구현할 수 있습니다. 실제 사고 사례, 응급 처치 시뮬레이션 등을 AI

가 대화형으로 안내해 주어 학습자 경험이 사실적이고 위험 없이 진행됩니다.

게이미피케이션(Gamification)

학습 콘텐츠에 게임 요소(점수, 배지, 리더보드 등)를 결합해 AI가 실시간으로 보상·칭찬·추가 챌린지를 제안. 경쟁과 협업을 활용해 학생들이 흥미를 잃지 않도록 동기 부여를 강화할 수 있습니다.

3) 미래 업무 환경: AI + 협업 툴 + 자동화

End-to-End 자동화 업무 흐름

기업 내 협업 툴(Slack, Teams, Trello 등), ERP/CRM(SAP, Salesforce 등)과 ChatGPT 연동을 통해 반복적인 입력·보고 작업을 자동화하고, 필요 시 인간 의사 결정만 결합하는 형태가 확산될 전망입니다.

예: "신규 고객 등록 → AI가 기초 정보 파악 → 안내 이메일 초안 자동 생성 → 영업 담당자가 최종 확인" 등 유연한 워크플로우가 정착될 것입니다.

의사결정 지원 시스템(DSS) 고도화

기존 데이터 분석 플랫폼(BI)와 ChatGPT의 자연어 처리 역량이 결합해 경영진이 "이번 달 매출 편차는 왜 발생했는지?"라고 묻기만 해도 AI가 데이터 분석을 수행, 인사이트를 자동 제공. 이는 보고서 작성이나 분석 회의 소요 시간을 획기적으로 줄이고, 핵심 의사 결정 속도를 높여 줍니다.

Knowledge Management & FAQ

사내 문서·매뉴얼·FAQ DB를 ChatGPT가 학습(또는 연동)하여 직원이 궁금증을 제기하면 실시간으로 관련 문서나 답변을 요약·제공하는 지식 관리 시스템 구축이 가능해집니다. 이를 통해 신입 교육, 부서 간 협업 시 중복 질문·답변을 줄여 시간 절약 효과가 큽니다.

4) 초개인화(ultra-personalization) 서비스의 등장

사용자 컨텍스트 기반 응답

ChatGPT가 단순히 텍스트를 생성하는 것을 넘어, 사용자의 이전 대화, 검색 기록, 선호도 등을 종합해 맞춤형이고 예측적인 응답을 제공할 전망입니다. 교육 상황에서는 학생의 학습 스타일, 성취 목표를 기반으로 기업에서는 직원의 직무, 프로젝트 이력을 고려해 한층 정교한 AI 어시스턴트가 가능해집니다.

음성·이미지·멀티모달 인터페이스

ChatGPT가 텍스트뿐 아니라 음성 인식, 이미지 인식, 동영상 분석 등 멀티모달 기술과 결합해 초개인화 서비스를 제공하는 방향으로 발전할 수 있습니다.

예: 학생이 찍은 과제 사진을 AI가 분석해 피드백을 주거나 음성 명령과 질의응답이 자연스럽게 섞인 학습 환경 등.

장애 극복·특수교육 지원

시각·청각·지체 장애 등 특수교육 대상자가 AI를 통해 실시간 보조(문자 변환, 음성 지원, 요약 등)함으로써 교육 기회를 넓히고 평등한 학습 환경을 제공할 수 있습니다. 기업에서도 포용적(PDE) 접근이 확대돼 AI가 다양한 직원 특성을 보조하는 솔루션이 도입될 것입니다.

5) 윤리·법적 규제 & 장기적 영향

데이터·저작권·표절 이슈

ChatGPT 등 대화형 AI가 교육 및 비즈니스 분야에 깊숙이 들어오면서 개인 정보 보호, 저작권, 표절 문제가 계속해서 중요한 화두가 될 것입니다. 에듀테크 서비스가 늘어날수록 표절 검출, AI 자동 생성 텍스트 탐지 등이 정교해지며, 이에 맞춰 제도와 정책도 빠르게 진화할 것입니다.

AI 윤리 교육 및 역량 개발

미래 지향적 에듀테크·비즈니스 솔루션에서는 AI를 활용하는 주체(학생·직원)가 스스로 AI 윤리와 비판적 사고를 익혀야 합니다. 교사·기업 관리자 역시 AI 활용을 계획하고 운영할 때 편향성, 공정성, 투명성 등의 윤리 가이드라인을 지키도록 역량을 갖춰야 합니다.

직업 역할 재정의

단순 반복 업무나 표준화된 작업은 AI가 대부분 대체할 수 있으므로 인간은 창의성, 비판적 사고, 대인관계 기술 등 고부가가치 영역에 더욱 집중하게 될 것입니다. 교육에서는 학습자 중심, 프로젝트 기반 학습, 인문학적 소양이 강조될 가능성이 높고, 기업은 혁신과 전략을 주도하는 인재가 중요해집니다.

정리

- Personalized & Immersive: AI가 학습 상황·업무 맥락을 실시간으로 파악해 맞춤형으로 지원하며, 몰입형(시뮬레이션, 메타버스 등) 경험이 확대.
- Collaborative & Automated: 협업 툴과 AI가 결합해 자동화와 인간 의사 결정이 조화를 이루는 업무 환경, 근로 생산성이 도약적으로 증가.
- Ethical & Responsible: 저작권·표절·개인 정보 등 윤리 문제에 대한 명확한 정책과 사회적 합의가 필수이며, 이를 바탕으로 AI 활용이 지속 가능하게 발전.
- Continuous Evolution: AI 모델의 능력(멀티모달, 예측 분석 등)이 계속 진화하고, 에듀테크·비즈니스 솔루션도 이에 맞춰 서비스 모델을 업그레이드할 전망.

결과적으로, 미래 지향적 에듀테크와 비즈니스 솔루션은 AI 기술과 결합하여 개인화, 자동화, 협업, 윤리라는 핵심 키워드를 중심으로 전개될 것입니다. ChatGPT와 같은 대화형 AI는 이미 그 변화를 가속하는 촉매 역할을 수행하고 있으며, 교육 혁신과 업무 혁신의 주축이 될 것으로 전망됩니다.

FAQ & 실무 팁 모음

1.
빠른 답변과 정확도 향상을 위한
프롬프트 체크리스트

ChatGPT를 효율적으로 활용하려면, '질문(프롬프트)'을 어떻게 작성하느냐가 매우 중요합니다. 모호한 질문은 불필요한 대화와 부정확한 답변을 야기하며, 명확하고 풍부한 맥락을 담은 질문은 정확하고 빠른 답변을 얻을 수 있게 해 줍니다. 이 장에서는 프롬프트 작성 시 고려할 사항을 구체적 리스트로 정리하여 사용자들이 최대한의 효과를 거둘 수 있도록 돕고자 합니다.

1) 맥락(Context) & 목적(Objective) 명시

1. 목적/배경 설명
- "왜 이 질문을 하는지?", "무엇을 알고 싶은지?"를 간단히 밝혀 주면 ChatGPT가 답변 방향을 정하기 쉬워집니다.
- 예: "마케팅 제안서를 작성하기 위해 SNS 캠페인 아이디어가 필요해요.", "초등학생 수준으로, 명사절을 설명해 줘."

2. 대상·범위 설정
- 답변을 누가 어떻게 사용할지, 어느 정도의 난이도나 전문성이 필

요한지 지정합니다.

- 예: "마케팅 초보를 위한 개념 정리", "고급 프로그래머 대상의 Python 튜닝 팁."

3. 세부 요구사항

- "답변을 표 형식으로 정리해 줘.", "사례 3개를 예로 들어 달라" 등 구체적인 산출 형식이나 길이 제한을 지시합니다.
- 예: "최대 200자 이내로 요약해 줘.", "1, 2, 3 순서로 단계별로 나눠서 설명해 줘."

2) 질문 구조 & 문장 표현

1. 질문 분할(Chunking)

- 복잡한 질문은 여러 부분으로 나눠 단계별 질의를 하면 ChatGPT가 맥락을 더 잘 파악합니다.
- 예: "(1) 현황 요약, (2) 원인 추정, (3) 개선 방안 제안" 식으로 세분화해 질문하면 정돈된 답변을 얻게 됩니다.

2. 명확한 단어 사용

- 혼동할 수 있는 단어(동음이의어, 약어 등)를 명확히 해 주면 AI가 의미 분석을 더 정확히 수행합니다.
- 예: "ERP(Enterprise Resource Planning)를 말해 줘. 여기는 Event-Response Pattern이 아니라 경영학에서 쓰는 ERP 뜻이야."

3. 구체적 예시 제공

- 질문에 **예시**를 포함하면 ChatGPT가 맥락이나 요청 형식을 더욱 정확히 파악합니다.
- 예: "이 포맷('행 동작, 예시 코드, 실행 결과')으로 정리해 줘. 예시는 아래처럼: 예시코드:print('Hello')예시 코드: print('Hello')예시코드:print('Hello'), 실행결과:Hello실행 결과: Hello실행결과:Hello."

3) 정보·데이터 선제공

1. 사전 지식 주기

- AI가 다뤄야 할 특정 분야나 데이터셋이 있다면 먼저 해당 정보를 간략히 제공합니다.
- 예: "우리 회사 SNS 팔로워는 2만 명, 주 타깃은 20대 여성, 최근 6개월 매출은 전년 대비 15% 증가" 등을 말한 뒤, "어떤 마케팅 전략이 좋을까?"라고 물으면 좋습니다.

2. 추가 맥락 공유

- 필요시 ChatGPT가 다루어야 할 문서 요약이나 간단한 통계를 함께 전달해 주면 AI가 내부적으로 분석해 좀 더 정확한 답변을 도출할 수 있습니다.

3. 정확성·최신성 고려

- ChatGPT가 학습된 시점 이후의 정보를 모를 수 있으므로 최신 데이터(숫자·이벤트 등)는 질문에 명시해 주어야 합니다.
- 예: "2023년 1분기 매출 데이터를 드릴게요. 이걸 바탕으로 간단

한 분석을 해 줘." (매출 수치 포함)

4) 반복 질의 & 후속 질문(Follow-up) 활용

1. 재질문 & 세부화
- 처음 답변이 원치 않은 방향이라면 추가 질문을 통해 "좀 더 구체적 예시를 들어 달라", "해당 부분만 다시 설명해 달라" 등 요청합니다.
- 예: "조금 더 간결하게 요약해 줘.", "이건 프로그래밍 초급자가 이해하기 어렵겠는데, 초심자도 알 수 있게 다시 풀어 써 줘."

2. 피드백 & 정정
- ChatGPT가 잘못된 사실을 언급하면 그 부분을 지적하고 "이 부분을 다시 확인해 달라"고 요구하여 재검토를 유도.
- 예: "위에서 말한 '매출 5억' 부분이 회사 기록과 달라. 다시 한번 수치를 확인해 줄래?"

3. 대안 제시 요청
- "여러 선택지 중 어떤 것이 최선인지?"를 묻거나, "추가 아이디어가 있는지?" 등을 챗봇에게 재질문함으로써 다양한 관점의 답변을 얻을 수 있습니다.

5) 톤 & 스타일 컨트롤

1. 톤 지시

- 캐주얼, 격식, 전문가용, 유머러스 등 원하는 문체를 사전에 지정하면 ChatGPT가 그에 맞춰 답변하도록 유도할 수 있습니다.
- 예: "정중하고 공식적인 어조로 답해 줘.", "10대도 재미있게 읽을 수 있게, 반말 톤으로 작성해 줘."

2. 목적별 문체 강조

- 논문 요약, 광고 카피, 보고서 초안 등 결과물 형태에 따라 AI에게 "학술적·공식적·창의적"으로 말해 달라고 지시해 정확한 스타일을 얻을 수 있습니다.

3. 결과물 예시 제공

- 미리 비슷한 글이나 문서 샘플을 AI에게 보여 주고, "이런 톤과 스타일로 작성해 달라"라고 하면 유사 형식이 나올 확률이 높아집니다.

6) 시나리오 예시

1. 마케팅 아이디어 요청

- "우리는 20대 여성 고객이 많은 온라인 패션몰이며, SNS 팔로워는 3만 명 정도. 봄 시즌 매출을 올리기 위한 새로운 마케팅 캠페인 아이디어를 3개만 제시해 줘. 예시 문구와 해시태그도 포함해 줘."

- 체크: 목적(마케팅 캠페인), 대상(20대 여성), 형식(아이디어 3개), 상세 (문구·해시태그).

2. 기술 문서 초안

- "이 서비스의 백엔드 구조를 초급 개발자도 이해할 수 있게 해 줘. (1) 아키텍처 다이어그램(텍스트로), (2) 각 컴포넌트 설명, (3) 요청-응답 흐름 순서로, 300자 내외 문장으로 정리해 줘."
- 체크: 대상(초급 개발자), 형식(다이어그램 텍스트, 컴포넌트 설명, 요청-응답 흐름), 길이(300자 내외).

3. 학습 자료 요약

- "이 PDF 요약문(약 1,000자 분량)을 줄 테니 초등학교 5학년 학생이 이해할 수 있는 수준으로, 200자 내로 다시 정리해 줘."
- 체크: 문체(초등 5학년 눈높이), 분량(200자 내), 맥락(해당 PDF 요약문이 사전 제공됨).

7) 체크리스트 종합

1. 목적·맥락:

- 질문 이유와 목표가 분명한가?
- 필요한 배경 정보(데이터, 통계, 상황)를 제공했는가?

2. 분량·형식 지시:

- 답변을 요약본, 표 형식, 단계별 목록 등으로 받도록 요구했는가?
- 글자 수(또는 토큰), 문체(공식·캐주얼) 등을 구체적으로 지시했는가?

3. 대상·난이도 설정:

- 답변을 누구(초급자, 중급자, 전문 개발자)에게 맞춰야 하는지 명시했는가?
- 전문 용어 사용 여부, 주석·예시의 깊이 등을 언급했는가?

4. 중요 키워드·정보 사전 제공:

- AI가 참조해야 할 핵심 키워드(브랜드명, 데이터 수치, 인명 등)를 질문에 포함했는가?
- 최신 데이터나 정확한 사실관계를 구체적으로 제시했는가?

5. 후속 질의 계획:

- 만약 첫 답변이 만족스럽지 않을 경우, 어떤 후속 질문을 던질지 준비했는가?
- "더 간결하게", "좀 더 자세히", "비판적 견해도 추가해 달라" 등 추가 질의 방안을 생각했는가?

6. 사실 검증 유의:

- 중요한 내용을 AI가 제시한다면 교차 검증할 외부 출처나 전문가 피드백을 받을 준비가 되었는가?
- 잘못된 정보를 감지해 수정하게 할 재질문 기법을 염두에 두었는가?

정리

- 프롬프트 작성은 ChatGPT가 어떤 맥락에서 무엇을, 어떻게 말해야 하는지 지시하는 설계 단계와 같습니다.
- 이 체크리스트를 숙지하면 명확하고 구체적인 질문을 통해 AI가 빠

르고 정확한 답변을 내놓을 확률을 높일 수 있습니다.

- 목표: 불필요한 대화를 줄이고 가능한 한 최소 노력으로 최적의 결과를 얻는 것. 이를 위해 맥락, 형식, 분량, 대상 수준을 미리 설정하고, 필요시 재질문과 추가 지시를 통해 답변의 품질을 개선해 나가면 됩니다.

이처럼 프롬프트 체크리스트를 활용해 질문을 다듬고, 후속 질문을 적절히 던지는 습관을 들이면 ChatGPT가 제공하는 생산성과 정확도를 극대화할 수 있을 것입니다.

2.
교육 현장과 사내에서 겪을 수 있는
문제 해결 사례

ChatGPT와 같은 대화형 AI를 교육 현장과 기업(사내) 환경에서 활용하다 보면 단순한 질의응답 이상의 다양한 실제 상황에서 문제가 발생하거나 해결을 요하는 상황이 생길 수 있습니다. 이 장에서는 교육 및 사내 업무 현장에서 실제로 발생할 법한 문제와 ChatGPT 또는 AI를 활용해 어떻게 해결할 수 있는지 사례 중심으로 살펴봅니다.

1) 교육 현장에서의 문제 해결 사례

(1) 반복 질의응답으로 인한 교사 업무 과중
- 문제 상황
  - 많은 학생이 유사한 질문(개념 설명, 과제 방법, 시험 범위 등)을 교사에게 반복적으로 물어봄.
  - 교사는 개별 응대에 시간을 쏟다가, 정작 심화 지도나 창의적 수업 준비에 집중하지 못함.
- 해결 방안
  - FAQ 챗봇 구축:
    - LMS(학습관리시스템)나 학교 홈페이지에 ChatGPT와 연동한

FAQ 챗봇을 마련.
- 학생들의 빈번한 질문(용어 정의, 과제 형식 등)을 선별해 AI 모델에 학습.
- 학생이 문의하면 ChatGPT가 즉시 1차 답변을 제공.
  - 추가 질의 시 재질문
    - 학생이 챗봇 답변으로 해결되지 않는 부분만 교사에게 물어보도록 구조화(2단계 상담).
    - 교사는 심화 지도나 개인 맞춤형 코칭에 집중할 시간 확보.

- **결과**
  - 교사의 반복 응대 부담이 크게 줄고, 학생들은 즉각적인 답변을 얻어 학습 효율이 올라감.
  - 교사는 고차원적이고 개별화된 수업 준비에 전념 가능.

(2) 과제 표절 및 과제 대행 문제

- **문제 상황**
  - 학생들이 ChatGPT로 작문·에세이·코딩 과제 등을 대행하는 사례가 발생.
  - 표절 검사 툴이 AI 생성 텍스트 판별에 완벽하지 않고, 교사는 "이게 학생이 직접 쓴 건지 AI가 쓴 건지" 판단하기 어려움.

- **해결 방안**
  - 과정 중심 평가 강화:
    - 에세이나 프로젝트 과제를 낼 때 초안·아이디어 스케치 단계부터 제출하게 하고, 면담이나 발표를 요구.
    - 학생이 실제로 이해했는지 구두 질의응답을 통해 확인.
  - AI 사용 범위 표기 의무화:
    - 과제에 AI를 어느 정도 활용했는지(문법 교정, 아이디어 브레인

스토밍 등) 명시하도록 지침.
- 과제 대행 수준의 남용을 방지하고, 투명성을 높임.
  - AI 탐지 도구 병행:
    - Turnitin, Copyleaks, GPTZero 등 AI 생성 텍스트 탐지 솔루션과 병행 검사.
    - 완벽하지는 않으나, 경고 효과와 일부 걸러 내기 역할 수행.
- **결과**
  - 학생들이 정직하게 AI를 학습 보조 도구로 활용하도록 유도, 과제 대행·표절 행위를 줄임.
  - 교육적 목표(학생의 실제 사고력·창의력 함양) 유지.

(3) 단원 이해도 파악이 어려운 경우

- **문제 상황**
  - 교사가 여러 반 학생을 지도하며 각 학생의 학습 이해도를 일일이 파악하기 어려움.
  - 시험·퀴즈 결과만으로는 수시로 달라지는 학습 상태를 실시간으로 알기 힘듦.
- **해결 방안**
  - AI 기반 퀴즈 및 진단 테스트:
    - ChatGPT를 LMS와 연동해 단원별 진단 퀴즈를 자동 생성.
    - 학생 응답을 분석해 어느 개념에서 오류가 많았는지 AI가 요약해 교사에게 보고.
  - 개인 맞춤 피드백:
    - ChatGPT가 퀴즈 결과를 보고 각 학생에게 맞춤 학습 자료(추가 연습 문제, 간단한 해설)를 LMS 메시지로 제공.
  - 교사 대시보드:

- 전체 반 학생의 개념 이해도를 한눈에 볼 수 있는 대시보드를 구축. 오류가 많은 개념은 수업 시간을 활용해 재설명.
- **결과**
  - 교사는 정교한 데이터를 바탕으로 필요한 부분만 선택적 보충 수업을 진행.
  - 학생 개개인은 AI가 주는 맞춤 피드백으로 자기주도 학습 역량 강화.

2) 사내(기업) 환경에서의 문제 해결 사례

(1) 반복 업무로 인한 직원 시간 낭비
- **문제 상황**
  - 고객 응대, 보고서 작성, 이메일 템플릿 작성 등 반복성이 높은 업무가 많아 직원들이 고부가가치 업무에 집중하기 어렵다.
  - 회사는 자동화를 고려하지만 기존 RPA(로봇 프로세스 자동화)는 특정 시나리오에 한정되고, 자연어 처리가 어렵다.
- **해결 방안**
  - ChatGPT를 결합한 자동화 봇:
    - 기업용 슬랙 또는 MS Teams 채널에 ChatGPT 봇을 추가해, 직원들이 반복 문서나 표준 답변을 자동 생성받도록 함.
    - 예: "이 요청서에 대한 승인 이메일을 간단히 작성해 줘." → 봇이 사내 포맷에 맞춰 초안 생성.
  - 신입 업무 지원:
    - 신입사원이 업무 절차를 모를 때 ChatGPT가 사내 문서(매뉴얼)와 FAQ를 참고해 기본 답변을 주고, 필요시 담당 부서

링크를 알려 줌.

- 보고서 요약:
  - 하루 동안 들어온 고객 문의, 매출 지표 등을 ChatGPT로 요약·분류하여 임원에게 짧은 리포트 형태로 공유.

- **결과**
  - 직원들은 이메일 작성이나 반복 응대에 드는 시간이 크게 감소, 창의적이고 전략적인 업무에 더 많은 에너지를 할애.
  - 사내 커뮤니케이션 속도도 빨라져 업무 효율이 상승.

(2) 고객지원 FAQ 관리가 어려움

- **문제 상황**
  - 제품·서비스가 복잡해지면서 고객지원 FAQ 항목이 방대해졌고, 버전별 매뉴얼 업데이트가 늦어져 혼선 발생.
  - 고객센터 직원도 검색이 어려워, 잘못된 답변을 줄 가능성이 높음.

- **해결 방안**
  - FAQ 데이터 + ChatGPT 학습:
    - 기존 FAQ 문서, 매뉴얼 등을 ChatGPT에게 파인튜닝(또는 임베딩 기반 검색)하도록 하여 고객이나 직원이 질문하면 가장 관련성 높은 답변을 즉시 제시.
  - 정기 검수 프로세스:
    - 2주 또는 1개월 단위로 업데이트된 제품 정보·매뉴얼을 ChatGPT 학습에 반영하고, 내용 검수를 하여 오류나 옛 버전 정보를 제거.
  - 인간 검수 + 자동화 결합:
    - 고객센터 직원이 ChatGPT의 초안을 확인 후, 필요시 인간

이 최종 답변 확정 → 오답이나 편향을 최소화.

- **결과**
  - 고객 응답 시간이 단축되고, 정확성이 향상.
  - FAQ 문서 업데이트 주기도 짧아져 고객 만족도 상승.

(3) 사내 기밀 유출 위험 증가

- **문제 상황**
  - 직원들이 ChatGPT를 이용해 문서 요약이나 보고서 작성 자동화를 진행하는 과정에서 민감 데이터(고객 정보, 재무 데이터 등)를 질문에 직접 붙여 넣는 사례가 발생.
  - 이로 인해 회사 기밀이 외부 AI 서버에 전송·저장될 가능성이 있어 보안 리스크가 커짐.
- **해결 방안**
  - 사내 정책 강화:
    - 민감 정보를 ChatGPT 등에 직접 입력 금지 조항 명문화. 개인 정보, 회사 핵심 데이터는 사전 가명화·마스킹해야 함을 강조.
  - 인프라 분리(프라이빗 모델):
    - 회사 내부적으로 클라우드 온프레미스나 전용 모델(오픈소스 GPT 계열)을 구축해, 민감 문서는 사내 AI로만 처리하게 함.
  - 사용 로그 모니터링:
    - ChatGPT API 호출 기록에 대해 분석(어떤 텍스트를 전송했는지)하고, 이상 사용 시 관리자 알림 또는 차단 기능 적용.
- **결과**
  - AI를 활용하되 사내 데이터가 무단 외부 유출되지 않도록 안전 장치를 마련, 직원들도 보안 의식을 높임.

◦ 회사는 효율과 보안을 균형 있게 유지.

정리

교육 현장에서의 문제(반복 질의 대응, 표절·과제 대행, 개별 학습자 진도 파악)와 사내 업무에서의 문제(반복 업무 부담, FAQ 관리 어려움, 기밀 유출 리스크 등)는 모두 ChatGPT를 활용해 상당 부분 효율화·개선할 수 있습니다. 다만, 윤리·보안·정확성을 고려한 대비책(가이드라인, 보안 조치, 인간 검수)을 마련해야만 진정한 가치를 구현할 수 있다는 점이 핵심입니다.

이처럼 실제 사례를 통해 AI 활용 시 발생할 수 있는 문제들을 미리 인지하고, 적절히 대응해 나가면, 교육 및 기업 환경에서 ChatGPT가 제공할 수 있는 혁신 효과를 극대화할 수 있을 것입니다.

3.
추가 학습 자료와
커뮤니티 정보

ChatGPT를 비롯해 인공지능(AI)과 자연어 처리(NLP) 분야는 급속도로 발전하고 있으며, 관련 정보와 자료도 지속적으로 업데이트되고 있습니다. 이 장에서는 ChatGPT를 더 깊이 이해하고, 실무 활용 역량을 확대하기 위해 참고할 수 있는 학습 자료와 커뮤니티, 온라인 리소스를 정리합니다. 이를 통해 독자들은 꾸준히 AI 지식과 활용 사례를 습득하고, 필요한 때 전문가·동료와 협업하거나 도움을 받을 수 있게 될 것입니다.

1) 공식 문서 및 개발자 자료

1. OpenAI 공식 문서
- 공식홈페이지: https://openai.com
- 개발자문서: https://platform.openai.com/docs
- 핵심 내용: ChatGPT 및 GPT 모델(예: GPT-3.5, GPT-4)의 API 사용법, 매개변수(temperature, max_tokens 등), 토큰 계산 방법, 요금체계, 보안·윤리 정책 등.
- 활용 팁: 프로젝트에 API를 연동하려면 공식 예제 코드, 샘플 리

포지토리, FAQ 등을 먼저 살펴보면 실수나 시행착오를 줄일 수 있음.

2. OpenAI API GitHub 리포지토리

- GitHub: https://github.com/openai
- 핵심 내용: 오픈소스 예제, SDK(파이썬, Node.js 등), 커뮤니티 기여 자료.
- 활용 팁: 공식 예제 코드와 이슈 트래커(Issue Tracker)를 확인하면 개발 과정에서 흔히 겪는 문제 및 해결책을 빠르게 찾을 수 있음.

3. OpenAI Help Center

- 링크: https://help.openai.com/
- 핵심 내용: 로그인·계정 문제, 결제·청구 정보, API 에러, 모델 별 에러 사례 등 실무 FAQ와 가이드가 정리되어 있음.
- 활용 팁: 자주 발생하는 오류 메시지나 사용량 관리, 제한 설정 등 운영상 이슈를 빠르게 대처할 수 있도록 참고.

2) 커뮤니티 및 포럼

1. OpenAI 커뮤니티 포럼

- 커뮤니티: https://community.openai.com/
- 특징: 개발자·사용자들이 실시간으로 질문하고 답변을 주고받는 공식 포럼.
- 활용 팁: 프로젝트 진행 중 마주한 문제, 신규 기능 활용 방법, 토큰 최적화 기법 등을 검색하거나 질문해서 실제 사례 기반 해결책

을 얻을 수 있음.

2. Reddit – r/OpenAI / r/ChatGPT

- Reddit: https://www.reddit.com/r/OpenAI/, https://www.reddit.com/r/ChatGPT/
- 특징: AI·ChatGPT 관련 이슈와 아이디어, 코드 스니펫, 토론 등이 활발히 오가며, 다양한 사용 사례와 노하우 공유.
- 활용 팁: 간단한 질문부터 고급 활용 사례까지 폭넓게 다루므로 빠르게 세계적 커뮤니티 의견을 접할 수 있음. 그러나 잘못된 정보도 있을 수 있으니 교차 검증 필요.

3. Stack Overflow

- Q&A 사이트: https://stackoverflow.com
- 특징: 프로그래밍·개발 관련 문제를 질문·답하는 대표 개발자 커뮤니티.
- 활용 팁: ChatGPT API 연동, 특정 언어별 예외 처리, 디버깅, 버전 호환 문제 등 구체적인 구현 질문을 올리면 신속하게 답변을 받을 수 있음(태그: openai-api, chatgpt, gpt-3.5-turbo 등).

4. 한글 사용자를 위한 커뮤니티(네이버 카페, 페이스북 그룹 등)

- 국내 사용자들이 모여 ChatGPT 활용 사례, AI 개발 노하우를 공유하는 네이버 카페나 페이스북 그룹 존재.
- 예: 'AI 개발자 모임', 'ChatGPT 한국 사용자 모임' 등 검색.
- 활용 팁: 언어 장벽이 없는 한국어 커뮤니티에서 교육·기업 환경 관련 사례를 쉽게 찾을 수 있음.

3) 에듀테크 & AI 교육 자료

1. Coursera, Udemy 등 온라인 강의 플랫폼
- GPT, 대화형 AI, 자연어 처리(NLP) 개념부터 실습까지 다루는 MOOC 강의가 많음.
- 예: "Prompt Engineering for ChatGPT", "NLP with Transformers" 등.
- 활용 팁: 기초부터 프로젝트 실습까지 체계적으로 배우고 싶다면 강의 수강 고려.

2. Kaggle
- https://www.kaggle.com
- 데이터 사이언스·머신러닝 대회, 공개 노트북이 다수 존재하며, GPT 계열 모델을 활용한 예시도 점차 늘어남.
- 활용 팁: 데이터 활용 프로젝트에서 ChatGPT를 실험하거나, 타인 노트북 참고해 분석 아이디어를 배울 수 있음.

3. 학습 자료(책·온라인 리소스)
- **ChatGPT 활용서**: 시중에 점차 ChatGPT 활용 노하우나 Prompt Engineering을 다루는 국내외 서적.
- **NLP 기초서**: GPT 계열 모델 원리를 이해하려면 NLP·Transformer 아키텍처, 딥러닝 기초를 다루는 책(CS231n, CS224n 강의 노트 등) 참고 가능.

4. 에듀테크 전문 컨퍼런스·세미나
- 국내외 'EdTech' 행사를 찾아, 최신 트렌드(개인화 학습, 챗봇 튜터, VR/AR 연계, 멀티모달 AI) 동향 확인.

- 기업·교육계 전문가가 모여 실제 적용 사례와 문제 해결 방법을 발표하는 자리이므로 유익한 네트워킹 가능.

4) AI 윤리·정책 & 사례 연구

1. AI 윤리 가이드라인
- 미국 NIST, EU GDPR, UNESCO AI 윤리 프레임워크 등 참고.
- 개인 정보 보호, 데이터 편향성(Bias), 책임성(Accountability) 등을 어떻게 제도화·운영할지 확인 가능.
- 기업·교육 현장에서 자체 AI 활용 정책 수립 시 유용.

2. 학술 연구·세미나 논문
- ACL(Association for Computational Linguistics), EMNLP(Empirical Methods in NLP) 등 학회에서 발표된 **논문**들이 ChatGPT 계열 모델의 성능·한계·편향성 분석 등 풍부한 데이터를 제시.
- Google Scholar, arXiv 등에서 ChatGPT, GPT-4, Transformer 키워드로 검색.

3. AI 활용 우수 사례
- 각국 정부나 글로벌 기업(마이크로소프트, 구글, IBM 등)에서 발간한 **백서**(White Paper), AI 성공 사례 보고서를 참조하면 성공적 AI 프로젝트의 ROI(투자 대비 성과), 장애 요소, 조직 내 정착 방법 등을 배울 수 있음.

5) 활용 방법 정리 및 주의 사항

1. 체계적 학습 경로
- (1) ChatGPT 개념 & 기본 사용 → (2) API 연동 실습 → (3) Prompt Engineering & 모델 튜닝 → (4) 보안·윤리 이슈 학습 → (5) 전문 개발·운영.
- 각 단계마다 공식 문서와 커뮤니티 Q&A를 적극 참고.

2. 커뮤니티 참여
- 프로젝트나 과제에 AI를 적용하다 생긴 문제를 국내·외 커뮤니티에 공유하고, 답변을 받음.
- 동시대의 다른 사람이 유사 문제를 겪을 가능성이 높아 협업과 정보 교류를 통해 빠른 해결 기대.

3. 주의 사항
- 강의나 세미나 내용, 튜토리얼이 AI 모델 버전에 따라 달라질 수 있으니 최신 자료를 확인.
- 윤리·보안·저작권 문제를 간과하지 말고 학습 자료에서도 해당 내용을 충분히 다룬 리소스를 선택하면 좋음.

정리
- **공식 문서와 API 레퍼런스**: OpenAI에서 제공하는 자료가 가장 정확하고 최신 정보를 담고 있으므로 기본적으로 필독.
- **커뮤니티**: 공식 포럼, Reddit, Stack Overflow, 국내외 개발자·교육자 그룹에서 실무 팁과 Q&A를 주고받으며 문제 해결.
- **에듀테크 & AI 연구 자료**: MOOC 강의, 학술 논문, Kaggle, 컨퍼런

스에서 심화 학습과 최신 동향 파악.

- **윤리·보안 가이드**: AI 활용 시 필수적으로 챙겨야 할 법규·정책, 사례 연구 통해 안전하고 책임 있는 구현 방안 마련.

이처럼 다양한 리소스와 학습·커뮤니티 플랫폼을 적극 활용하면 ChatGPT 및 AI 기술에 대한 이해도와 실무 적용 역량이 지속적으로 성장할 것입니다.

해당 이미지는 ChatGPT 4o에서 해당 챕터의 주요내용을
프롬프트로 사용하여 제작하였습니다.

1.
상황별 프롬프트 예시 50선
(교육, 마케팅, 개발 등)

아래는 ChatGPT를 활용할 수 있는 상황별 프롬프트 예시 50선입니다. 분야별(교육, 마케팅, 미디어 콘텐츠, 개발 등)로 10개씩 묶어 총 50개를 제시합니다. 각 예시마다 실제 현장에서 어떻게 사용하면 좋을지 간단한 설명을 덧붙였으니 자신의 목적과 상황에 맞추어 조금씩 수정·응용해 사용해 보시기 바랍니다.

1. 교육 분야

1. 수업 계획안 작성
- 프롬프트 예시:
  "초등학교 3학년 과학 수업에서 '식물의 생장 과정'을 주제로 한 2시간 분량의 수업 계획안을 만들어 주세요. 학습 목표, 활동, 평가 방안을 포함해 주세요."
- 설명: 교사·강사 등이 특정 단원이나 주제에 맞춰 수업 흐름과 목표를 쉽게 설계할 수 있습니다.

2. 학생 수준별 맞춤 과제 제안

○ 프롬프트 예시:

"중학교 2학년 학생이 이해할 수 있는 난이도로 '영어 문장 구조'를 학습할 수 있는 과제 3가지를 만들어 주세요. 각 과제별 예시 문장과 해결 방법을 간략히 제시해 주세요."

○ 설명: 학습자의 수준을 고려해 과제를 다양하게 제공해 차별화된 학습 지원이 가능합니다.

3. 프로젝트 기반 학습(PBL) 주제 브레인스토밍

○ 프롬프트 예시:

"고등학생들이 참여할 수 있는 환경 보호 관련 PBL(Project Based Learning) 주제 5개를 추천해 주세요. 활동 방식과 기대 효과도 간단히 적어 주세요."

○ 설명: 실험, 조사 등 학생 주도형 프로젝트 기획 시에 아이디어를 빠르게 도출할 수 있습니다.

4. 강의 슬라이드 개요 구성

○ 프롬프트 예시:

"대학교 '심리학 개론' 강의용 슬라이드를 만들고자 합니다. 챕터별 핵심 주제와 필요한 이미지·사례 아이디어를 5가지 정도 제안해 주세요."

○ 설명: 강의 슬라이드 구조나 꼭 포함되어야 할 이미지·사례 등을 초안으로 받아 볼 수 있습니다.

5. 학생 질의응답 예시 생성

○ 프롬프트 예시:

"초등학생이 '자연수의 덧셈과 뺄셈'에서 자주 물어볼 만한 질문과 그에 대한 교사 답변 예시 5가지를 만들어 주세요."

- ◦ 설명: 학습 현장에서 예상되는 질문과 답변을 미리 준비해 두면 수업 중 즉각 대응이 수월해집니다.

6. 에세이 가이드라인 작성

- ◦ 프롬프트 예시:

"대학생들에게 주어진 주제 '미디어가 청소년에게 미치는 영향'으로 1,500자 분량의 에세이를 쓰도록 할 때, 글의 구조(서론, 본론, 결론)와 핵심 포인트를 제안해 주세요."

- ◦ 설명: 학습자가 글을 쓸 때 참고할 전체 구성을 ChatGPT가 정리해 주어 글쓰기에 대한 부담을 줄입니다.

7. 퀴즈·시험 문제 생성

- ◦ 프롬프트 예시:

"고등학교 한국사에서 '조선 후기 정치 변화'를 주제로 객관식 문제 5개와 정답, 간단한 해설을 만들어 주세요."

- ◦ 설명: 교사나 강사가 빠르게 문제를 생성해 시험지나 퀴즈 이벤트에 활용할 수 있습니다.

8. 팀 프로젝트 지도안

- ◦ 프롬프트 예시:

"대학생 팀 프로젝트로 '지역 사회 문제 해결'을 주제로 한 과제 안내문을 작성해 주세요. 팀 구성, 역할 분담, 평가 기준을 포함해 주세요."

- ◦ 설명: 협동 학습이나 팀 프로젝트 시, 역할과 기준을 명확히 제시해 학생들이 혼란 없이 진행하도록 돕습니다.

9. 학습 동기 부여 문구 작성

- 프롬프트 예시:

"중간고사 준비에 지친 고등학생들이 긍정적 에너지를 얻을 수 있는 짧은 격려 문장 5가지를 만들어 주세요."

- 설명: 학생들의 사기를 북돋우고, 학습 의욕을 끌어올릴 간단한 메시지를 손쉽게 마련할 수 있습니다.

10. 교육 자료 번역·현지화

- 프롬프트 예시:

"다음 한국어 수업 자료를 영어로 번역해 주세요. 초등학생이 이해하기 쉬운 언어 표현으로 부탁드립니다. ₩n₩n(번역할 텍스트)₩n"

- 설명: 해외 학생들이나 국제 교류 프로그램을 위해 교육 자료를 빠르게 번역하고, 난이도 맞춤 언어를 적용할 수 있습니다.

2. 마케팅 분야

11. 신제품 프로모션 아이디어

- 프롬프트 예시:

"신규 출시한 친환경 물병을 홍보할 독창적인 프로모션 아이디어 5개를 제안해 주세요. 오프라인 이벤트와 온라인 SNS 캠페인을 모두 포함해 주세요."

- 설명: 제품 특성에 맞춰 다양한 홍보 방식을 브레인스토밍 할 수 있습니다.

12. 광고 카피·슬로건 제안

○ 프롬프트 예시:

"20대 여성을 타깃으로 하는 비건 화장품 브랜드의 짧고 임팩트 있는 광고 슬로건 3개를 만들어 주세요."

○ 설명: 타깃층과 브랜드 이미지를 고려한 짧은 문구를 즉석에서 얻어 광고, SNS에 활용 가능합니다.

13. 소셜 미디어 이벤트 기획

○ 프롬프트 예시:

"인스타그램에서 팔로워와의 소통을 높일 수 있는 '댓글 참여형' 이벤트 아이디어 3가지를 제안해 주세요. 해시태그와 사은품 제안도 함께 알려 주시면 좋겠습니다."

○ 설명: SNS 플랫폼별 특성에 맞춰 상호 작용을 높이는 이벤트를 쉽게 구상할 수 있습니다.

14. 마케팅 채널별 전략 수립

○ 프롬프트 예시:

"새로 오픈한 베이커리 카페를 홍보하려고 합니다. 오프라인, 인스타그램, 블로그, 유튜브 등 4개 채널에 각각 어떤 마케팅 전략을 적용하면 좋을지 제안해 주세요."

○ 설명: 온라인·오프라인 채널을 결합한 통합 마케팅 전략을 구체적으로 제안받을 수 있습니다.

15. 고객 페르소나 정의

• 프롬프트 예시:

"온라인 영어 회화 서비스를 운영 중입니다. 주요 타깃인 20~30대

직장인의 페르소나를 구체적으로 작성해 주세요. 직업, 관심사, 목표 등을 포함해 주세요."

- 설명: 주요 사용자·고객 특성을 구조화해 마케팅 메시지를 더 정교하게 만들 수 있습니다.

16. 광고 예산 분배 계획

- 프롬프트 예시:

"한 달 광고 예산 200만 원으로 페이스북, 구글, 네이버 블로그, 유튜브에 적절히 배분하는 마케팅 플랜을 세워 주세요. 각 채널별 예상 효과도 간략히 언급해 주세요."

- 설명: 한정된 예산을 효율적으로 분배해 광고 효과를 극대화하는 기본 가이드를 얻을 수 있습니다.

17. 신규 브랜드 아이덴티티(BI) 브레인스토밍

- 프롬프트 예시:

"주얼리 스타트업인데, 고급스럽고 심플한 브랜드 이미지를 구축하고 싶습니다. 브랜드명 아이디어와 로고 컨셉을 3가지씩 제안해 주세요."

- 설명: 네이밍부터 로고 기획까지 동시에 아이디어를 모아 BI 개발의 출발점을 마련할 수 있습니다.

18. 시장 조사 보고서 요약

- 프롬프트 예시:

"아래 시장 조사 보고서 내용을 1페이지 분량으로 요약해 주세요. 경쟁사와 시장 규모, 향후 전망을 중점적으로 정리 부탁드립니다. ₩n₩n(보고서 내용)₩n"

- 설명: 긴 보고서를 빠르게 요약해 임원 보고나 팀 공유용으로 간결한 버전을 만들 수 있습니다.

19. 온라인 리뷰 관리 전략

- 프롬프트 예시:

"현재 앱스토어에 올라온 우리 서비스 리뷰 중 3점 이하의 부정적 리뷰를 효과적으로 대응하는 전략을 알려 주세요. 예시 답변 문구도 부탁드립니다."

- 설명: 부정 리뷰를 어떻게 처리·대응할지 CS(고객서비스) 관점에서 구체적인 가이드를 얻을 수 있습니다.

20. 세일즈 피치(Sales Pitch) 스크립트 생성

- 프롬프트 예시:

"B2B 대상 SaaS 솔루션을 소개하는 영업 팀을 위해 2분 내외의 세일즈 피치 스크립트를 작성해 주세요. 주요 기능, 경쟁사 대비 장점, 비용 설명 등을 포함해 주세요."

- 설명: 짧은 시간에 핵심 메시지를 전달해야 할 영업 발표·피치 문구를 신속하게 도출할 수 있습니다.

3. 미디어 콘텐츠 분야

21. 유튜브 채널 콘셉트 기획

- 프롬프트 예시:

"직장인 브이로그 채널을 시작하려고 합니다. 유니크한 채널 콘셉트 3가지를 제시해 주세요. 예: '야근하는 직장인의 현실', '점심시간

먹방 브이로그' 등."

- 설명: 기존 채널과 차별화된 콘셉트를 찾고자 할 때 유용합니다.

22. 영상 시나리오(대본) 초안

- 프롬프트 예시:

  "IT 신제품 리뷰 영상을 만들고 싶습니다. 도입-본론(기능 소개)-마무리 구조로, 3분 내외의 시나리오 초안을 작성해 주세요."

- 설명: 유튜브나 틱톡 등의 영상 대본을 신속히 잡고 수정·보완 과정을 거쳐 완성도를 높일 수 있습니다.

23. 썸네일·타이틀 아이디어 제안

- 프롬프트 예시:

  "유튜브 요리 채널에서 '초보자도 쉽게 만드는 파스타' 영상을 올리려고 합니다. 흥미를 끌 만한 썸네일 문구와 영상 타이틀 5개만 제안해 주세요."

- 설명: 클릭률(CTR)에 큰 영향을 주는 제목·썸네일을 간단히 브레인스토밍 할 수 있습니다.

24. 팟캐스트 에피소드 주제

- 프롬프트 예시:

  "20~30대 직장인 대상 자기계발 팟캐스트를 운영 중입니다. 최신 트렌드나 이슈를 반영한 에피소드 주제 5가지를 추천해 주세요."

- 설명: 팟캐스트 시리즈를 기획할 때, 매회 색다른 주제를 확보하기 유용합니다.

25. 콘텐츠 업로드 일정표(캘린더) 작성

- 프롬프트 예시:

"한 달 동안 주 2회 유튜브 영상을 올린다고 할 때, 4주간의 콘텐츠 업로드 일정을 제안해 주세요. 각 주제와 간단한 기획 포인트도 알려 주세요."

- 설명: 업로드 주기와 주제를 한눈에 볼 수 있도록 정리하면 일관적 운영이 용이합니다.

26. 짧은 홍보 클립(숏폼) 아이디어

- 프롬프트 예시:

"국내 여행지 소개 채널에서 틱톡용 15초 숏폼 영상을 기획하려고 합니다. 강렬한 첫 장면과 BGM 아이디어를 포함해서 콘셉트를 제안해 주세요."

- 설명: 짧은 영상에 어떤 장면과 음악을 넣으면 효과적일지 AI의 아이디어를 참고할 수 있습니다.

27. 크리에이터 컬래버 기획

- 프롬프트 예시:

"다른 채널과 컬래버를 하고 싶습니다. 뷰티·패션 분야와 합작할 때 시너지 낼 수 있는 영상 기획 아이디어 3가지 부탁드립니다."

- 설명: 유사 분야 혹은 전혀 다른 분야의 크리에이터와 협업할 경우, 새롭고 재미있는 형식을 만들 수 있습니다.

28. 라이브 스트리밍 주제 및 진행 방식

- 프롬프트 예시:

"독서 토론 채널에서 주 1회 라이브 스트리밍을 계획 중입니다. 시

청자와 실시간 소통을 늘릴 수 있는 코너 아이디어 3가지를 제안해
주세요."
- 설명: 라이브 방송의 구체적인 콘텐츠 구성(질의응답, 미니 게임, 이벤트
등)을 쉽고 빠르게 기획할 수 있습니다.

29. 댓글·피드백 요약 및 개선 제안

- 프롬프트 예시:

"최근에 올린 요리 영상에 달린 댓글 50개를 간단히 요약해 주세
요. 칭찬·불만·개선 요구 사항을 세 그룹으로 나눠 분류하고, 개선
아이디어도 제안해 주세요. ₩n₩n(댓글 목록)₩n"
- 설명: 시청자 반응을 정리하고, 다음 콘텐츠 개선 방향을 ChatGPT
가 자동으로 제안할 수 있습니다.

30. 채널 브랜딩 아이디어

- 프롬프트 예시:

"개인 브이로그 채널이지만 장르를 확대해 여행·리뷰·일상 등 통
합 라이프스타일 채널로 바꾸고 싶습니다. 채널명·배너·인트로 아이
디어를 3가지씩 제안해 주세요."
- 설명: 채널 확장·개편 시 콘셉트나 비주얼 요소들을 일괄적으로
브레인스토밍 할 수 있습니다.

4. 개발 분야

31. 코드 디버깅 도움 요청

- 프롬프트 예시:

"파이썬으로 웹스크래핑 코드를 짜는데, 'requests.exceptions. ConnectionError' 오류가 납니다. 가능한 원인과 해결 방법을 알려 주세요."

- 설명: 특정 오류 메시지나 현상을 ChatGPT에게 설명해 문제 해결 아이디어를 얻게 됩니다.

32. 알고리즘 문제 해결 힌트

- 프롬프트 예시:

"주어진 배열에서 모든 부분 배열(subarray)의 합을 구하고, 그중 최댓값을 찾는 문제예요. 시간 복잡도를 최대한 낮추는 아이디어와 파이썬 예시 코드를 알려 주세요."

- 설명: 코딩 테스트나 알고리즘 과제에서 해결 전략과 코드 예시를 동시에 얻을 수 있습니다.

33. 코드 리팩토링 가이드

- 프롬프트 예시:

"아래 자바 코드를 더 효율적인 구조로 리팩토링하고 싶습니다. 객체지향적인 설계 원칙을 지키면서, 중복 로직을 제거해 주세요. ₩n₩n(기존 코드)₩n"

- 설명: 기존 코드를 깔끔하게 바꾸거나 유지보수성을 높이는 제안을 받아 볼 수 있습니다.

34. 특정 라이브러리 사용 예시

- 프롬프트 예시:

"Python 'requests' 라이브러리를 이용해 특정 웹사이트 로그인 후 데이터를 크롤링하는 예제 코드를 만들어 주세요."

- 설명: 새로운 라이브러리를 처음 쓸 때, 간단한 예시 코드를 보면서 학습할 수 있습니다.

35. API 문서 요약 및 예제 구현

- 프롬프트 예시:

"Slack API를 이용해 특정 채널에 메시지를 자동으로 보내려고 합니다. 관련 API 문서를 요약해 주고, 파이썬 코드 예시도 간단히 만들어 주세요. ₩n₩n(문서 일부)₩n"
- 설명: 복잡한 API 문서를 단시간에 파악하고, 샘플 코드까지 바로 적용할 수 있습니다.

36. UX/UI 개선 아이디어

- 프롬프트 예시:

"React 기반 웹앱의 로그인 페이지 UI를 좀 더 직관적으로 바꾸고 싶습니다. 배치, 컬러, 문구 개선 아이디어를 알려 주세요."
- 설명: 개발자들이 프런트엔드 디자인·UX를 손볼 때 AI로부터 간단한 조언을 받을 수 있습니다.

37. 단위 테스트(Unit Test)·통합 테스트 코드 작성

- 프롬프트 예시:

"아래 C# 메서드에 대해 MSTest 프레임워크를 이용한 단위 테스트 코드를 작성해 주세요. ₩n₩n(테스트할 메서드)₩n"
- 설명: 기능별 테스트 코드를 빠르게 생성해 코드 품질 관리에 도움이 됩니다.

38. DevOps & CI/CD 파이프라인 아이디어

- 프롬프트 예시:

"AWS 환경에서 Node.js 앱을 무중단 배포하려고 합니다. CI/CD 파이프라인 구성과 사용 서비스 (CodePipeline, EC2, S3 등)에 대한 간단한 설계안을 만들어 주세요."

- 설명: 서버 환경, 배포 프로세스를 초보 개발자가 쉽게 이해할 수 있게 구성할 수 있습니다.

39. 클린 코드 원칙 정리

- 프롬프트 예시:

"신규 프로젝트에서 팀원들이 공통으로 지켜야 할 클린 코드 규칙 (네이밍, 주석, 메서드 길이 등)을 10가지 정도 적어 주세요."

- 설명: 프로젝트 초기에 코딩 컨벤션이나 스타일 가이드를 빠르게 만들면 팀 전체의 코드 품질이 향상됩니다.

40. 기술 블로그 포스트 초안 작성

- 프롬프트 예시:

"React와 Vue.js의 차이점을 비교하는 기술 블로그 글을 작성하고 싶습니다. 성능, 배우기 난이도, 생태계, 커뮤니티 등 관점으로 1,000자 내외로 초안 작성 부탁드립니다."

- 설명: 개발자가 자신의 기술 지식을 공유할 때, 초안을 빠르게 만들어 정리 후 게시할 수 있습니다.

5. 기타 활용 분야

41. 프리젠테이션(PPT) 개요 구성
- 프롬프트 예시:

"다음 주 사내 회의에서 '디지털 전환'을 주제로 발표해야 합니다. PPT 목차와 각 슬라이드별 키 포인트를 5장 분량으로 제안해 주세요."

- 설명: 발표 주제를 빠르게 구조화해 회의나 세미나 준비를 수월하게 만듭니다.

42. 이메일·공문 작성 보조
- 프롬프트 예시:

"협력사에 송부할 공문 형식의 이메일을 작성해 주세요. 주제는 '신규 프로젝트 협업 요청'이며, 예의 바른 표현을 사용했으면 좋겠습니다."

- 설명: 비즈니스 레터가 익숙하지 않은 이들에게 맞춤형 초안을 제공해 줍니다.

43. 시간 관리·할 일(To-Do) 추천
- 프롬프트 예시:

"하루 2시간씩 운동, 1시간씩 독서를 하고 싶습니다. 출퇴근 시간을 고려해 일주일 루틴표를 만들어 주세요."

- 설명: 일정 계획을 만드는 데 도움을 주며, 실생활에서도 생산성을 높이는 프롬프트입니다.

44. 취업·이직 상담

- 프롬프트 예시:

  "현재 5년 차 마케터인데, 데이터 분석 쪽으로 커리어 전환을 고려 중입니다. 필요한 역량과 준비 과정을 알려 주세요."

- 설명: 경력 설계, 학습 계획, 포트폴리오 작성 등 카운셀링을 받고 싶을 때 유용합니다.

45. 여행 일정 계획

- 프롬프트 예시:

  "부산으로 2박 3일 여행을 계획 중입니다. 맛집, 관광지, 체험 프로그램을 모두 포함한 일정표를 만들어 주세요."

- 설명: 현지 정보와 시간을 고려한 여행 일정을 빠르게 생성해 줄 수 있습니다.

46. DIY·취미 생활 아이디어

- 프롬프트 예시:

  "실내에서 할 수 있는 DIY 공예 프로젝트 아이디어 3가지를 제안해 주세요. 초보자도 쉽게 할 수 있는 레벨로 부탁드립니다."

- 설명: 취미나 여가 활동을 시작하고 싶을 때 초보자 관점에서 다양한 아이디어를 얻을 수 있습니다.

47. 건강·운동 루틴 제안

- 프롬프트 예시:

  "일주일에 3회 정도 집에서 할 수 있는 맨몸 운동 루틴을 만들어 주세요. 각 동작별 횟수와 휴식 시간도 알려주세요."

- 설명: 간단한 헬스·피트니스 습관을 만들고 싶은 이들에게 맞춤

형 운동 계획을 제안해 줍니다.

48. 생활 법률·계약서 안내

- 프롬프트 예시:

"원룸 임대차 계약서를 작성하려고 하는데, 필수로 포함해야 할 항목 5가지를 알려 주세요. 전문 법률 상담은 아니지만 기본 가이드를 알고 싶습니다."

- 설명: 전문 법률 상담은 아니지만, 계약서 항목 등의 기본 정보를 파악하기 좋습니다.

49. 마음챙김·명상 가이드

- 프롬프트 예시:

"퇴근 후 스트레스를 완화하기 위한 짧은 명상이나 호흡법을 제안해 주세요. 10분 이내로 실천 가능한 방법이면 좋겠습니다."

- 설명: 심신 안정을 돕는 간단한 방법을 ChatGPT로부터 배울 수 있습니다.

50. 자기계발·목표 달성 로드맵

- 프롬프트 예시:

"6개월 안에 영어 회화 실력을 중급 수준으로 끌어올리고 싶습니다. 구체적인 학습 로드맵과 매달 달성 목표를 제시해 주세요."

- 설명: 장기 학습·능력 향상에 필요한 방법론·계획을 얻어 꾸준히 실천할 수 있도록 돕습니다.

정리

- 프롬프트는 상황, 목적, 대상에 맞춰 자유롭게 수정하세요. 프롬프

트에 포함된 정보가 구체적일수록 ChatGPT 답변의 정확도와 품질이 올라갑니다.

- 추가 질문이나 후속 요청을 통해 내용을 더 깊이 파고들거나, 형식을 원하는 대로 재조정할 수 있습니다.
- 최종 결과물을 실제 현장에서 사용하기 전에는, 사실 관계나 윤리·법적 문제가 없는지 최종 검증 과정을 거치는 것이 중요합니다.

이상 50가지 예시 프롬프트는 교육, 마케팅, 미디어 콘텐츠, 개발 등 다양한 분야에서 ChatGPT의 활용 가능성을 보여 줍니다. 필요에 따라 단어·상황·세부 항목을 조정해 활용해 보시고, AI를 업무·학습에 접목하여 보다 생산적이고 창의적인 결과물을 만들어 보시기 바랍니다.

2.

용어 정리(Glossary)

1) AI (인공지능, Artificial Intelligence)

- 정의: 인간의 학습·추론·문제 해결 등 지적 능력을 컴퓨터가 모방하거나 구현하는 기술을 통칭.
- 배경: 머신러닝, 딥러닝의 발전으로 다양한 응용 분야(음성인식, 이미지분석, 챗봇 등)에서 크게 주목받음.
- 활용 맥락: ChatGPT 또한 AI 모델의 일종으로, 자연어 처리(NLP)를 통해 질문 답변, 문서 요약 등 여러 작업을 수행.

2) ChatGPT

- 정의: OpenAI가 개발한 대규모 언어 모델(LLM) 기반의 대화형 AI 서비스. 사용자가 자연어로 입력(프롬프트)을 하면, 그 맥락을 이해하고 답변을 생성함.
- 배경: GPT 시리즈(예: GPT-3.5, GPT-4 등)의 핵심 기술을 응용하여 온라인 대화형 인터페이스로 구현한 것이 특징.
- 활용 맥락: 교육, 마케팅, 미디어 콘텐츠, 개발 등 다양한 분야에서 아이디어 발굴, 문서 작성, 질의응답에 활용 가능.

3) GPT (Generative Pre-trained Transformer)

- 정의: OpenAI가 개발한 Transformer 기반의 언어 모델 시리즈로, 대규모 텍스트 데이터를 사전 학습(Pre-trained)한 후 생성(Generative) 기능을 수행.
- 배경: '어텐션(attention)' 메커니즘을 활용한 Transformer 구조가 기존 RNN, LSTM보다 효과적이라 주목받음. GPT-2, GPT-3, GPT-4 등 버전별로 발전을 거듭.
- 활용 맥락: ChatGPT의 핵심 엔진이며, 자연어 이해와 문장 생성 역량이 뛰어나 다양한 애플리케이션을 가능케 함.

4) LLM (Large Language Model)

- 정의: 방대한 양의 텍스트 데이터로 학습되어 여러 자연어 처리(NLP) 작업을 수행할 수 있는 언어 모델.
- 배경: GPT, BERT 등 대형 모델들이 수억~수천억 개 이상의 파라미터를 학습하며, 일반적인 문맥 이해와 생성이 가능해짐.
- 활용 맥락: ChatGPT와 같은 대화형 AI, 문서 분석, 번역, 요약 등 광범위한 분야에 적용됨.

5) 프롬프트(Prompt)

- 정의: 사용자가 ChatGPT와 같은 AI 모델에게 입력하는 질문, 요청, 지시문. 모델의 출력 품질을 좌우하는 핵심 요소.
- 배경: '프롬프트 엔지니어링(Prompt Engineering)'이라는 개념이 생길 정도로 질문·맥락을 어떻게 제시하느냐가 AI 응답의 정확도와 창의성에 큰 영향을 미침.

- 활용 맥락: 교육용 과제 생성, 마케팅 아이디어 브레인스토밍, 코드 디버깅 지시 등 다양한 방식으로 활용 가능.

6) 맥락(Context)

- 정의: 대화형 AI가 이해해야 하는 이전 대화 내용, 상황, 사용자 의도 등의 총체적 정보.
- 배경: Transformer 기반 모델은 입력된 텍스트(프롬프트) 내에서 맥락을 추론해 응답을 생성함. 맥락 전달이 부족하거나 혼동되면, 모델의 답변 품질이 떨어질 수 있음.
- 활용 맥락: 추가 설명, 예시, 목적 등을 프롬프트에 명확히 포함해 줘야 AI가 더 적절한 답변을 제공함.

7) 토큰(Token)

- 정의: AI 모델이 텍스트를 처리할 때 사용하는 단위(단어, 형태소, 부분 문자열 등). 영어·한국어 등 언어별로 세분화 방식이 다를 수 있음.
- 배경: 대규모 언어 모델은 텍스트를 여러 토큰으로 쪼개어 입력·출력하며, 토큰 개수에 따라 계산 비용이 늘어나거나 제한이 걸릴 수 있음.
- 활용 맥락: 프롬프트가 너무 길면 토큰 초과로 모델이 반응하지 못할 수 있으므로 불필요한 문구는 줄이고 중요한 정보를 압축해 입력하는 것이 중요.

8) AI 편향성(Bias)

- 정의: 학습 데이터나 모델 구조, 알고리즘적 요인 때문에 AI가 특정 성별·인종·문화·이념 등에 대해 편향된 결과를 내놓는 현상.
- 배경: 데이터셋의 불균형, 사회적·역사적 편견 등이 모델에 반영될 수 있음.
- 활용 맥락: 교육·실무 현장에서 ChatGPT를 사용할 때 편향된 정보나 차별적 발언이 없는지 모니터링하고, 필요하면 교정해야 함.

9) 프로젝트 기반 학습(PBL, Project Based Learning)

- 정의: 학생들이 실제 문제나 과제를 해결하는 프로젝트를 진행하며, 탐구·협업·학습 과정을 경험하는 교육 방법.
- 배경: 단순 지식 전달이 아니라, 학습자의 주도성과 창의적 문제 해결 능력을 기른다는 점에서 각광받음.
- 활용 맥락: ChatGPT를 통해 아이디어 브레인스토밍, 리서치, 결과 요약 등을 지원받을 수 있어 PBL 과정을 풍부하게 만들 수 있음.

10) LMS (Learning Management System)

- 정의: 온라인 학습 시스템으로, 강의 자료, 과제, 시험, 학습 성취도 등을 관리하는 플랫폼(예: Moodle, Canvas 등).
- 배경: e-Learning 및 비대면 교육 증가로 LMS가 널리 확산됨.
- 활용 맥락: ChatGPT API 연동을 고려해 LMS 내에서 자동 피드백, AI 튜터 기능을 제공할 수 있음.

11) API (Application Programming Interface)

- 정의: 소프트웨어 간에 기능과 데이터를 주고받는 인터페이스. ChatGPT API는 모델의 언어 처리 기능을 개발자들이 다양한 프로그램에 연동할 수 있게 해 줌.
- 배경: AI 기능을 직접 개발하기 어려운 경우, API로 간단히 요청·응답 형태로 AI 서비스를 이용 가능.
- 활용 맥락: 교육 플랫폼(LMS), 협업 툴(노션, 슬랙, 트렐로 등)에 ChatGPT API를 연동해 맞춤형 챗봇, 자동화 기능을 구현할 수 있음.

12) 협업 툴 (Collaboration Tool)

- 정의: 팀원들이 온라인 환경에서 파일 공유, 일정 관리, 채팅, 문서 협업 등을 할 수 있도록 지원하는 소프트웨어(예: 슬랙, 노션, 트렐로, 애즈나 등).
- 배경: 재택근무, 원격 협업 확산으로 이용이 급증. ChatGPT처럼 대화형 AI를 접목해 업무 효율을 높일 수 있음.
- 활용 맥락: 예를 들어, 슬랙에 ChatGPT 봇을 연동하면 실시간으로 아이디어 브레인스토밍, 문서 요약, 일정 알림 자동화를 할 수 있음.

13) 워크플로우 자동화 (Workflow Automation)

- 정의: 반복적이거나 규칙적인 작업을 자동화하여 사람이 직접 수행해야 할 업무량을 줄이는 방법.
- 배경: AI 및 RPA(Robotic Process Automation) 기술이 발전하며, 데이터 입력·보고서 작성·알림 등 다양한 업무를 자동 처리 가능.
- 활용 맥락: ChatGPT API와 협업 툴(슬랙, 노션, 자피어 등)을 연결해,

특정 이벤트 발생 시 자동 요약·문서 생성·메시지 전송 등 지능형 자동화를 구현.

14) 코딩 테스트 (Coding Test)

- 정의: 프로그래밍 분야에서 취업·평가 등을 목적으로 지원자의 알고리즘 설계·문제 해결 능력을 확인하는 시험 형태.
- 배경: 개발자 채용 과정에서 실무 능력을 가늠하는 용도로 널리 쓰임.
- 활용 맥락: ChatGPT를 통해 문제 풀이 아이디어나 디버깅 힌트를 얻을 수 있지만, 공정성을 위해 실제 시험 중에는 사용 제한이 일반적임.

15) 윤리적 문제(Ethical Issues)

- 정의: AI 활용 시 발생할 수 있는 저작권 침해, 표절, 사생활 침해, 편향성, 허위 정보 등의 문제.
- 배경: 대규모 학습 데이터에서 나온 결과물이므로 검증되지 않은 정보나 무단 저작권 사용이 포함될 수 있음.
- 활용 맥락: 교육·비즈니스 현장에서 ChatGPT의 답변을 활용할 때 반드시 최종 검증 절차를 거치고, 법적·윤리적 가이드라인을 준수해야 함.

16) 팩트 체크 (Fact Check)

- 정의: AI 모델이 생성한 텍스트가 **사실**(Fact)에 부합하는지 검증하는 과정.

- 배경: ChatGPT는 대규모 텍스트에서 학습했으나, 오래되거나 잘못된 정보를 답변할 가능성이 있으므로 사용자 판단이 필요.
- 활용 맥락: 중요한 리포트, 공식 발표 등에 AI 답변을 활용하기 전, 권위 있는 출처나 전문가 검토를 통해 정보 정확도를 확인.

17) 교육 플랫폼·LMS 연동 아이디어

- 정의: ChatGPT 등의 AI를 e-Learning 환경에 접목해 자동 채점, 과제 피드백, 실시간 질의응답, 튜터링 등을 제공하는 방식.
- 배경: 온라인 교육이 확산되면서 학생·교사 간 상호 작용 부족을 AI로 메꿀 수 있다는 기대가 커짐.
- 활용 맥락: 과제 자동 채점, 문서 요약, 학생 Q&A 자동 응답, 표절 검사 등 다방면 활용이 가능하나, 개인 정보 보호와 윤리적 고려가 필수.

18) 플러그인 (Plugin)

- 정의: 기존 소프트웨어나 플랫폼에 추가 기능을 간편하게 설치·연결할 수 있도록 만든 프로그램 모듈.
- 배경: 확장성을 높이기 위해 API·SDK를 공개하거나, 오픈마켓 형태로 다양한 플러그인을 제공하는 사례가 늘어남.
- 활용 맥락: 예를 들어, 워드프레스(WordPress)에 ChatGPT 플러그인을 설치해 블로그 글 자동 작성, 댓글 요약 등을 시도할 수 있음.

19) 디버깅(Debugging)

- 정의: 소프트웨어 개발에서 발생하는 오류나 결함(Bug)을 찾아 수정하는 과정.
- 배경: 코드가 복잡해질수록 디버깅에 많은 시간과 노력이 소요되며, ChatGPT 같은 AI가 오류 원인 추론 및 해결책 제안에 도움을 줄 수 있음.
- 활용 맥락: 에러 메시지나 코드 일부를 ChatGPT에게 설명하고, 문제 해결 단서를 얻는 식으로 개발 시간을 단축.

20) PPT(프레젠테이션) 목차 구성

- 정의: 비즈니스·교육·홍보 목적 등으로 발표 자료를 만들 때, 슬라이드별 주제와 흐름을 설정하는 작업.
- 배경: 방대한 자료를 간단명료하게 정리해야 청중이 쉽게 이해하고, 발표자도 전달력을 높일 수 있음.
- 활용 맥락: ChatGPT가 PPT 전체 구성을 초안으로 제안하고, 추가 자료(그래프, 이미지) 활용 아이디어까지 함께 제시 가능.

활용 팁

- 정의·배경·맥락을 함께 살피면, 용어가 어느 상황에서 어떻게 쓰이는지 쉽게 이해할 수 있습니다.
- 본문에서 용어가 처음 등장할 때 주석이나 각주를 달아 둔 뒤, 용어 정리를 참조하도록 유도하면 독자들의 이해를 도울 수 있습니다.
- 실제 현장에서 용어들을 적용하거나 AI 모델을 사용할 때는 책임 있는 사용과 최종 검토가 필수입니다.

위 '용어 정리(Glossary)'는 책에서 자주 등장하거나 독자들이 본문을 읽으며 궁금해할 만한 핵심 개념을 중심으로 선정했습니다. 필요에 따라 자체 용어나 추가 기술 용어를 더 보완해 독자들이 배경 지식을 확실히 쌓고 내용을 깊이 이해할 수 있도록 해 주세요.

3.
참고 문헌 및
온라인 리소스 추천

1) 국내 출판물

1. 김환, 『GenAI: 생성 인공지능의 이해와 활용』, 북랩, 2024

- 개요: 생성형 AI(Generative AI)에 대한 이론적 기반부터 실제 적용 사례까지 체계적으로 정리한 국내 서적. ChatGPT, Midjourney, DALL·E 등을 예시로 들며, 생성형 AI 모델이 어떻게 이미지·텍스트·음성을 생성하는지 다룬다. 또한, 법적·윤리적 쟁점 및 비즈니스 응용 가능성도 폭넓게 소개한다.

- 활용 포인트: 생성형 AI 전반에 대한 이해를 넓히고 싶을 때 적합. 텍스트뿐 아니라 이미지·음성 생성 모델이 무엇인지, 어떤 기술적 원리로 돌아가는지 개념을 익힐 수 있다.

  교육·마케팅·콘텐츠 제작 등 다양한 산업 분야에서 생성형 AI를 활용하는 실제 사례와 아이디어를 얻을 수 있다.

  윤리·법적 이슈, 저작권 문제, 데이터 보호 등에 대한 주요 논의와 가이드를 참고해 생성형 AI 프로젝트를 안전하고 책임감 있게 진행하는 방법을 배울 수 있다.

2. 박태웅, 『박태웅의 AI 강의 2025』, 한빛비즈, 2024

- 개요: '인공지능(AI)'이라는 거대 흐름이 어떻게 등장해 우리의 일상 속으로 파고들었는지, 그리고 앞으로 어떤 변화를 이끌어 낼지를 다루는 국내 저술서. 기술적 원리보다는 역사·사회·문화적 관점에서 AI를 조망하며, 미래 사회에서 AI가 가져올 기회와 도전을 분석한다.
- 활용 포인트: 인공지능의 탄생 배경부터 사회적 영향까지 큰 그림을 이해하고 싶을 때 유용.

3. 김덕진, 『AI 2025 트렌드&활용백과』, 스마트북스, 2024

- 개요: 다가올 2025년을 기점으로 변화할 AI 트렌드와 실제 산업, 교육, 생활에서 AI를 적용하는 방법을 망라한 백과사전식 서적. 최신 기술 동향과 다양한 성공 사례를 수록해 실무자·학습자 모두가 참고하기 좋다.
- 활용 포인트: 연도별·분야별 AI 로드맵 제시로, 향후 시장 환경 변화를 가늠하고 미래 전략을 세울 수 있다.

2) 해외 출판물·학술 자료

1. Ian Goodfellow et al., 『Deep Learning』, MIT Press, 2016

- 개요: 딥러닝의 기초부터 응용까지 폭넓게 다루는 대표적인 교과서.
- 활용 포인트: ChatGPT가 속한 딥러닝의 근본 개념과 알고리즘을 체계적으로 이해하고 싶다면 필독.

2. Aurélien Géron, O'Reilly, 『Hands-On Machine Learning with Scikit-Learn, Keras, and TensorFlow』, 2nd ed.

- 개요: 머신러닝·딥러닝 실습 예제와 코드를 풍부하게 제공, 실무 위주의 접근법이 특징.
- 활용 포인트: ChatGPT 같은 모델의 기술적 배경을 알아보고, Python 기반으로 AI 프로젝트를 직접 구현해 보고 싶을 때 참조.

3. Vaswani et al., 『Attention Is All You Need』, NIPS, 2017

- 개요: Transformer 모델의 탄생을 알린 기념비적 논문. GPT, BERT 등 현재 대규모 언어 모델의 기반이 되는 아이디어를 제시함.
- 활용 포인트: GPT의 작동 원리를 깊이 이해하고 싶다면 이 논문에 나온 '어텐션' 메커니즘을 꼭 살펴볼 필요가 있음.

4. Brown et al., 『Language Models are Few-Shot Learners』, NeurIPS, 2020

- 개요: GPT-3를 발표하며 Few-Shot Learning 개념을 실증한 논문으로, 대규모 언어 모델의 잠재력을 보여 줌.
- 활용 포인트: GPT-3, GPT-3.5, GPT-4 등 시리즈가 지닌 프롬프트 기반 학습 능력의 과학적 근거와 실험 결과를 살펴볼 수 있음.

3) 온라인 강의·MOOC(무크)

1. Coursera - "Natural Language Processing with Deep Learning"

- 개요: 스탠포드 등 대학에서 제공하는 NLP 강의. RNN, LSTM, Transformer 등을 차근차근 실습하며 익힐 수 있음.

- 활용 포인트: ChatGPT의 핵심 기술인 자연어 처리(NLP)를 이해하고, 실무 활용 능력을 키울 수 있는 강의.

2. edX – "AI for Everyone" (Andrew Ng)
- 개요: AI 전반에 대한 입문 강의로, 개발자뿐 아니라 비개발자·경영자도 쉽게 학습 가능.
- 활용 포인트: AI 비즈니스 활용 사례, AI 프로젝트 기획 등 비기술적 측면을 배우기 적합.

3. K-MOOC – "인공지능과 미래기술"
- 개요: 국내 K-MOOC(온라인 공개강좌)에서 제공하는 AI 입문 강의.
- 활용 포인트: 한국어로 진행되어 접근성이 좋고, 국내 산업·교육 현장에 AI를 적용하는 사례를 풍부하게 다룸.

4) 주요 웹사이트·블로그·커뮤니티

1. OpenAI 공식 사이트 (https://openai.com)
- 개요: ChatGPT, GPT 모델, API 문서 등 최신 정보를 가장 먼저 확인할 수 있는 공식 채널.
- 활용 포인트: 모델 업데이트 소식, 개발 가이드, 학습 리소스 등을 직접 확인할 수 있어 신뢰도가 높음.

2. Hugging Face (https://huggingface.co)
- 개요: 오픈소스 NLP 모델 허브로, 트랜스포머(Transformer) 기반 모델을 손쉽게 테스트·배포 가능.

- 활용 포인트: ChatGPT와 유사한 모델, 다양한 언어 모델 등 오픈 소스 자원을 찾거나 직접 AI 애플리케이션을 구현해 볼 수 있음.

3. Towards Data Science (https://towardsdatascience.com)

- 개요: 데이터 사이언스, 머신러닝, AI 관련 칼럼·튜토리얼을 게재 하는 블로그 플랫폼.
- 활용 포인트: GPT, NLP, 딥러닝 최신 트렌드를 실무자의 시각에 서 쉽게 정리한 글이 많아 빠른 정보 파악에 유리.

4. Reddit – r/MachineLearning, r/OpenAI

- 개요: 전 세계 AI 엔지니어, 연구자, 학생들이 모여 토론·Q&A·최 신 이슈를 공유하는 커뮤니티.
- 활용 포인트: 모델 사용 후기, 에러 해결 팁, 논문 소식 등을 실시 간으로 얻고, 궁금한 점을 직접 질문할 수 있음(영어 필요).

5. Stack Overflow (https://stackoverflow.com)

- 개요: 프로그래밍 문제 해결을 위한 세계 최대 개발자 Q&A 커뮤 니티.
- 활용 포인트: ChatGPT 사용법, API 연동 문제, 특정 에러 등의 구체적 해결책을 질문하거나 기존 답변을 검색해 찾을 수 있음.

5) 국내외 AI·에듀테크 콘퍼런스·행사

1. Korea AI Expo

- 개요: 국내 AI 산업 전시회·콘퍼런스로, AI 솔루션, 에듀테크 스

타트업 등이 참가.

- 활용 포인트: 현장 방문 시 실제 제품·솔루션 데모를 보고 최신 동향 및 네트워킹 기회를 얻을 수 있음.

2. EDUCAUSE Annual Conference

- 개요: 미국에서 열리는 교육 기술(EdTech) 분야 최대 규모 행사 중 하나. 대학·기관·기업 관계자들이 대거 참여함.
- 활용 포인트: LMS, AI 튜터, 디지털 학습 콘텐츠 등 에듀테크 트렌드를 글로벌 관점에서 파악 가능.

3. NeurIPS (Neural Information Processing Systems)

- 개요: 전 세계 AI 연구 성과가 발표되는 중요한 학회 중 하나. Transformer 계열 모델 발표가 활발.
- 활용 포인트: ChatGPT나 GPT와 같은 모델의 최신 연구 결과를 접하고, 논문 발표 세션을 통해 업계·학계 동향 파악 가능.

활용 팁

1. 목적·수준을 고려해 선택: 입문자를 위한 개론서부터 전문 연구 논문까지 수준이 다양하므로 본인의 학습 단계, 관심 분야에 맞춰 골라 보세요.
2. 온라인+오프라인 병행: 도서·논문으로 탄탄한 이론을 쌓고, 블로그·커뮤니티로 실무 적용 사례와 최신 소식을 따라가면 효과적입니다.
3. 국내외 비교: 국내 자료는 현장 맞춤 정보와 한글 학습 장점이 있고, 해외 자료는 최신 연구와 글로벌 트렌드 파악에 유리합니다.
4. 실습·체험 병행: 이론만 공부하기보다는 Coursera·edX·K-MOOC 등에서 실습 과제를 직접 해 보거나, Hugging Face·OpenAI API를 이

용해 프로토타입을 만들어 보면 학습 효과가 극대화됩니다.

참고 문헌 및 온라인 리소스들은 독자들이 ChatGPT 및 AI를 더 심도 있게 이해하고, 교육·비즈니스·개발·미디어 콘텐츠 등 다양한 분야에서 더욱 전문적으로 활용하고자 할 때 큰 도움이 될 것입니다. 필요에 따라 추가 서적이나 커뮤니티 정보를 보충하여 자신만의 학습 로드맵을 체계적으로 설계해 보시기 바랍니다.

맺음말

해당 이미지는 ChatGPT 4o에서 해당 챕터의 주요내용을
프롬프트로 사용하여 제작하였습니다.

1.

ChatGPT와 함께 진화하는 교육,
미디어 콘텐츠, 업무 환경

1) AI 시대, 왜 ChatGPT가 주목받는가

접근성 & 범용성

인터넷만 연결되면 누구나 브라우저, 앱, 협업 툴 등 다양한 경로로 ChatGPT에 접근해 질문을 던지고 즉시 답변을 얻을 수 있습니다. 기술적 지식 없이도 일상 언어로 대화하듯 질의응답이 가능하므로 IT 비전문가라도 쉽게 활용할 수 있습니다.

자연어 기반

ChatGPT는 사용자의 프롬프트를 이해하고, 이전 대화 맥락을 기억해 후속 질문에 답변하므로 마치 사람과 대화하듯 맥락 있는 소통이 가능합니다. 이는 교육에서 학습 보조, 미디어 분야에서 콘텐츠 기획, 업무 환경에서 문서 작성·아이디어 브레인스토밍 등 다방면에서 큰 편의를 제공합니다.

생산성 & 창의성 향상

ChatGPT가 반복적인 작업을 자동화하거나 아이디어 초안을 빠르게 제시함으로써 인간은 보다 창의적이고 고차원적인 일에 집중할 수 있게 됩니다. 예를 들어, 교육자는 커리큘럼 설계 시간을 단축하고, 마케터는 캠페인 아이디어 발굴에 집중하며, 미디어 크리에이터는 콘텐츠 기획 작업을 효율화할 수 있습니다.

2) 교육 환경: 지식 전달을 넘어 '코치·멘토' 역할로

교사·교수진의 역할 변화

ChatGPT를 통해 수업 자료나 퀴즈 문제를 빠르게 제작할 수 있으므로 교사는 학습 설계와 학생 개별 지도를 강화하는 쪽으로 업무 초점을 옮길 수 있습니다. 반복되는 교과 내용을 AI가 보조해 주면서 교사는 학생들의 질문·토론을 유도하고, 개인 맞춤형 피드백에 집중할 수 있습니다.

학생 중심 학습 강화

학생들은 ChatGPT를 활용해 개념 이해, 문제 풀이, 프로젝트 아이디어를 스스로 탐색할 수 있습니다. 궁금한 점을 즉각적으로 AI에게 묻고 피드백을 받으면서 주도적 학습 태도를 기를 수 있습니다. 다만, 표절이나 무분별한 정보 수용 같은 부작용 방지를 위해, 교사·학생 간 꾸준한 사용 가이드 및 윤리 교육이 필수입니다.

PBL(Project Based Learning) 및 협업 학습

ChatGPT가 프로젝트 주제나 팀 과제 구상을 도와주면 학생들은 실제 문제 해결 과정에 더 많은 에너지를 쏟을 수 있습니다. 그룹 활동 시 ChatGPT가 아이디어 정리, 역할 분담 제안 등을 보조해 주어 프로젝트 진행 속도를 높이고 협업 역량을 키울 수 있습니다.

3) 미디어 콘텐츠 분야: 창작 효율화와 대중 소통의 가속

콘텐츠 기획 & 아이디어 발굴

유튜브·팟캐스트·SNS 등의 미디어 플랫폼에서 콘텐츠를 제작할 때 ChatGPT를 통해 주제 선정, 대본 작성, 섬네일 문구 등을 빠르게 구상할 수 있습니다. 크리에이터는 생산 단계에서 단순 반복을 줄이고, 차별화된 형식이나 개성을 살리는 데 집중할 수 있습니다.

시청자·청취자 피드백 분석

댓글, 메시지, 설문 등 방대한 반응 데이터를 ChatGPT가 자동 요약하거나 의견 그룹화를 해 주면 크리에이터는 핵심 요구를 빠르게 파악할 수 있습니다. 이를 통해 후속 콘텐츠 방향이나 새로운 시리즈 구성을 더 효과적으로 결정할 수 있습니다.

라이브 스트리밍 & 실시간 소통

라이브 방송 중 쏟아지는 질문을 ChatGPT가 요약하거나 우선순위를 매겨 주면 진행자는 핵심 문의에 집중해 시청자 만족도를 높일 수 있습니다. 궁극적으로 시청자들과 더 긴밀한 교류가 가능해져 팬덤 형성과 브랜드 강화에도 긍정적으로 작용합니다.

멀티채널 확장 & 콜라보

틱톡, 인스타그램, 블로그 등 여러 채널을 운영할 때 ChatGPT가 플랫폼별 최적화 문구, 해시태그를 제안해 주거나, 컬래버 아이디어를 브레인스토밍 해 줄 수 있습니다. 채널 운영 부담이 줄어들면서 보다 전략적인 콘텐츠 확장과 크리에이터 간 협업을 시도해 볼 수 있습니다.

4) 업무 환경: 의사결정과 혁신을 가속하는 AI 파트너

문서·보고서 작성 자동화

기업 내에서 ChatGPT는 이메일, 보고서, 제안서, 매뉴얼 등의 초안을 빠르게 생성해 주어 담당자가 최종 편집과 검수에 집중하도록 도와줍니다. 특히 다국어 문서 작성이나 번역 작업도 간단히 해결해 글로벌 비즈니스 커뮤니케이션 속도를 높일 수 있습니다.

아이디어 회의 & 브레인스토밍 보조

회의 전에 ChatGPT가 주제 관련 자료 정리, 경쟁사 분석, 시장 리서치 등을 요약해 주면 구성원들은 본질적인 전략 논의에 시간을 더 할애할 수 있습니다. 브레인스토밍 과정에서 ChatGPT가 새로운 발상이나 유사 사례를 제시해 토론을 촉진하고, 결정된 아이디어를 정리하는 데도 도움을 줍니다.

개인 역량 강화 & 역량 공유

ChatGPT로부터 실시간 질문에 대한 답변을 얻고 코칭을 받으면서 개개인이 스스로 역량을 업그레이드할 수 있습니다. 팀 단위로는 문서, 아이디어, 노하우를 ChatGPT가 한데 정리해 지식 베이스를 만들면, 노하우 공유와 신입 교육도 용이해집니다.

협업 툴과의 연동 & 자동화

슬랙, 노션, 트렐로 등 협업 플랫폼에 ChatGPT를 연동하면 새로운 업무 요청이 올라올 때마다 자동으로 요약·정리되거나, 일정 알림과 함께 추가 정보를 제안받을 수 있습니다. 반복적이고 행정적인 작업을 최소화해 조직 차원의 생산성과 협업 효율을 극대화할 수 있습니다.

5) 미래 전망: 창의·협업·혁신을 이끄는 파트너로

반복 업무에서 창의 업무로

ChatGPT가 단순 자료 조사나 초안 작성 등을 맡으면 인간은 고차원적 사고, 문제 해결, 의사 결정, 인간관계 업무에 집중할 수 있습니다. 교육에서는 학생 개개인을 깊이 살필 시간이 늘고, 미디어 콘텐츠에서는 차별화된 스토리텔링 개발에 더 몰두할 수 있으며, 기업에서는 혁신 아이디어 창출에 역량을 투입할 수 있습니다.

개인·조직 역량의 동반 상승

개인은 AI를 통해 학습 능력과 업무 처리 속도를 높이고, 조직은 구성원들이 쌓은 지식·아이디어를 공유·확장함으로써 시너지를 낼 수 있습니다. 예컨대 교육기관은 맞춤형 학습을, 미디어 기업은 다채널 콘텐츠 전략을, 일반 기업은 데이터 기반 의사 결정을 한층 강화하게 됩니다.

협업과 커뮤니케이션의 진화

사람 간 커뮤니케이션뿐 아니라 사람 ↔ AI 간 협력 구조가 새로운 패러다임이 됩니다. AI와의 상호 작용이 일상의 루틴이 되면서 '프롬프트를 어떻게 작성할까?', '이 결과를 어떻게 검증하고 활용할까?' 등 AI 리터러시와 비판적 사고가 필수 역량으로 자리잡게 됩니다.

책임감 있는 활용 & 윤리 의식

ChatGPT가 생성하는 정보가 항상 정확하거나 객관적이지는 않을 수 있으므로 팩트 체크와 출처 확인을 게을리하지 않아야 합니다. 교육·업무 현장에서 AI 활용 정책을 마련하고, 개인 정보 보호, 표절 방지, 편향성 모니터링 등 윤리적 측면을 꾸준히 관리해야 합니다.

- 교육 분야에서는 교사, 학생 모두가 ChatGPT의 보조로 지식 습득과 프로젝트 작업을 효율화하고, 개별화 학습과 창의 활동을 강화할 수 있습니다.
- 미디어 콘텐츠 분야에선 아이디어 발굴, 대본 작성, 시청자 피드백 분석 등이 더 간편해져 콘텐츠 품질과 소통 모두에서 새로운 가능성이 열립니다.
- 업무 환경에서는 문서 자동화, 협업 툴 연동, 지식 공유 등을 통해 의사 결정 속도와 조직 역량을 크게 높일 수 있습니다.
- 무엇보다 인간이 장점을 극대화하고, 반복 작업은 AI에 맡기면서 창의, 협업, 혁신으로 가는 길을 열어 줄 수 있는 것이 ChatGPT의 큰 의의입니다.

결국, ChatGPT와 같은 대화형 AI는 지금 이 순간에도 빠르게 발전 중이며, 교육·미디어·업무 환경을 근본적으로 변모시키고 있습니다. 이 기회를 적극적이고 올바르게 활용한다면 개인부터 조직, 나아가 사회 전반이 더 효율적이고 창의적이며 협력적인 미래를 향해 나아갈 수 있을 것입니다.

2.
독자들에게 드리는 제언
: 평생학습과 AI 리터러시

1) AI 시대, 학습의 개념이 바뀌고 있다

- **학습 주기 단축**: 과거에는 학교 교육을 마치면 크게 배우지 않아도 사회생활이 가능했지만, 이제는 AI를 비롯한 기술 변화가 워낙 빠르므로 주기적으로 새로운 지식을 습득해야만 경쟁력을 유지할 수 있습니다.
- **파편화된 지식, 연결의 중요성**: 인터넷과 AI 덕분에, 무한정의 정보가 흩어져 있으나 체계화가 어려운 상황입니다. 이럴 때 필요한 것은 '무엇을, 어떻게 연결할 것인가'에 대한 학습 능력입니다. ChatGPT가 단순 검색을 넘어선 '연결된 지식'을 얻는 데 도움을 줄 수 있으나, 이를 선별하고 활용하는 역량은 여전히 인간의 몫입니다.

제언: 더 이상 '졸업 후 학습 종료'라는 개념은 없습니다. 변화가 잦은 사회에서 평생학습은 선택이 아닌 필수이며, 스스로 학습 동기를 유지하는 방법을 찾아야 합니다.

2) AI 리터러시란 무엇인가

- **기술적 이해**: AI 모델(예: ChatGPT)이 어떤 방식으로 문장을 생성하는지, 왜 오답이나 편향된 답을 줄 수 있는지 기본 작동 원리를 알아

야 합니다.

- **비판적 사고**: AI가 제시하는 답변이 항상 정답이 아님을 전제로 정보의 신뢰도와 정확도를 스스로 평가하고, 필요한 경우 추가 자료로 검증해야 합니다.
- **윤리·법적 관점**: 개인 정보 보호, 저작권, 표절 문제 등에 유의해야 하며, AI 활용 가이드라인을 숙지해 올바르게 사용해야 합니다.
- **활용 스킬**: 효과적인 프롬프트 작성, 결과물 재구성·요약, 협업 툴 연동 등 실무적 기술을 습득해 두면 AI 활용 효율을 극대화할 수 있습니다.

제언: AI 시대에는 'AI 리터러시'가 곧 '디지털 시대의 기본 소양'이 됩니다. 단순히 AI를 '쓸 줄 안다'가 아니라, 어떤 장점과 한계를 지니는지 인식하고, 결과물을 재검토·재활용하며 가치 있는 결과로 연결하는 과정이 중요합니다.

3) 평생학습의 실천 전략

목표 설정 & 자기주도 학습

어떤 분야에서 AI를 활용하고 싶은지, 어떤 역량을 키우고 싶은지 명확한 목표를 세우면 학습 과정이 훨씬 효과적입니다. ChatGPT가 학습 파트너가 되어 줄 수 있습니다. 예: "매일 30분씩 영어 공부 루틴", "한 달 안에 데이터 분석 기초 배우기" 등 구체적이고 실현 가능한 로드맵을 AI와 함께 설계해 볼 수 있습니다.

학습 자료 & 커뮤니티 활용

K-MOOC, Coursera, edX, 유튜브 강의 등 온라인 강의 플랫폼에서 원하는 주제(프로그래밍, 마케팅, 디자인, 외국어 등)를 수강해 보세요. 학습 중 막히는 부분이나 궁금한 점은 ChatGPT를 통해 즉각 질문하고 실마리를 얻을 수 있습니다. 다만, 답변 품질을 인간 전문가나 커뮤니티(오프라인 스터디 모임, 디스코드 서버 등)와 교차 검증해 보는 태도도 중요합니다.

창의적 프로젝트 경험

단순히 이론을 배우는 데 그치지 말고 관심 분야에서 AI를 활용한 작은 프로젝트를 시도해 보세요. (예: "내 블로그 글 요약 챗봇 만들기", "소셜 미디어 콘텐츠 자동 생성 루틴 만들기" 등.)

프로젝트 수행 과정에서 겪는 시행착오와 디버깅 경험은 AI 활용 역량과 문제 해결 능력을 동시에 길러 줍니다.

반복 평가 & 업데이트

빠르게 변화하는 AI 기술 트렌드를 놓치지 않도록 최소 분기별로 학습 목표·분야를 재점검하세요. ChatGPT 버전 업그레이드나 새로운 AI 툴이 출시될 때마다 어떤 부분이 개선됐는지, 기존 작업 방식에 어떻게 접목할지를 고민해 보는 것도 좋습니다.

4) 조직·팀 차원의 학습 문화 조성

AI 활용 리터러시 워크숍

학교나 회사에서 정기적으로 AI 활용 교육·워크숍을 열어 공통된 사용 가이드를 제시하고, 팀원 간 사례 공유를 장려하세요. ChatGPT로부터 인사이트를 얻는 실습, 프롬프트 작성 노하우, 결과물 검증 방법 등을 서로 나누면 전체 조직의 학습 효과가 배가됩니다.

지식 베이스·매뉴얼 공동 작성

부서별·팀별로 ChatGPT 사용 사례나 문제 해결 방법을 문서화해 사내 위키나 노션 등에 축적합니다. 새로 입사한 직원이나 학습자들도 이 자료를 참고해 빠르게 적응할 수 있고, 팀 차원의 지식 자산이 지속적으로 쌓입니다.

인센티브 구조 마련

평생학습 문화를 정착시키려면 적극적으로 학습에 참여하는 직원에게 인센티브를 제공하는 것도 한 방법입니다.

예: AI 활용 성공 사례를 발표하거나, 팀의 업무 효율을 높인 아이디어를 낸 구성원에게 보상·포상 제도를 마련.

5) 미래를 준비하는 자세

끊임없는 호기심 & 개방성

AI 기술은 앞으로도 더욱 급진적으로 진화할 것입니다. ChatGPT뿐 아니라 멀티모달 AI, 음성·영상 생성 AI, 로보틱스와 결합된 AI 등 다양한 양상이 등장할 수 있습니다. 변화를 두려워하기보다는 새로운 기술을 접하고 실험해보는 개방적 자세가 필요합니다.

전문가와 협력

아무리 AI를 잘 활용해도 심층적인 분야(법률, 의료, 회계, 고급 엔지니어링 등)에선 전문가의 식견이 필수입니다. AI의 결과물을 최종 결정으로 바로 수용하기보다 전문가 검토와 협업을 통해 정확성과 신뢰도를 확보하는 습관을 기르세요.

인간 고유 가치 재발견

AI가 반복적·표면적인 일을 대체하면 인간은 독창적 사고, 감성적 교류, 윤리적 판단 등에 더 집중할 수 있습니다. 이는 곧 우리가 인간다움을 발휘하는 기회이자, 보다 가치 있는 일에 힘을 기울일 발판이 됩니다. 따라서 AI 리터러시는 인간 고유의 강점을 극대화하고, 인공 지능을 올바른 동반자로 삼는 과정이라고 볼 수 있습니다.

정리

ChatGPT가 열어 준 새로운 학습·업무 패러다임에서 평생학습과 AI 리터러시는 개인과 조직이 성장하기 위한 핵심 키워드입니다.

- **개인은 스스로 배우는 방법을 끊임없이 익히고, AI를 활용해 학습 효율과 창의력을 높여야 합니다.**
- **조직은 구성원들이 AI를 책임 있고 효과적으로 활용할 수 있도록 교육·문화·제도를 갖추어야 합니다.**
- **사회 전반적으로는 AI 사용에 대한 윤리·법적 기준을 정립하고, 인간 중심의 AI 생태계를 만들어 가는 노력이 필수입니다.**

결국, AI가 할 수 있는 일과 인간이 잘할 수 있는 일이 명확히 구분되고 함께 협력함으로써 새로운 가치를 창출해 나가는 것이 지속 가능한 미래로 가는 길입니다. 독자 여러분이 평생학습과 AI 리터러시를 결합해 더 큰 가능성과 성취를 만들어 가시길 진심으로 응원합니다.

3.
다음 단계
: ChatGPT 이후의 AI 트렌드 전망

1) 멀티모달 AI의 부상

텍스트를 넘어선 인식·생성

현재 ChatGPT는 대부분 '텍스트'를 기반으로 작동하지만 차세대 AI 모델은 이미지, 음성, 영상 등 다양한 형태의 데이터를 한 번에 처리할 수 있는 '멀티모달(Multimodal) AI'로 진화할 전망입니다. 예를 들어, 이미지 속 물체를 인식하면서 동시에 설명을 덧붙이거나 음성을 텍스트로 변환해 의미를 이해하고 대답하는 등 복합적 처리가 가능해질 것입니다.

콘텐츠 제작 혁신

멀티모달 AI가 확산되면 교육 현장에서는 시각 자료나 음성 교재를 AI가 자동 생성하거나 번역·자막을 처리해 주는 일이 더욱 쉬워집니다. 미디어 콘텐츠 분야에서는 영상 편집, 배경 음악 생성, 자막 자동 생성을 AI가 모두 처리해 주어 크리에이터가 기획과 연출에 집중할 수 있습니다. 업무 환경에서도 음성 비서나 증강 현실(AR) 협업 툴과 결합해 직원 간 원격회의에서 실시간 자막·번역·자료 공유 등이 더욱 정교해질 것입니다.

2) 초거대 모델의 지속 발전과 효율화

모델 규모 vs 효율성

GPT 시리즈처럼 파라미터 수가 기하급수적으로 늘어난 초거대 모델은 더 깊은 이해와 정교한 답변을 가능케 합니다. 그러나 동시에 연산 자원과 에너지 소비가 크게 증가하는 문제도 안고 있습니다. 향후에는 초거대 모델의 성능과 에너지 효율을 함께 높이기 위한 압축(Compression), 지식 증류(Knowledge Distillation), 하드웨어 최적화 연구가 활발해질 것입니다.

맞춤형 소형 모델 확산

모든 사용 사례에 하나의 거대 모델을 쓰기보다 기업이나 기관이 특정 도메인(의료, 법률, 금융 등)에 특화한 소형 모델을 따로 운영할 가능성도 큽니다. 이런 소형 모델들은 ChatGPT 같은 범용 모델에 비해 해당 전문 분야에서 정확도나 운영 효율이 높을 수 있으며, 프라이버시·보안 측면에서도 장점이 있을 것입니다.

3) AI 생태계와 협업 툴의 결합 가속화

업무 프로세스 자동화

이미 ChatGPT는 슬랙, 노션, 트렐로 등 협업 툴과 연동해 워크플로우를 자동화하고 있습니다. 앞으로는 ERP(전사적 자원관리), CRM(고객관리), BI(비즈니스 인텔리전스) 등 기업용 솔루션 전반에 AI가 깊숙이 통합될 전망입니다.

예: 영업 담당자가 고객과의 대화를 AI에게 요약·분석하게 하고, 자동으로 후속 이메일을 작성해 보내는 등 전사 업무가 AI 중심으로 재편될 수

있습니다.

플러그인·API 생태계 확대

ChatGPT가 플러그인 방식을 도입한 것처럼 다양한 AI 모델이 플러그인·API 형태로 개방되어 수많은 서드파티 업체가 맞춤형 애플리케이션을 개발할 가능성이 높습니다. 교육에서는 LMS(Learning Management System)와 AI를 직접 연동해 과제 채점·학습 분석을 자동화하고, 미디어·엔터테인먼트 분야에선 영상 편집 소프트웨어와 AI를 결합해 후반 작업을 혁신할 수 있습니다.

4) 윤리·법적·사회적 과제의 부상

저작권·표절 문제

AI가 텍스트뿐 아니라 영상, 음악, 그림까지 생성할 수 있게 되면서 창작물의 저작권과 원저작자 개념이 모호해질 수 있습니다. 교육·비즈니스 현장에서는 표절·도용 방지 및 창작물에 대한 공정 보상 체계를 마련해야 하고, 각국 정부와 관련 단체들이 규정·정책을 제정할 것입니다.

책임 있는 AI 사용

AI 모델이 만들어 낸 정보가 실제로 오류이거나, 특정 집단에 대한 편향을 드러내거나, 허위 사실을 퍼뜨릴 위험이 늘 존재합니다. 이 때문에 사용자·개발자·기업 모두가 AI 윤리 가이드라인, 팩트 체크, 인간 검증 절차 등을 마련하여, AI의 부정적 영향을 최소화해야 합니다.

일자리 변화와 재교육

일부 직무는 AI에 의해 자동화되거나 축소되지만, 동시에 AI와 협업하거나 AI를 관리·개발·운영하는 새로운 직무도 생겨날 것입니다. 따라서, 개인·조직 차원에서 직무 재교육과 전환 훈련을 준비해 기술 혁신 속에서도 인재 역량을 유지하고 강화해야 합니다.

5) 교육·미디어·업무 분야별 전망

교육 분야

AI 튜터링: 이미 ChatGPT가 간단한 '학습 보조' 역할을 수행하지만 미래에는 수업 자료를 자동 생성·보완하고, 학생 이해도를 분석해 맞춤형 학습 경로를 제시하는 지능형 AI 튜터가 가능해질 것입니다.

학습 분석 확대: 학생별 성취도, 학습 습관을 대규모로 분석해 교사, 학생, 학부모가 한눈에 확인하고 피드백을 받는 구조가 더욱 정교해질 것입니다.

미디어 콘텐츠 분야

크리에이터 작업 효율↑: 영상·음향 편집부터 스크립트 작성, 실시간 댓글 관리까지 AI가 도와주어 원톱 크리에이터도 전문가 수준의 작업물을 제작할 수 있습니다.

초개인화 콘텐츠: 시청자의 선호를 분석해 AI가 맞춤형 시나리오를 생성·추천하거나, 라이브 방송에서 시청자 반응을 실시간으로 반영해 새로운 전개를 만들어 내는 등 상호작용형 미디어가 부상할 수 있습니다.

업무 환경

디지털 혁신(DX) 가속: 사내 모든 커뮤니케이션과 데이터가 AI로 분석·최적화되어, 의사 결정 속도가 매우 빨라집니다. 예를 들면, 물류, 생산, 마케팅이 AI와 함께 실시간으로 연동되어 무인화 또는 자동화가 늘어날 것입니다.

창의·전략 업무 집중: 단순 반복 업무는 점차 AI가 맡고, 인간은 전략 기획, 인간관계 업무, 의사 결정 등 보다 고부가가치 분야에 집중하게 됩니다.

정리: AI와 함께 내일을 준비하는 자세

유연한 사고

ChatGPT 이후에도 AI 기술은 예측 불가능한 속도로 변화할 것입니다. 개인·조직은 학습과 적응을 끊임없이 이어 가며 기술 변화를 개방적이고 긍정적인 자세로 받아들여야 합니다.

협업 & 책임

AI가 강력해질수록 사람 간 협업과 윤리적 책임이 더욱 중요해집니다. AI가 주는 효율성만 쫓기보다, 올바른 방향으로 기술을 사용하는 규범과 문화를 만들어 가야 합니다.

지속적 혁신 생태계

교육·미디어·업무 환경 모두 AI 중심으로 재편될 가능성이 높으므로 정부, 산업, 학계, 공공기관이 협력해 인프라, 제도, 교육 프로그램을 강화할 필요가 있습니다. 개인 수준에서는 ChatGPT 같은 모델을 적극 활용해 역량을 키우고, 전문 영역의 가치와 인간다움을 더욱 살려 나가는 것이 핵심 과제가 될 것입니다.

—————/ 맺음말 /—————

ChatGPT는 AI 혁신의 시작점에 불과합니다. 텍스트, 이미지를 넘어 온갖 데이터를 다루는 멀티모달 AI, 특정 산업·분야에 최적화된 도메인 특화 AI, 인간의 의사 결정을 깊이 보조하는 강화 학습 기반 AI 등 앞으로도 수많은 변형·확장 모델이 등장할 것입니다. 이 과정에서 교육·미디어·업무 환경 모두 현재와는 전혀 다른 형태로 진화할 수 있습니다. 그러나 핵심은 변하지 않습니다.

- **인간은 창의적이고 윤리적인 존재로서 AI와 협력하고,**
- **반복적 업무나 방대한 데이터 처리는 AI에 맡기며,**
- **스스로는 더 나은 의사 결정과 새로운 가치 창출에 주력하게 될 것입니다.**

결국 다음 단계의 AI 트렌드는 보다 풍부한 학습 경험, 매끄러운 업무 효율, 다양하고 독창적인 미디어 콘텐츠를 이끌어 내고, 사회 전반이 지속적 혁신을 추구하게 만드는 원동력이 될 것입니다. 지금부터 그러한 미래에 대한 준비와 대응을 고민한다면 AI와 함께하는 내일이 좀 더 창의적이고 풍요로운 기회로 다가올 것입니다.

레퍼런스

- I. Goodfellow, Y. Bengio, and A. Courville, Deep Learning. Cambridge, MA, USA: MIT Press, 2016.

- A. Vaswani et al., "Attention Is All You Need," in Proc. 31st Conf. Neural Information Processing Systems (NeurIPS), Long Beach, CA, USA, 2017, pp. 6000–6010.

- T. Brown et al., "Language Models are Few-Shot Learners," in Proc. 34th Conf. Neural Information Processing Systems (NeurIPS), Virtual, 2020, pp. 1877–1901.

- OpenAI, "GPT-4 Technical Report," 2023. [Online]. Available: https://cdn.openai.com/papers/GPT-4.pdf

- OpenAI, "ChatGPT: Optimizing Language Models for Dialogue," 2022. [Online]. Available: https://openai.com/blog/chatgpt/

- H. S. Barrows, "Problem-based learning in medicine and beyond: A brief overview," New Directions for Teaching and Learning, vol. 1996, no. 68, pp. 3–12, 1996.

- A. N. Bengtsson and E. G. Strom, "Adopting AI in Project-Based Learning (PBL): A Systematic Review of Pedagogical Impacts," in Proc. 13th Int. Conf. on Education and New Learning Technologies (EDULEARN), Palma, Spain, 2021, pp. 9932–9941.

- J. W. Thomas, "A Review of Research on Project-Based Learning," Autodesk Foundation, San Rafael, CA, USA, 2000.

- Coursera, "Natural Language Processing with Deep Learning (Stanford

CS224N)," 2021. [Online]. Available: https://www.coursera.org/learn/nlp-sequence-models

- K. W. Church, "Emerging Trends: A Survey of Transformers," Natural Language Engineering, vol. 27, no. 5, pp. 631–645, 2021.

- M. Bubeck et al., "Sparks of Artificial General Intelligence: Early Experiments with GPT-4," arXiv preprint arXiv:2303.12712, 2023.

- OpenAI, "GPT-4 System Card," OpenAI, Mar. 2023. [Online]. Available: https://cdn.openai.com/papers/GPT-4-system-card.pdf

- M. Borji, "A Categorical Archive of ChatGPT Failures," arXiv preprint arXiv:2302.03494, 2023.

- H. C. Kung, M. Cheatham, M. Medenilla, and A. Sillos, "Performance of ChatGPT on USMLE: Potential for AI-assisted medical education," JMIR Medical Education, vol. 9, 2023, Art. e45312.

- M. J. Bommarito II and D. N. Katz, "GPT Takes the Bar Exam," arXiv preprint arXiv:2302.04388, 2023.

- H. Shen and H. Wang, "ChatGPT: An Emerging Threat to Academic Integrity?," Cell Reports Medicine, vol. 4, no. 3, 2023, Art. 100905.

- S. Kasneci et al., "ChatGPT for Good? On Opportunities and Challenges of Large Language Models in Education," Learning and Instruction, 2023, doi: 10.1016/j.learninstruc.2023.101698.

- M. Bubeck and S. H. Na, "Model-Generated Text: Assessing ChatGPT for Academic Writing," arXiv preprint arXiv:2302.07541, 2023.

- X. Liu, Y. Li, and J. Chen, "Visually Enhanced ChatGPT: Unleashing Visual Capabilities in Large Language Models," arXiv preprint arXiv:2304.09168, 2023.

- W. Wang, M. Yang, and D. Liu, "In the Era of ChatGPT: Large Language Models and Their Impact on K-12 Education," in Proc. 24th Int. Conf. on Artificial Intelligence in Education (AIED), Tokyo, 2023, pp. 211–220.

- J. Wei, X. Wang, D. Schuurmans, M. Bosma, Q. Liu, and E. Chi, "Emergent Abilities of Large Language Models," arXiv preprint arXiv:2206.07682, 2022.

- J. Wei et al., "Chain-of-thought prompting elicits reasoning in large language models," arXiv preprint arXiv:2201.11903, 2022.

- M. Honovich, O. Fried, A. Ghazvininejad, and E. Durmus, "Scaling Instruction-Finetuned Language Models," arXiv preprint arXiv:2210.11416, 2022.

- Y. Chen, W. Zhang, A. Yu, and J. R. Smith, "Large Language Models as Tool Makers," arXiv preprint arXiv:2303.06466, 2023.

- A. Madaan et al., "Self-Refine: Iterative Refinement with Large Language Models," arXiv preprint arXiv:2303.17651, 2023.

- G. Wang et al., "Voyager: An Open-Ended Embodied Agent with Large Language Models," arXiv preprint arXiv:2305.16291, 2023.

- Y. Huang et al., "AudioGPT: Understanding and Generating Speech, Music, Sound, and Talking Head," arXiv preprint arXiv:2305.13071, 2023.

- H. Zhu, Z. Xie, B. Li, and J. L. Zhao, "ChatDev: An Industrial Simulation for Software Engineering With LLMs," arXiv preprint arXiv:2305.13674, 2023.

- C. Xu and C. Zhao, "A Survey on Retrieval-Augmented Large Language Models," arXiv preprint arXiv:2304.11476, 2023.

- S. Rozen et al., "Code Llama: Open Foundation Models for Code," arXiv preprint arXiv:2308.12950, 2023.

- D. Guo, Q. Zhu, D. Yang, Z. Xie, K. Dong, W. Zhang, … and W. Liang, "DeepSeek-Coder: When the Large Language Model Meets Programming—The Rise of Code Intelligence," arXiv preprint arXiv:2401.14196, 2024.

- Guo, Daya, et al. "DeepSeek-R1: Incentivizing Reasoning Capability in LLMs via Reinforcement Learning." arXiv preprint arXiv:2501.12948, 2025.